2022年版全国二级建造师执业资格考试历年真题+冲刺试卷

建设工程施工管理
历年真题+冲刺试卷

全国二级建造师执业资格考试历年真题+冲刺试卷编写委员会　编写

中国建筑工业出版社
中国城市出版社

图书在版编目（CIP）数据

建设工程施工管理历年真题+冲刺试卷／全国二级建造师执业资格考试历年真题+冲刺试卷编写委员会编写．— 北京：中国城市出版社，2021.11

2022年版全国二级建造师执业资格考试历年真题+冲刺试卷

ISBN 978-7-5074-3399-9

Ⅰ．①建⋯ Ⅱ．①全⋯ Ⅲ．①建筑工程-施工管理-资格考试-习题集 Ⅳ．①TU71-44

中国版本图书馆CIP数据核字（2021）第190769号

责任编辑：田立平 张国友 牛 松
责任校对：焦 乐

2022年版全国二级建造师执业资格考试历年真题+冲刺试卷
建设工程施工管理历年真题+冲刺试卷
全国二级建造师执业资格考试历年真题+冲刺试卷编写委员会 编写
*
中国建筑工业出版社、中国城市出版社出版、发行(北京海淀三里河路9号)
各地新华书店、建筑书店经销
北京鸿文瀚海文化传媒有限公司制版
北京中科印刷有限公司印刷
*
开本：787毫米×1092毫米 1/16 印张：13¾ 字数：314千字
2021年11月第一版 2021年11月第一次印刷
定价：36.00元
ISBN 978-7-5074-3399-9
（904388）
版权所有 翻印必究
如有印装质量问题，可寄本社图书出版中心退换
（邮政编码 100037）

前　言

众多考生的实践证明，"只看书，不做题"与"只做题，不看书"一样，是考生考试失败的重要原因之一。因此，考生在备考时应注意看书与做题相辅相成，一般应包括教材学习、章节题目练习和考前冲刺三个阶段，其中前两个阶段作为复习的基础阶段，可同步进行。第三个阶段是考生正式参加考试前的冲刺阶段，在此阶段，考生应在规定的时间做一些完整的真题和冲刺试卷，提前适应考试的题型和题量，全面检验自己的学习成果，找出学习的盲点和薄弱内容并在最后阶段进行针对性地弥补，因此，对此阶段应该给予足够的重视。本套丛书即是为满足广大二级建造师考生在考前冲刺阶段复习的需要而编写的。丛书共分7册，分别为：

《建设工程施工管理历年真题+冲刺试卷》

《建设工程法规及相关知识历年真题+冲刺试卷》

《建筑工程管理与实务历年真题+冲刺试卷》

《公路工程管理与实务历年真题+冲刺试卷》

《水利水电工程管理与实务历年真题+冲刺试卷》

《机电工程管理与实务历年真题+冲刺试卷》

《市政公用工程管理与实务历年真题+冲刺试卷》

每册图书均包括本科目2017—2021年五年真题和三套冲刺试卷。真题中的重点题目书中均给出了详细深入的解析，真题可以帮助考生快速适应考试难度，深入领会命题思路和规律。冲刺试卷紧跟近年的命题趋势，涵盖了各科目的考试重点和难点，能帮助考生迅速掌握重要知识，提高实战能力。

为了配合考生的备考复习，我们开通了答疑QQ群：700167122、532603357（加群密码：助考服务），配备了专家答疑团队，以便及时解答考生所提的问题。

希望考生在最后的复习阶段充分利用本书，顺利通过考试！

目 录

全国二级建造师执业资格考试答题方法及评分说明

2017—2021 年《建设工程施工管理》真题分值统计

2021 年度全国二级建造师执业资格考试《建设工程施工管理》真题及解析

2020 年度全国二级建造师执业资格考试《建设工程施工管理》真题及解析

2019 年度全国二级建造师执业资格考试《建设工程施工管理》真题及解析

2018 年度全国二级建造师执业资格考试《建设工程施工管理》真题及解析

2017 年度全国二级建造师执业资格考试《建设工程施工管理》真题及解析

《建设工程施工管理》考前冲刺试卷（一）及解析

《建设工程施工管理》考前冲刺试卷（二）及解析

《建设工程施工管理》考前冲刺试卷（三）及解析

全国二级建造师执业资格考试答题方法及评分说明

全国二级建造师执业资格考试设《建设工程施工管理》《建设工程法规及相关知识》两个公共必考科目和《专业工程管理与实务》六个专业选考科目（专业科目包括建筑工程、公路工程、水利水电工程、市政公用工程、矿业工程和机电工程）。

《建设工程施工管理》《建设工程法规及相关知识》两个科目的考试试题为客观题。《专业工程管理与实务》科目的考试试题包括客观题和主观题。

一、客观题答题方法及评分说明

1. 客观题答题方法

客观题题型包括单项选择题和多项选择题。对于单项选择题来说，备选项有4个，选对得分，选错不得分也不扣分，建议考生宁可错选，不可不选。对于多项选择题来说，备选项有5个，在没有把握的情况下，建议考生宁可少选，不可多选。

在答题时，可采取下列方法：

（1）直接法。这是解常规的客观题所采用的方法，就是考生选择认为一定正确的选项。

（2）排除法。如果正确选项不能直接选出，应首先排除明显不全面、不完整或不正确的选项，正确的选项几乎是直接来自于考试教材或者法律法规，其余的干扰选项要靠命题者自己去设计，考生要尽可能多排除一些干扰选项，这样就可以提高选择出正确答案的概率。

（3）比较法。直接把各备选项加以比较，并分析它们之间的不同点，集中考虑正确答案和错误答案关键所在。仔细考虑各个备选项之间的关系。不要盲目选择那些看起来、读起来很有吸引力的错误选项，要去误求正、去伪存真。

（4）推测法。利用上下文推测词义。有些试题要从句子中的结构及语法知识推测入手，配合考生自己平时积累的常识来判断其义，推测出逻辑的条件和结论，以期将正确的选项准确地选出。

2. 客观题评分说明

客观题部分采用机读评卷，必须使用2B铅笔在答题卡上作答，考生在答题时要严格按照要求，在有效区域内作答，超出区域作答无效。每个单项选择题只有1个备选项最符合题意，就是4选1。每个多项选择题有2个或2个以上备选项符合题意，至少有1个错项，就是5选2~4，并且错选本题不得分，少选，所选的每个选项得0.5分。考生在涂卡时应注意答题卡上的选项是横排还是竖排，不要涂错位置。涂卡应清晰、厚实、完整，保持答题卡干净整洁，涂卡时应完整覆盖且不超出涂卡区域。修改答案时要先用橡皮擦将原涂卡处擦干净，再涂新答案，避免在机读评卷时产生干扰。

二、主观题答题方法及评分说明

1. 主观题答题方法

主观题题型是实务操作和案例分析题。实务操作和案例分析题是通过背景资料阐述一个项目在实施过程中所开展的相应工作，根据这些具体的工作提出若干小问题。

实务操作和案例分析题的提问方式及作答方法如下：

(1) 补充内容型。一般应按照教材将背景资料中未给出的内容都回答出来。

(2) 判断改错型。首先应在背景资料中找出问题并判断是否正确，然后结合教材、相关规范进行改正。需要注意的是，考生在答题时，不能完全按照工作中的实际做法来回答问题，因为根据实际做法作为答题依据得出的答案和标准答案之间可能存在很大差距，即使答了很多，得分也很低。

(3) 判断分析型。这类题型不仅要求考生答出分析的结果，还需要通过分析背景资料来找出问题的突破口。需要注意的是，考生在答题时要针对问题作答。

(4) 图表表达型。结合工程图及相关资料表回答图中构造名称、资料表中缺项内容。需要注意的是，关键词表述要准确，避免画蛇添足。

(5) 分析计算型。充分利用相关公式、图表和考点的内容，计算题目要求的数据或结果。最好能写出关键的计算步骤，并注意计算结果是否有保留小数点的要求。

(6) 简单论答型。这类题型主要考查考生记忆能力，一般情节简单、内容覆盖面较小。考生在回答这类型题时要直截了当，有什么答什么，不必展开论述。

(7) 综合分析型。这类题型比较复杂，内容往往涉及不同的知识点，要求回答的问题较多，难度很大，也是考生容易失分的地方。要求考生具有一定的理论水平和实际经验，对教材知识点要熟练掌握。

2. 主观题评分说明

主观题部分评分采取网上评分的方法进行，为了防止出现评卷人的评分宽严度差异对不同考生产生的影响，每个评卷人员只评一道题的分数。每份试卷的每道题均由两位评卷人员分别独立评分，如果两人的评分结果相同或很相近（这种情况比例很大）就按两人的平均分为准。如果两人的评分差异较大超过4~5分（出现这种情况的概率很小），就由评分专家再独立评分一次，然后用专家所评的分数和与专家评分接近的那个分数的平均分数为准。

主观题部分评分标准一般以准确性、完整性、分析步骤、计算过程、关键问题的判别方法、概念原理的运用等为判别核心。标准一般按要点给分，只要答出要点基本含义一般就会给分，不恰当的错误语句和文字一般不扣分。

主观题部分作答时必须使用黑色墨水笔书写作答，不得使用其他颜色的钢笔、铅笔、签字笔和圆珠笔。作答时字迹要工整、版面要清晰。因此书写不能离密封线太近，密封后评卷人不容易看到；书写的字不能太粗、太密、太乱，最好买支极细笔，字体稍微书写大点、工整点，这样看起来工整、清晰，评卷人也愿意多给分。

主观题部分作答应避免答非所问，因此考生在考试时要答对得分点，答出一个得分点就给分，说的不完全一致，也会给分，多答不会给分的，只会按点给分。不明确用到什么规范的情况就用"强制性条文"或者"有关法规"代替，在回答问题时，只要有可能，就在答题的内容前加上这样一句话：根据有关法规或根据强制性条文，通常这些是得分点之一。

主观题部分作答应言简意赅，并多使用背景资料中给出的专业术语。考生在考试时应相信第一感觉，往往很多考生在涂改答案过程中，"把原来对的改成错的"这种情形有很多。在确定完全答对时，就不要展开论述，也不要写多余的话，能用尽量少的文字表达出正确的意思就好，这样评卷人看得舒服，考生自己也能省时间。如果答题时发现错误，不建议使用涂改液进行修改，应用笔画个框圈起来，打个"×"即可，然后再找一块干净的地方重新书写。

2017—2021 年《建设工程施工管理》真题分值统计

命题点		题型	2017 年	2018 年	2019 年	2020 年	2021 年
2Z101000 施工管理	2Z101010 施工方的项目管理	单项选择题	2	2	2	2	1
		多项选择题					
	2Z101020 施工管理的组织	单项选择题	2	2	1	2	3
		多项选择题	2		2	2	
	2Z101030 施工组织设计的内容和编制方法	单项选择题	1	1	1	1	1
		多项选择题	2	2	2	2	4
	2Z101040 建设工程项目目标的动态控制	单项选择题	2	2	2	2	2
		多项选择题				4	
	2Z101050 施工项目经理的任务和责任	单项选择题	2	2	1	1	1
		多项选择题	4	4	2		2
	2Z101060 施工风险管理	单项选择题	1	1	1	2	1
		多项选择题					
	2Z101070 建设工程监理的工作任务和工作方法	单项选择题	2	2	2	2	1
		多项选择题					2
2Z102000 施工成本管理	2Z102010 建筑安装工程费用项目的组成与计算	单项选择题	1	1	2	2	5
		多项选择题			2	2	6
	2Z102020 建设工程定额	单项选择题	2	2	2	2	1
		多项选择题	2	2	2	2	
	2Z102030 工程量清单计价	单项选择题	1	2	2	2	1
		多项选择题	2	2			
	2Z102040 计量与支付	单项选择题	3	4	4	4	3
		多项选择题			2	2	
	2Z102050 施工成本管理的任务、程序和措施	单项选择题	2	1	1	2	2
		多项选择题					
	2Z102060 施工成本计划和成本控制	单项选择题	4	2	2	2	2
		多项选择题			2	2	
	2Z102070 施工成本核算、成本分析和成本考核	单项选择题		2	1	2	2
		多项选择题			2		
2Z103000 施工进度管理	2Z103010 建设工程项目进度控制的目标和任务	单项选择题	3	1	2	2	1
		多项选择题	2	2		4	2
	2Z103020 施工进度计划的类型及其作用	单项选择题		1		1	1
		多项选择题		2	2	2	2

续表

命题点		题型	2017年	2018年	2019年	2020年	2021年
2Z103000 施工进度管理	2Z103030 施工进度计划的编制方法	单项选择题	4	7	5	4	7
		多项选择题	4	2	6	2	2
	2Z103040 施工进度控制的任务和措施	单项选择题	2	2	2	2	
		多项选择题	2	2	2		2
2Z104000 施工质量管理	2Z104010 施工质量管理与施工质量控制	单项选择题	2	2	2	2	
		多项选择题	2	2	2	2	2
	2Z104020 施工质量管理体系	单项选择题	3	2	2	3	4
		多项选择题	2	2	2	2	
	2Z104030 施工质量控制的内容和方法	单项选择题	3	3	4	3	5
		多项选择题					2
	2Z104040 施工质量事故预防与处理	单项选择题	1	2	2	2	2
		多项选择题	2	2	2	4	2
	2Z104050 建设行政管理部门对施工质量的监督管理	单项选择题	2	2	2	2	2
		多项选择题	2	2	2	2	
2Z105000 施工职业健康安全与环境管理	2Z105010 职业健康安全管理体系与环境管理体系	单项选择题	1	2	2	2	2
		多项选择题	2	2	2	2	
	2Z105020 施工安全生产管理	单项选择题	3	2	3	3	1
		多项选择题	2	2	2	2	4
	2Z105030 生产安全事故应急预案和事故处理	单项选择题	3	2	2	2	3
		多项选择题	2	2	2	2	2
	2Z105040 施工现场文明施工和环境保护的要求	单项选择题	3	3	2	2	2
		多项选择题					
2Z106000 施工合同管理	2Z106010 施工发承包模式	单项选择题	3	2	2	2	1
		多项选择题	2	2	2	2	2
	2Z106020 施工合同与物资采购合同	单项选择题	5	3	4	3	4
		多项选择题	2	2	2	2	6
	2Z106030 施工合同计价方式	单项选择题	2	3	3	2	2
		多项选择题	2	2	2	2	2
	2Z106040 施工合同执行过程的管理	单项选择题	2	1	2	1	1
		多项选择题	2	2	2	2	2
	2Z106050 施工合同的索赔	单项选择题	2	3	2	2	2
		多项选择题	2	2	2	2	
	2Z106060 建设工程施工合同风险管理工程保险和工程担保	单项选择题			2	1	2
		多项选择题					
2Z107000 施工信息管理	2Z107010 施工信息管理的任务和方法	单项选择题	1		1	1	1
		多项选择题					
	2Z107020 施工文件归档管理	单项选择题		1			1
		多项选择题	2	2	2	2	
合计		单项选择题	70	70	70	70	70
		多项选择题	50	50	50	50	50

2021 年度全国二级建造师执业资格考试

《建设工程施工管理》

真题及解析

2021 年度《建设工程施工管理》真题

一、**单项选择题**（共70题，每题1分。每题的备选项中，只有1个最符合题意）

1. 下列建设工程项目管理的类型中，属于施工方项目管理的是（　　）。
   A. 投资方的项目管理　　　　　　B. 开发方的项目管理
   C. 分包方的项目管理　　　　　　D. 供货方的项目管理

2. 影响建设工程项目目标实现的决定性因素是（　　）。
   A. 组织　　　　　　　　　　　　B. 资源
   C. 方法　　　　　　　　　　　　D. 工具

3. 项目结构图反映的是组成该项目的（　　）。
   A. 各子系统之间的关系　　　　　B. 各部门的职责分工
   C. 各参与方之间的关系　　　　　D. 所有工作任务

4. 能够反映一个组织系统中各工作部门之间指令关系的组织工具是（　　）。
   A. 组织结构图　　　　　　　　　B. 项目结构图
   C. 合同结构图　　　　　　　　　D. 工作流程图

5. 根据施工组织总设计的编制程序，编制施工总进度计划前应完成的工作是（　　）。
   A. 施工总平面图设计　　　　　　B. 编制资源需求量计划
   C. 编制施工准备工作计划　　　　D. 拟订施工方案

6. 在项目管理中，定期进行项目目标的计划值和实际值的比较，属于项目目标控制中的（　　）。
   A. 事前控制　　　　　　　　　　B. 动态控制
   C. 事后控制　　　　　　　　　　D. 专项控制

7. 在对施工成本目标进行动态跟踪和控制过程中，如工程合同价为计划值，则相对的实际值可以是（　　）。
   A. 工程概算　　　　　　　　　　B. 工程预算
   C. 投标报价　　　　　　　　　　D. 施工成本规划值

8. 关于建造师与施工项目经理的说法，正确的是（　　）。
   A. 取得建造师注册证书的人员就是施工项目经理
   B. 建造师是管理岗位，施工项目经理是技术岗位
   C. 施工项目经理必须由取得建造师注册证书的人员担任
   D. 建造师执业资格制度可以替代施工项目经理岗位责任制

9. 某施工企业在项目实施过程中，因部分管理人员缺乏施工经验而造成的风险属于（　　）。
   A. 组织风险　　　　　　　　　　B. 经济与管理风险
   C. 工程环境风险　　　　　　　　D. 技术风险

10. 根据《建设工程安全生产管理条例》，工程监理单位发现安全事故隐患未及时要求

施工单位整改，则建设行政主管部门一般采取的处罚是（　　）。
　　A. 降低资质等级　　　　　　　　B. 停业整顿
　　C. 处以10万元以上30万元以下的罚款　　D. 限期改正

11. 下列建筑安装工程费用项目中，在投标报价时不得作为竞争性费用的是（　　）。
　　A. 企业管理费　　　　　　　　B. 社会保险费
　　C. 机械使用费　　　　　　　　D. 其他项目费

12. 按造价形成划分，脚手架工程费属于建筑安装工程费用构成中的（　　）。
　　A. 规费　　　　　　　　　　　B. 其他项目费
　　C. 措施项目费　　　　　　　　D. 分部分项工程费

13. 下列建设工程定额中，分项最细、子目最多的定额是（　　）。
　　A. 费用定额　　　　　　　　　B. 概算定额
　　C. 预算定额　　　　　　　　　D. 施工定额

14. 编制材料消耗定额时，材料消耗量包括直接使用在工程上的材料净用量和（　　）。
　　A. 在施工现场内运输及保管过程中不可避免的损耗
　　B. 在施工现场内运输及操作过程中不可避免的废料和损耗
　　C. 从供应地运输到施工现场及操作过程中不可避免的废料和损耗
　　D. 从供应地运输到施工现场过程中不可避免的损耗

15. 采用定额组价方法计算分部分项工程的综合单价时，第一步的工作是（　　）。
　　A. 确定组合定额子目　　　　　B. 测算人、料、机消耗量
　　C. 计算定额子目工程量　　　　D. 确定人、料、机单价

16. 关于工程合同价款约定及其内容的说法，正确的是（　　）。
　　A. 对安全文明施工费应约定支付计划、使用要求
　　B. 可以根据发包人的补充要求调整工程造价
　　C. 应约定质量保证金的总额为工程价款结算总额的5%
　　D. 不实行招标的工程应按承包人最低成本价签订合同

17. 关于建筑安装工程费用中暂列金额的说法，正确的是（　　）。
　　A. 已签约合同价中的暂列金额由承包人掌握使用
　　B. 发包人按照合同约定做出支付后，如有剩余归发包人所有
　　C. 暂列金额不得用于招标人给出暂估价的材料采购
　　D. 暂列金额不得用于施工可能发生的现场签证费用

18. 某招标工程的招标控制价为1.6亿元，某投标人报价为1.55亿元，经修正计算性错误后以1.45亿元的报价中标，则该承包人的报价浮动率为（　　）。
　　A. 3.125%　　　　　　　　　　B. 9.355%
　　C. 9.375%　　　　　　　　　　D. 9.677%

19. 根据《建设工程施工合同（示范文本）》GF—2017—0201，发包人应在开工后28天内预付安全文明施工费总额的（　　）。
　　A. 30%　　　　　　　　　　　B. 40%
　　C. 50%　　　　　　　　　　　D. 60%

20. 根据《建设工程施工合同（示范文本）》GF—2017—0201，发包人明确表示或者

以其行为表明不履行合同主要义务的，承包人有权解除合同，发包人应承担（　　）。

A. 由此增加的费用，但不包括利润
B. 承包人已订购但未支付的材料费用
C. 由此增加的费用并支付承包人合理的利润
D. 由此支出的直接成本，不包括管理费

21. 施工成本管理中最根本和最重要的基础工作是（　　）。
A. 科学设计成本核算账册体系
B. 建立企业内部施工定额并保持其适应性
C. 建立生产资料市场价格信息的收集网络
D. 建立成本管理责任体系

22. 下列施工成本管理措施中，属于组织措施的是（　　）。
A. 确定合理的施工机械、设备使用方案
B. 对成本管理目标进行风险分析，并制定防范对策
C. 选择适合于工程规模、性质和特点的合同结构模式
D. 编制成本控制计划，确定合理的工作流程

23. 某施工总承包项目实施过程中，因国家消防设计规范变化导致出现费用偏差，从偏差产生原因来看属于（　　）。
A. 设计原因　　　　　　　　　B. 客观原因
C. 施工原因　　　　　　　　　D. 业主原因

24. 关于施工图预算与施工预算区别的说法，正确的是（　　）。
A. 施工图预算的编制以施工定额为依据，施工预算的编制以预算定额为依据
B. 施工图预算只能由造价咨询机构编制，施工预算只能由施工企业编制
C. 施工图预算适用于发包人和承包人，施工预算适用于施工企业的内部管理
D. 施工图预算和施工预算都可作为投标报价的主要依据，但施工预算更为详细

25. 施工项目成本分析时，可用于分析某项成本指标发展方向和发展速度的方法是（　　）。
A. 环比指数法　　　　　　　　B. 构成比率法
C. 因素分析法　　　　　　　　D. 差额计算法

26. 下列施工成本计划的指标中，属于效益指标的是（　　）。
A. 责任目标成本计划降低率　　B. 设计预算成本计划降低率
C. 责任目标总成本计划降低额　D. 按子项汇总的计划总成本指标

27. 建设工程项目总进度目标论证的主要工作有：①进行项目结构分析；②确定项目工作编码；③编制总进度计划；④进行进度计划系统的结构分析；⑤编制各层进度计划。正确的工作顺序是（　　）。
A. ②—①—③—④—⑤　　　　B. ②—①—③—⑤—④
C. ①—④—②—③—⑤　　　　D. ①—④—②—⑤—③

28. 关于施工进度计划类型的说法，正确的是（　　）。
A. 项目施工总进度方案是企业计划，单位工程施工进度计划是项目计划
B. 施工企业的施工生产计划和工程项目进度计划属于不同项目参与方
C. 施工企业的施工生产计划和工程项目进度计划都与施工进度有关

D. 施工企业的施工生产计划和工程项目进度计划是相同系统的计划

29. 关于横道图进度计划的说法，正确的是（　　）。
A. 每行只能容纳一项工作　　　　B. 可以表达工作间的逻辑关系
C. 可以表示工作的时差　　　　　D. 可以直接表达出关键线路

30. 关于双代号网络计划关键线路的说法，正确的是（　　）。
A. 一个网络计划可能有几条关键线路
B. 在网络计划执行中，关键线路始终不会改变
C. 关键线路是总的工作持续时间最短的线路
D. 关键线路上的工作总时差为零

31. 关于双代号网络图中节点编号的说法，正确的是（　　）。
A. 起点节点的编号为 0　　　　　B. 箭头节点编号要小于箭尾节点编号
C. 每一个节点都必须编号　　　　D. 各节点应连续编号

32. 某双代号网络计划如下图所示（时间单位：天），存在的绘图错误是（　　）。

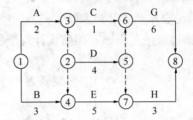

A. 有多个起点节点　　　　　　　B. 工作标识不一致
C. 节点编号不连续　　　　　　　D. 时间参数有多余

33. 某双代号网络计划如下图所示（时间单位：天），计算工期是（　　）天。

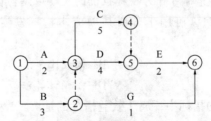

A. 8　　　　　B. 9　　　　　C. 10　　　　　D. 11

34. 某单代号网络计划中，相邻两项工作的部分时间参数如下图所示（时间单位：天），此两项工作的间隔时间（$LAG_{i,j}$）是（　　）天。

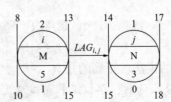

A. 0　　　　　B. 1　　　　　C. 2　　　　　D. 3

35. 某项工作计划最早第 15 天开始，持续时间为 25 天，总时差为 2 天，每天完成的工程量相同。第 20 天结束时，检查发现该工作仅完成 20%。关于该项工作进度计划检查与调整的说法，正确的是（　　）。
   A. 实际进度超前，可以适当减缓工作进度
   B. 实际进度和计划保持一致，各时间参数均未发生变化
   C. 实际进度滞后，但对总工期没有影响，加强关注即可
   D. 实际进度滞后，且影响总工期 1 天，须采取措施赶工

36. 某建设工程施工由甲施工单位总承包，甲依法将其中的空调安装工程分包给乙施工单位，空调由建设单位采购，因空调安装质量不合格返工导致工程不能按时完工给建设单位造成损失，该质量责任及损失应由（　　）承担。
   A. 建设单位　　　　　　　　B. 空调供应商
   C. 乙施工单位　　　　　　　D. 甲和乙施工单位

37. 下列项目施工质量成本中，属于外部质量保证成本的是（　　）。
   A. 编写项目施工质量工作计划发生的费用
   B. 根据业主要求进行的特殊质量检测试验的费用
   C. 例行的重要工序试验、检验的费用
   D. 为运行质量体系达到规定的质量水平所支付的费用

38. 在合同环境中，施工质量保证体系的作用是（　　）。
   A. 向项目监理机构证明所完成工程满足设计和验收标准要求
   B. 向业主证明施工单位资质满足完成工程项目的要求
   C. 向业主证明施工单位具有足够的管理和技术上的能力
   D. 向项目监理机构证明隐蔽工程质量符合要求

39. 根据《质量管理体系 基础和术语》GB/T 19000—2016，循证决策原则要求施工企业质量管理时应基于（　　）作出相关决策。
   A. 与相关方的关系　　　　　B. 满足顾客的要求
   C. 数据和信息的分析和评价　D. 功能连贯的过程组成的体系

40. 特殊施工过程的质量控制中，专业技术人员编制的作业指导书应经（　　）审批后方可执行。
   A. 项目技术负责人　　　　　B. 企业技术负责人
   C. 项目经理　　　　　　　　D. 监理工程师

41. 为保证施工质量，在项目开工前，应由（　　）向分包人进行书面技术交底。
   A. 施工企业技术负责人　　　B. 施工项目经理
   C. 项目技术负责人　　　　　D. 总监理工程师

42. 对建筑材料密度的测定属于现场质量检查方法中的（　　）。
   A. 目测法　　　　　　　　　B. 试验法
   C. 实测法　　　　　　　　　D. 无损检测法

43. 关于施工机械设备质量控制的说法，正确的是（　　）。
   A. 机械设备选型应首先考虑经济性，其次是适应性和可靠性
   B. 要明确机械操作人员的岗位职责，在使用中严格遵守操作规程
   C. 机械设备选择主要是选型，性能参数不作为选择依据

D. 机械操作人员应持证上岗，可根据工作需要操作同类机械

44. 应由建设单位组织的施工质量验收项目是（　　）。
A. 分部工程
B. 分项工程
C. 单位工程
D. 工序

45. 下列工程质量事故中，属于技术原因引发的质量事故是（　　）。
A. 采用了不适宜的施工工艺引发的质量事故
B. 检测仪器设备管理不善而失准引起的质量事故
C. 质量管理措施落实不力引起的质量事故
D. 设备事故导致连带发生的质量事故

46. 根据《关于做好房屋建筑和市政基础设施工程质量事故报告和调查处理工作的通知》，工程建设单位负责人接到施工质量事故发生报告后，向事故发生地县级以上人民政府住房和城乡建设主管部门及有关部门报告应在（　　）h内。
A. 1
B. 2
C. 3
D. 6

47. 工程质量监督机构对违反有关规定、造成工程质量事故和严重质量问题的单位和个人依法严肃查处，对查实的问题可签发（　　）。
A. 吊销企业资质证书通知单
B. 吊销建造师执业资格证书通知单
C. 质量问题罚款通知单
D. 质量问题整改通知单

48. 将各方签字的分部工程质量验收证明报送工程质量监督机构备案的责任主体是（　　）。
A. 施工单位
B. 建设单位
C. 监理单位
D. 质量检测单位

49. 根据《职业健康安全管理体系 要求及使用指南》GB/T 45001—2020 的总体结构，属于运行要求的内容是（　　）。
A. 应急准备和响应
B. 持续改进
C. 事件、不符合的纠正和预防
D. 绩效测量和监视

50. 工程施工职业健康安全管理工作包括：①确定职业健康安全目标；②识别并评价危险源及风险；③持续改进相关措施和绩效；④编制并实施项目职业健康安全技术措施计划；⑤职业健康安全技术措施计划实施结果验证。正确的程序是（　　）。
A. ①—②—④—⑤—③
B. ①—②—⑤—④—③
C. ②—①—④—⑤—③
D. ②—①—④—③—⑤

51. 施工企业最基本的安全管理制度是（　　）。
A. 安全生产检查制度
B. 安全生产许可证制度
C. 安全生产责任制度
D. 安全生产教育培训制度

52. 某施工项目部对工人进行安全用电操作教育，同时对现场的配电箱、用电电路进行防护改造，严禁非专业电工乱接乱拉电线。这体现了施工安全隐患处理原则中的（　　）。
A. 直接隐患与间接隐患并治原则
B. 单项隐患综合处理原则
C. 重点处理原则
D. 动态处理原则

53. 根据《生产安全事故应急预案管理办法》，施工单位应当制定本企业的应急预案演练计划，每年至少组织综合应急预案演练（　　）次。
A. 1
B. 2
C. 3
D. 4

54. 根据生产安全事故应急预案的体系构成，深基坑开挖施工的应急预案属于（　　）。
   A. 专项应急预案　　　　　　　B. 专项施工方案
   C. 现场处置方案　　　　　　　D. 危大工程预案

55. 关于施工现场文明施工措施的说法，正确的是（　　）。
   A. 市区主要路段设置高度不低于2m的封闭围挡
   B. 项目经理任命专职安全员作为现场文明施工第一责任人
   C. 现场施工人员均佩戴胸卡，按工种统一编号管理
   D. 建筑垃圾和生活垃圾集中一起堆放，并及时清运

56. 施工现场使用的水泥、白灰、珍珠岩等易飞扬的细颗粒散体材料，最适宜的存放方式是（　　）。
   A. 表面临时固化　　　　　　　B. 搭设草帘屏障
   C. 入库密闭　　　　　　　　　D. 用密目式安全网遮盖

57. 发包方将建设工程项目合理划分标段后，将各标段分别发包给不同的施工单位，并与之签订施工承包合同，此发承包模式属于（　　）。
   A. 平行发承包　　　　　　　　B. 施工总承包
   C. 施工总承包管理　　　　　　D. 设计施工总承包

58. 关于投标人正式投标时投标文件和程序要求的说法，正确的是（　　）。
   A. 提交投标保证金的最后期限为招标人规定的投标截止日
   B. 投标文件应对招标文件提出的实质性要求和条件作出响应
   C. 标书的提交可按投标人的内部控制标准
   D. 投标的担保截止日为提交标书最后的期限

59. 根据《标准施工招标文件》，关于发包人提供资料的说法，正确的是（　　）。
   A. 发包人应通过监理人向承包人提供测量基准点、基准线和水准点及书面资料
   B. 发包人只提供基础资料，不对其真实性和完整性负责，承包人自行解读内容
   C. 发包人提供资料有误使承包人受损时，只承担增加的费用和工期延误
   D. 发包人提供的资料使承包人推断失误，承担相关费用和利润

60. 由采购方负责提货的建筑材料，其交货期限应以（　　）为准。
   A. 采购方收货戳记的日期
   B. 采购方向承运单位提出申请的日期
   C. 供货方按照合同规定通知的提货日期
   D. 供货方发运产品时承运单位签发的日期

61. 根据《标准施工招标文件》，关于合同进度计划的说法，正确的是（　　）。
   A. 监理人应编制施工进度计划和施工方案说明并报发包人
   B. 实际进度与合同进度不符时，承包人应提交修订合同进度计划申请报告等资料，报监理人审批
   C. 监理人不能直接向承包人作出修订合同进度计划的指示
   D. 监理人无需获得发包人的同意，可以直接在合同约定期限内批复修订的合同进度计划

62. 某招标工程采用单价合同，当投标书中出现明显的总价和单价计算结果不一致时，

正确的做法是（ ）。
A. 以单价为准调整总价 B. 以总价为准调整单价
C. 同时调整单价和总价 D. 以市场价为依据调整单价

63. 关于成本加酬金合同的说法，正确的是（ ）。
A. 采用该合同方式对业主的投资控制很不利
B. 对业主来说，成本加酬金合同风险较小
C. 需等待所有施工图完成后才开始招标和施工
D. 对承包人来说，风险比固定总价合同的高，利润无保证

64. 施工合同变更是指（ ）由双方当事人依法对合同内容所进行的修改。
A. 合同成立以后和工程竣工以前
B. 工程开工以后和履行完毕以前
C. 合同签字以后和支付完毕以前
D. 合同成立以后和履行完毕以前

65. 关于工程索赔的说法，正确的是（ ）。
A. 承包人可以向发包人提出索赔，发包人不可以向承包人提出索赔
B. 承包人可以向发包人提出索赔，发包人也可以向承包人提出索赔
C. 非分包人的原因导致工期拖延时，分包人可以向发包人提出索赔
D. 承包人根据工程师指示指令分包人加速施工，分包人可以向发包人提出索赔

66. 根据《建设工程施工合同（示范文本）》GF—2017—0201，承包人应在发出索赔意向通知书后（ ）天内向监理人正式递交索赔报告。
A. 7 B. 14
C. 21 D. 28

67. 下列风险产生的原因中，可能导致合同信用风险的是（ ）。
A. 承包人层层转包 B. 不利的地质条件变化
C. 物价上涨 D. 不可抗力

68. 根据《中华人民共和国招标投标法实施条例》，投标保证金的数额不得超过招标项目估算价的（ ）。
A. 1% B. 2%
C. 3% D. 5%

69. 下列施工项目相关的信息中，属于施工记录信息的是（ ）。
A. 施工合同信息 B. 自然条件信息
C. 施工日志 D. 材料管理信息

70. 关于施工文件归档的说法，正确的是（ ）。
A. 可以采用纯蓝墨水书写的文件
B. 归档图纸可以使用计算机出图的复印件
C. 利用施工图改绘竣工图，可以不标明变更修改依据，但图面必须清晰整洁
D. 根据建设程序和工程特点，归档可分阶段分期进行

二、多项选择题（共25题，每题2分。每题的备选项中，有2个或2个以上符合题意，至少有1个错项。错选，本题不得分；少选，所选的每个选项得0.5分）

71. 施工项目部采用线性组织结构模式如下图所示，图中A、B、C表示不同级别的工

作部门,关于下达工作指令的说法,正确的有( )。

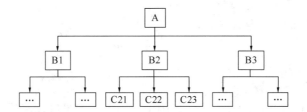

A. 部门 B2 可以对部门 C21 下达指令　　B. 部门 A 可以对部门 C21 下达指令
C. 部门 A 可以对部门 B3 下达指令　　D. 部门 B3 可以对部门 C23 下达指令
E. 部门 B2 可以对部门 C23 下达指令

72. 根据编制广度、深度和作用的不同,施工组织设计可分为( )。
A. 施工组织总设计　　B. 单项施工组织设计
C. 单位工程施工组织设计　　D. 危大工程施工组织设计
E. 分部(分项)工程施工组织设计

73. 根据《建设工程项目管理规范》GB/T 50326—2017,施工项目经理应履行的职责有( )。
A. 组织或参与编制项目管理规划大纲　　B. 主持编制项目管理目标责任书
C. 对各类资源进行质量管控和动态管理　　D. 组织或参与评价项目管理绩效
E. 进行授权范围内的利益分配

74. 根据《建设工程监理规范》GB/T 50319—2013,关于监理实施细则编制的说法,正确的有( )。
A. 危险性较大的分部分项工程应编制监理实施细则
B. 所有的分部分项工程均应编制监理实施细则
C. 编制依据包括施工组织设计和专项施工方案等
D. 编制时间应在相应工程施工开始前
E. 由专业监理工程师编制,并报总监理工程师审批

75. 施工企业投标报价时,企业管理费的计算基础可以为( )。
A. 分部分项工程费　　B. 人工费和机械费合计
C. 人工费　　D. 材料费
E. 规费

76. 根据材料使用性质、用途和用量大小划分,材料消耗定额指标的组成有( )。
A. 废弃材料　　B. 主要材料
C. 辅助材料　　D. 周转性材料
E. 零星材料

77. 关于单价合同工程计量的说法,正确的有( )。
A. 承包人已完成的质量合格的全部工程都应予以计量
B. 监理工程师计量的工程量应等于承包人实际施工量
C. 单价合同应按照招标工程量清单中的工程量计量
D. 招标工程量清单缺项的,应按承包人履行合同义务中完成的工程量计量
E. 监理人对已完工程量有异议的,有权要求承包人进行共同复核或抽样复测

78. 下列施工成本管理措施中，属于组织措施的有（ ）。
A. 利用施工组织设计降低材料的库存成本
B. 确定合理详细的成本管理工作流程
C. 加强施工任务单管理
D. 编制成本控制工作计划
E. 确定施工设备使用方案

79. 下列建设工程项目进度控制的任务中，属于施工方进度控制任务的有（ ）。
A. 论证项目进度总目标　　B. 估算施工资源投入
C. 编制总进度纲要　　　　D. 调整施工进度计划
E. 协调作业班组的进度

80. 编制控制性施工进度计划的主要目的有（ ）。
A. 对施工进度目标进行分解　　B. 分析项目实施工作的逻辑关系
C. 确定施工的总体部署　　　　D. 确定施工作业的资源投入
E. 确定里程碑事件的进度目标

81. 在工程网络计划中，工作的自由时差等于其（ ）。
A. 与所有紧后工作之间间隔时间的最小值
B. 所有紧后工作最早开始时间的最小值减去本工作的最早完成时间
C. 完成节点最早时间减去开始节点最早时间减去本工作持续时间
D. 在不影响其紧后工作最早开始时间的前提下可以利用的机动时间
E. 最迟开始时间与最早开始时间的差值

82. 下列施工方进度控制措施中，属于管理措施的有（ ）。
A. 健全进度控制管理的组织体系　　B. 推广采用工程网络计划技术
C. 选择合理的工程合同结构　　　　D. 重视信息技术在进度控制中的应用
E. 制定并落实加快进度的经济激励政策

83. 影响建设工程施工质量的环境因素包括（ ）。
A. 施工现场自然环境　　B. 施工所在地政策环境
C. 施工所在地市场环境　　D. 施工质量管理环境
E. 施工作业环境

84. 施工企业质量管理体系运行阶段的工作内容包括（ ）。
A. 编制详细作业文件
B. 持续改进质量管理体系
C. 生产和服务按质量管理体系的规定操作
D. 监测管理体系运行的有效性
E. 编制质量手册

85. 下列施工质量事故发生的原因中，属于施工失误的有（ ）。
A. 边勘察、边设计、边施工
B. 违反相关规范施工
C. 非法承包，偷工减料
D. 使用不合格的工程材料、半成品、构配件
E. 忽视安全生产施工，发生安全事故

86. 根据《建设工程质量管理条例》，建设行政主管部门在实施工程质量监督检查时，有权采取的措施包括（　　）。
   A. 要求被检查单位提供有关工程质量的资料
   B. 依法对违法违规行为进行经济处罚
   C. 进入被检查单位施工现场进行检查
   D. 发现有影响工程质量的问题时，责令整改
   E. 要求被检查单位随时停工配合检查

87. 施工职业健康安全管理体系文件包括（　　）。
   A. 管理手册   B. 程序文件
   C. 管理方案   D. 初始状态评审文件
   E. 作业文件

88. 下列施工现场的危险源中，属于第二类危险源的有（　　）。
   A. 现场存放的燃油   B. 焊工焊接操作不规范
   C. 洞口临边缺少防护设施 D. 机械设备缺乏维护保养
   E. 现场管理措施缺失

89. 根据《生产安全事故报告和调查处理条例》，发生下列违法行为时，可以对事故发生单位主要负责人处上一年年收入40%~80%罚款的情形有（　　）。
   A. 不立即组织事故抢救   B. 谎报或者瞒报事故
   C. 迟报或者漏报事故   D. 在事故调查处理期间擅离职守
   E. 伪造或者故意破坏事故现场

90. 施工总承包管理模式下，项目各参与方可能存在的合同关系包括（　　）。
   A. 监理单位与施工总承包管理单位签订合同
   B. 监理单位与分包单位签订合同
   C. 业主与分包单位直接签订合同
   D. 施工总承包管理单位与分包单位签订合同
   E. 施工总承包管理单位与施工总承包单位签订合同

91. 根据《标准施工招标文件》，承包人向监理人报送竣工验收申请报告时，工程应具备的条件有（　　）。
   A. 已按合同约定的内容和份数备齐符合要求的竣工资料
   B. 已经完成合同内的全部单位工程及有关工作，并符合合同要求
   C. 已按监理人要求编制了缺陷责任期内完成的甩项工程及缺陷修补工作
   D. 已按监理人要求编制了缺陷责任期内的修补工作清单及施工计划
   E. 工程项目的试运行完成并形成完整的资料清单

92. 根据《建设工程施工专业分包合同（示范文本）》GF—2018—2013，下列工作中，属于分包人的工作有（　　）。
   A. 对分包工程进行深化设计、施工、竣工和保修
   B. 负责已完分包工程的成品保护工作
   C. 向监理人提供进度计划及进度统计报表
   D. 向承包人提交详细的施工组织设计
   E. 直接履行监理工程师的工作指令

93. 根据《标准施工招标文件》，发包人应负责赔偿第三者人身伤亡和财产损失的情况有（　　）。
   A. 发包人现场管理人员的工伤事故
   B. 工程施工过程中承包人发生安全事故
   C. 工地附近小孩进入工地场区引起的意外伤害
   D. 施工围挡倒塌导致路过行人的伤害
   E. 政府相关人员进入施工现场检查时的意外伤害

94. 一般情况下，固定总价合同适用的情形有（　　）。
   A. 抢险、救灾工程
   B. 工程结构简单，风险小
   C. 工程量小、工期短，工程条件稳定
   D. 工程内容和工程量一时不能明确
   E. 工程设计详细、图纸完整、清楚，工程任务和范围明确

95. 下列施工合同实施偏差的处理措施中，属于组织措施的有（　　）。
   A. 调整人员安排　　　　　　　B. 调整工作流程
   C. 调整施工方案　　　　　　　D. 调整工作计划
   E. 进行合同变更

2021年度真题参考答案及解析

一、单项选择题

1. C;	2. A;	3. D;	4. A;	5. D;
6. B;	7. D;	8. C;	9. A;	10. D;
11. B;	12. C;	13. D;	14. B;	15. A;
16. A;	17. B;	18. C;	19. C;	20. C;
21. D;	22. D;	23. C;	24. A;	25. A;
26. C;	27. D;	28. C;	29. B;	30. A;
31. C;	32. A;	33. C;	34. B;	35. C;
36. D;	37. B;	38. C;	39. C;	40. A;
41. C;	42. B;	43. C;	44. C;	45. A;
46. A;	47. D;	48. B;	49. A;	50. C;
51. C;	52. B;	53. A;	54. A;	55. C;
56. C;	57. A;	58. C;	59. A;	60. C;
61. B;	62. A;	63. A;	64. D;	65. B;
66. D;	67. A;	68. B;	69. C;	70. D。

【解析】

1. C。本题考核的是建设工程项目管理的类型。施工总承包方和分包方的项目管理都属于施工方的项目管理。材料和设备供应方的项目管理都属于供货方的项目管理。投资方、开发方和由咨询公司提供的代表业主利益的项目管理服务属于业主方的项目管理。材料和设备供应方的项目管理都属于供货方的项目管理。

2. A。本题考核的是系统的目标与系统的组织的关系。系统的目标决定了系统的组织，而组织是目标能否实现的决定性因素，这是组织论的一个重要结论。

3. D。本题考核的是项目结构图的含义。项目结构图是一个组织工具，它通过树状图的方式对一个项目的结构进行逐层分解，以反映组成该项目的所有工作任务。

4. A。本题考核的是组织结构图的含义。组织结构模式可用组织结构图来描述，组织结构图也是一个重要的组织工具，反映一个组织系统中各组成部门（组成元素）之间的组织关系（指令关系）。

5. D。本题考核的是施工组织总设计的编制程序。施工组织总设计的编制通常采用如下程序：（1）收集和熟悉编制施工组织总设计所需的有关资料和图纸，进行项目特点和施工条件的调查研究；（2）计算主要工种工程的工程量；（3）确定施工的总体部署；（4）拟订施工方案；（5）编制施工总进度计划；（6）编制资源需求量计划；（7）编制施工准备工作计划；（8）施工总平面图设计；（9）计算主要技术经济指标。

6. B。本题考核的是项目目标的动态控制。项目目标的动态控制，即定期进行项目目标的计划值和实际值的比较，当发现项目目标偏离时采取纠偏措施。

7. D。本题考核的是施工成本的计划值和实际值的比较。施工成本的计划值和实际值的比较包括：（1）工程合同价与投标价中的相应成本项的比较。（2）工程合同价与施工成本规划中的相应成本项的比较。（3）施工成本规划与实际施工成本中的相应成本项的比较。（4）工程合同价与实际施工成本中的相应成本项的比较。（5）工程合同价与工程款支付中的相应成本项的比较等。相对于工程合同价而言，施工成本规划的成本值是实际值。

8. C。本题考核的是建造师与施工项目经理的相关规定。大、中型工程项目施工的项目经理必须由取得建造师注册证书的人员担任。但取得建造师注册证书的人员是否担任工程项目施工的项目经理，由企业自主决定，所以选项A错误。建造师是一种专业人士的名称，项目经理不是一个纯技术岗位，是一个具有综合知识和能力的管理岗位，所以选项B错误、选项C正确。在全面实施建造师执业资格制度后仍然要坚持落实项目经理岗位责任制，所以选项D错误。

9. A。本题考核的是施工风险的类型。组织风险包括：（1）承包商管理人员和一般技工的知识、经验和能力；（2）施工机械操作人员的知识、经验和能力；（3）损失控制和安全管理人员的知识、经验和能力等。

10. D。本题考核的是《建设工程安全生产管理条例》的有关规定。违反本条例的规定，工程监理单位有下列行为之一的，责令限期改正。逾期未改正的，责令停业整顿，并处10万元以上30万元以下的罚款。情节严重的，降低资质等级，直至吊销资质证书。造成重大安全事故，构成犯罪的，对直接责任人员，依照刑法有关规定追究刑事责任。造成损失的，依法承担赔偿责任：（1）未对施工组织设计中的安全技术措施或者专项施工方案进行审查的；（2）发现安全事故隐患未及时要求施工单位整改或者暂时停止施工的；（3）施工单位拒不整改或者不停止施工，未及时向有关主管部门报告的；（4）未依照法律、法规和工程建设强制性标准实施监理的。

11. B。本题考核的是投标报价的编制。规费和税金必须按国家或省级、行业建设主管部门的规定计算，不得作为竞争性费用。社会保险费属于规费。

12. C。本题考核的是按造价形成划分的建筑安装工程费用项目组成。按造价形成划分的建筑安装工程费用包括分部分项工程费、措施项目费、其他项目费、规费和税金。脚手架工程费是指施工需要的各种脚手架搭、拆、运输费用以及脚手架购置费的摊销（或租赁）费用，属于措施项目费。

13. D。本题考核的是建设工程定额。施工定额是工程建设定额中分项最细、定额子目最多的一种定额，也是建设工程定额中的基础性定额。

14. B。本题考核的是材料消耗定额的编制方法。编制材料消耗定额，主要包括确定直接使用在工程上的材料净用量和在施工现场内运输及操作过程中的不可避免的废料和损耗。

15. A。本题考核的是综合单价的计算步骤。综合单价的计算可以概括为以下步骤：（1）确定组合定额子目；（2）计算定额子目工程量；（3）测算人、料、机消耗量；（4）确定人、料、机单价；（5）计算清单项目的人、料、单价；（6）计算清单项目的管理费和利润；（7）计算清单项目的综合单价。

16. A。本题考核的是合同价款的约定。合同价款的约定是建设工程合同的主要内容。实行招标的工程合同价款应在中标通知书发出之日起30天内，由发承包双方依据招标文件和中标人的投标文件在书面合同中约定。不实行招标的工程合同价款，应在发承包双方认可的工程价款基础上，由发承包双方在合同中约定。发承包双方认可的工程价款的形式可以是承包方或设计人编制的施工图预算,也可以是承发包双方认可的其他形式,所以选项 B、D 错误。安全文明施工费应约定支付计划、使用要求等,所以选项 A 正确。应约定质量保证金的总额为工程价款结算总额的 3%,所以选项 C 错误。

17. B。本题考核的是暂列金额的规定。暂列金额是指招标人在工程量清单中暂定并包括在合同价款中的一笔款项。用于工程合同签订时尚未确定或者不可预见的所需材料、工程设备、服务的采购,施工中可能发生的工程变更、合同约定调整因素出现时的合同价款调整以及发生的索赔、现场签证确认等的费用。已签约合同价中的暂列金额由发包人掌握使用。发包人按照合同的规定作出支付后,如有剩余,则暂列金额余额归发包人所有。

18. C。本题考核的是报价浮动率的计算。对于招标工程:报价浮动率=1-中标价/最高投标限价(也称为招标控制价)= 1-1.45/1.6=9.375%。

19. C。本题考核的是安全文明施工费支付。除专用合同条款另有约定外,发包人应在开工后 28 天内预付安全文明施工费总额的 50%,其余部分与进度款同期支付。

20. C。本题考核的是因发包人违约解除合同。发包人明确表示或者以其行为表明不履行合同主要义务的,承包人有权解除合同,发包人应承担由此增加的费用,并支付承包人合理的利润。

21. D。本题考核的是施工成本管理最根本和最重要的基础工作。成本管理首先要做好基础工作,成本管理的基础工作是多方面的,成本管理责任体系的建立是其中最根本最重要的基础工作,涉及成本管理的一系列组织制度、工作程序、业务标准和责任制度的建立。

22. D。本题考核的是施工成本管理的措施。施工成本管理的组织措施包括:(1)实行项目经理责任制,落实施工成本管理的组织机构和人员,明确各级施工成本管理人员的任务和职能分工、权利和责任。(2)编制成本控制工作计划、确定合理详细的工作流程。要做好施工采购规划,通过生产要素的优化配置、合理使用、动态管理,有效控制实际成本;加强施工定额管理和施工任务单管理,控制活劳动和物化劳动的消耗;加强施工调度,避免因施工计划不周和盲目调度造成窝工损失、机械利用率降低、物料积压等而使施工成本增加。选项 A 属于技术措施,选项 B 属于经济措施,选项 C 属于合同措施。

23. B。本题考核的是产生费用偏差的原因。产生费用偏差的原因如下图所示。

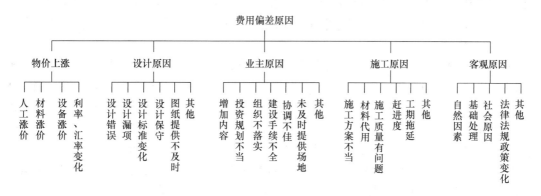

24. C。本题考核的是施工图预算与施工预算的区别。施工预算的编制以施工定额为主要依据,施工图预算的编制以预算定额为主要依据,而施工定额比预算定额划分得更详细、更具体,并对其中所包括的内容,如质量要求、施工方法以及所需劳动工日、材料品种、规格型号等均有较详细的规定或要求。施工预算是施工企业内部管理用的一种文件,与发

包人无直接关系。而施工图预算既适用于发包人，又适用于承包人。施工预算是施工企业组织生产、编制施工计划、准备现场材料、签发任务书、考核功效、进行经济核算的依据，它也是施工企业改善经营管理、降低生产成本和推行内部经营承包责任制的重要手段；而施工图预算则是投标报价的主要依据。

25．A。本题考核的是施工项目成本分析方法。动态比率法是将同类指标不同时期的数值进行对比，求出比率，以分析该项指标的发展方向和发展速度。动态比率的计算，通常采用基期指数和环比指数两种方法。

26．C。本题考核的是成本计划的指标。成本计划的效益指标，如项目成本降低额：(1) 设计预算总成本计划降低额=设计预算总成本–计划总成本；(2) 责任目标总成本计划降低额=责任目标总成本–计划总成本。

27．D。本题考核的是建设工程项目总进度目标论证的工作步骤。建设工程项目总进度目标论证的工作步骤如下：(1) 调查研究和收集资料；(2) 进行项目结构分析；(3) 进行进度计划系统的结构分析；(4) 确定项目的工作编码；(5) 编制各层（各级）进度计划；(6) 协调各层进度计划的关系和编制总进度计划；(7) 若所编制的总进度计划不符合项目的进度目标，则设法调整；(8) 若经过多次调整，进度目标无法实现，则报告项目决策者。

28．C。本题考核的是施工进度计划类型。项目施工总进度方案、单位工程施工进度计划均属项目施工进度计划，所以选项A错误。施工方所编制的与施工进度有关的计划包括施工企业的施工生产计划和建设工程项目施工进度计划，所以选项B错误、选项C正确。施工企业的施工生产计划与建设工程项目施工进度计划虽属两个不同系统的计划，但是，两者是紧密相关的，所以选项D错误。

29．B。本题考核的是横道图进度计划的编制方法。可以将工作简要说明直接放在横道图上，一行上可容纳多项工作，所以选项A错误。工序（工作）之间的逻辑关系可以设法表达，但不易表达清楚，所以选项B正确。不能确定计划的关键工作、关键线路与时差，所以选项C、D错误。

30．A。本题考核的是关键线路的相关内容。在双代号网络计划和单代号网络计划中，关键线路是总的工作持续时间最长的线路。一个网络计划可能有一条，或几条关键线路，在网络计划执行过程中，关键线路有可能转移，所以选项A正确，选项B、C错误。关键线路上的工作为关键工作，关键工作指的是网路计划中总时差最小的工作，所以选项D错误。

31．C。本题考核的是双代号网络图中节点编号的规定。双代号网络图中，节点应用圆圈表示，并在圆圈内编号。一项工作应当只有唯一的一条箭线和相应的一对节点，且要求箭尾节点的编号小于其箭头节点的编号。网络图节点的编号顺序应从小到大，可不连续，但不允许重复。

32．A。本题考核的是双代号网络计划的绘图规则。存在①、②两个起点节点。

33．C。本题考核的是双代号网络计划中计算工期的计算。本题可以采用找平行线路上持续时间最长的工作相加，则计算工期=3+5+2=10天。

34．B。本题考核的是单代号网络计划时间参数的计算。相邻两项工作i和j之间的时间间隔$LAG_{i,j}$等于紧后工作j的最早开始时间ES_j和本工作的最早完成时间EF_i之差，即$LAG_{i,j}=14-13=1$天。

35．C。本题考核的是工作进度计划检查与调整。每天完成的工程量相同，25天完成

100%的工作量，计划每天完成25/100＝4%工程量，注意第15天开始时，是指第15天上班时刻开始，第20天结束，即第20天下班时结束，实际工作6天，实际完成20%，实际进度滞后，但对总工期没有影响，加强关注即可。

36. D。本题考核的是施工质量控制的责任。总承包单位依法将建设工程分包给其他单位的，分包单位应当按照分包合同的约定对其分包工程的质量向总承包单位负责，总承包单位与分包单位对分包工程的质量承担连带责任。

37. B。本题考核的是施工质量成本的内容。质量成本可分为运行质量成本和外部质量保证成本。运行质量成本是指为运行质量体系达到和保持规定的质量水平所支付的费用。外部质量保证成本是指依据合同要求向顾客提供所需要的客观证据所支付的费用，包括特殊的和附加的质量保证措施、程序、数据以及检测试验和评定的费用。

38. C。本题考核的是施工质量保证体系的作用。在合同环境中，施工质量保证体系可以向建设单位（业主）证明施工单位具有足够的管理和技术上的能力，保证全部施工是在严格的质量管理中完成的，从而取得建设单位（业主）的信任。

39. C。本题考核的是质量管理原则。循证决策是基于数据和信息的分析和评价的决策，更有可能产生期望的结果。

40. A。本题考核的是特殊过程质量控制的管理。特殊过程的质量控制除按一般过程质量控制的规定执行外，还应由专业技术人员编制作业指导书，经项目技术负责人审批后执行。

41. C。本题考核的是技术交底。项目开工前应由项目技术负责人向承担施工的负责人或分包人进行书面技术交底，技术交底资料应办理签字手续并归档保存。

42. B。本题考核的是现场质量检查的方法。现场质量检查的方法主要有目测法、实测法和试验法。试验法包括理化试验和无损检测。工程中常用的理化试验包括物理力学性能方面的检验和化学成分及其含量的测定等两个方面。力学性能的检验如各种力学指标的测定，包括抗拉强度、抗压强度、抗弯强度、抗折强度、冲击韧性、硬度、承载力等。各种物理性能方面的测定如密度、含水量、凝结时间、安定性及抗渗、耐磨、耐热性能等。

43. B。本题考核的是施工机械设备的质量控制。施工机械质量控制主要从机械设备的选型、主要性能参数指标的确定和使用操作要求等方面进行，所以选项C错误。机械设备的选择，应按照技术上先进、生产上适用、经济上合理、使用上安全、操作上方便的原则进行。选配的施工机械应具有工程的适用性，具有保证工程质量的可靠性，具有使用操作的方便性和安全性，所以选项A错误。应贯彻"持证上岗"和"人机固定"原则，实行定机、定人、定岗位职责的使用管理制度，在使用中严格遵守操作规程和机械设备的技术规定，所以选项B正确，选项D错误。

44. C。本题考核的是施工项目竣工质量验收程序。单位工程质量验收也称质量竣工验收。建设单位组织工程竣工验收。

45. A。本题考核的是工程质量事故的分类。技术原因引发的质量事故：指在工程项目实施中由于设计、施工在技术上的失误而造成的质量事故。例如，结构设计计算错误，对地质情况估计错误，采用了不适宜的施工方法或施工工艺等引发质量事故，选项B、C属于管理原因引发的质量事故，选项D属于其他原因引发的质量事故。

46. A。本题考核的是施工质量事故的处理程序。施工质量事故发生后，按照《关于做好房屋建筑和市政基础设施工程质量事故报告和调查处理工作的通知》的规定，事故现场有关人员应立即向工程建设单位负责人报告。工程建设单位负责人接到报告后，应于 1h 内向事故发生地县级以上人民政府住房和城乡建设主管部门及有关部门报告。

47. D。本题考核的是施工质量监督管理的实施。监督机构对在施工过程中发生的质量问题、质量事故进行查处。根据质量监督检查的状况，对查实的问题可签发"质量问题整改通知单"或"局部暂停施工指令单"，对问题严重的单位也可根据问题的性质签发"临时收缴资质证书通知书"等处理意见。

48. B。本题考核的是施工质量监督管理的实施。建设单位应将施工、设计、监理和建设单位各方分别签字的质量验收证明在验收后 3 天内报送工程质量监督机构备案。

49. A。本题考核的是《职业健康安全管理体系 要求及使用指南》GB/T 45001—2020 的总体结构。根据《职业健康安全管理体系 要求及使用指南》GB/T 45001—2020 的总体结构，属于运行要求的内容是运行策划和控制、应急准备和响应。

50. C。本题考核的是工程施工职业健康安全管理的程序。工程施工职业健康安全管理应遵循下列程序：（1）识别并评价危险源及风险；（2）确定职业健康安全目标；（3）编制并实施项目职业健康安全技术措施计划；（4）职业健康安全技术措施计划实施结果验证；（5）持续改进相关措施和绩效。

51. C。本题考核的是是施工安全生产管理制度体系的主要内容。安全生产责任制是最基本的安全管理制度，是所有安全生产管理制度的核心。

52. B。本题考核的是施工安全隐患处理原则。单项隐患综合处理原则人、机、料、法、环境五者任一环节产生安全隐患，都要从五者安全匹配的角度考虑，调整匹配的方法，提高匹配的可靠性。一件单项隐患问题的整改需综合（多角度）处理。人的隐患，既要治人也要治机具及生产环境等各环节。例如某工地发生触电事故，一方面要进行人的安全用电操作教育，同时现场也要设置漏电开关，对配电箱、用电电路进行防护改造，也要严禁非专业电工乱接乱拉电线。

53. A。本题考核的是施工生产安全事故应急预案的实施。施工单位应当制定本单位的应急预案演练计划，根据本单位的事故预防重点，每年至少组织一次综合应急预案演练或者专项应急预案演练，每半年至少组织一次现场处置方案演练。

54. A。本题考核的是施工生产安全事故应急预案体系的构成。专项应急预案是针对具体事故类别（如基坑开挖、脚手架拆除等事故）、危险源应急保障而制定的计划或方案。

55. C。本题考核的是施工现场文明施工措施。市区主要路段和其他涉及市容景观路段的工地设置围挡的高度不低于 2.5m，其他工地的围挡高度不低于 1.8m，所以选项 A 错误。应确立项目经理为现场文明施工的第一负责人，所以选项 B 错误。建筑垃圾和生活垃圾应分开，建筑垃圾必须集中堆放并及时清运，所以选项 D 错误。现场施工人员均佩戴胸卡，按工种统一编号管理，所以选项 C 正确。

56. C。本题考核的是大气污染的处理。易飞扬材料入库密闭存放或覆盖存放。如水泥、白灰、珍珠岩等易飞扬的细颗粒散体材料，应入库存放。

57. A。本题考核的是施工发承包模式。施工平行发承包，又称为分别发承包，是指发包方根据建设工程项目的特点、项目进展情况和控制目标的要求等因素，将建设工程项目按照一定的原则分解，将其施工任务分别发包给不同的施工单位，各个施工单位分别与发包方签订施工承包合同。

58. B。本题考核的是投标时的注意事项。招标人所规定的投标截止日就是提交标书最后的期限。投标人应当按照招标文件的要求编制投标文件。投标文件应当对招标文件提出的实质性要求和条件作出响应。标书的提交有固定的要求，基本内容是：签章、密封。通常投标需要提交投标担保，应注意要求的担保方式、金额及担保期限。

59. A。本题考核的是发包人的责任与义务。发包人应在专用合同条款约定的期限内，通过监理人向承包人提供测量基准点、基准线和水准点及其书面资料。发包人应对其提供的测量基准点、基准线和水准点及其书面资料的真实性、准确性和完整性负责。发包人提供上述基准资料错误导致承包人测量放线工作的返工或造成工程损失的，发包人应当承担由此增加的费用和（或）工期延误，并向承包人支付合理利润。所以选项B、C、D错误，选项A正确。

60. C。本题考核的是交货期限的确定。交货日期的确定可以按照下列方式：（1）供货方负责送货的，以采购方收货戳记的日期为准。（2）采购方提货的，以供货方按合同规定通知的提货日期为准。（3）凡委托运输部门或单位运输、送货或代运的产品，一般以供货方发运产品时承运单位签发的日期为准，不是以向承运单位提出申请的日期为准。

61. B。本题考核的是进度控制主要条款内容。承包人应按专用合同条款约定的内容和期限，编制详细的施工进度计划和施工方案说明报送监理人。所以选项A错误。不论何种原因造成工程的实际进度与合同进度计划不符时，承包人可以在专用合同条款约定的期限内向监理人提交修订合同进度计划的申请报告，并附有关措施和相关资料，报监理人审批。监理人也可以直接向承包人作出修订合同进度计划的指示，承包人应按该指示修订合同进度计划，报监理人审批。所以选项C错误、选项B正确。监理人应在专用合同条款约定的期限内批复理人在批复前应获得发包人同意，所以选项D错误。

62. A。本题考核的是单价合同的特点。对于投标书中明显的数字计算错误，业主有权力先作修改再评标，当总价和单价的计算结果不一致时，以单价为准调整总价。

63. A。本题考核的是成本加酬金合同的特点。采用这种合同，承包商不承担任何价格变化或工程量变化的风险，这些风险主要由业主承担，对业主的投资控制很不利。

64. D。本题考核的是合同变更的含义。合同变更是指合同成立以后和履行完毕以前由双方当事人依法对合同的内容所进行的修改，包括合同价款、工程内容、工程的数量、质量要求和标准、实施程序等的一切改变都属于合同变更。

65. B。本题考核的是工程索赔的规定。被索赔方应采取适当的反驳、应对和防范措施，这称为反索赔。工程施工中承包人向发包人索赔、发包人向承包人索赔以及分包人向承包人索赔的情况都有可能发生。

66. D。本题考核的是施工合同索赔程序。承包人应在发出索赔意向通知书后28天内，向监理人正式递交索赔通知书。

67. A。本题考核的是工程合同风险的分类。合同信用风险是指主观故意原因导致的，表现为合同双方的机会主义行为，如业主拖欠工程款，承包商层层转包、非法分包、偷工减料、以次充好、知假买假等。选项B、C、D属于合同工程风险。

68. B。本题考核的是投标保证金的数额。根据《中华人民共和国招标投标法实施条例》，投标保证金不得超过招标项目估算价的2%。

69. C。本题考核的是施工项目相关的信息管理工作。施工记录信息包括：施工日志、质量检查记录、材料设备进场记录、用工记录表等。

70. D。本题考核的是施工文件的归档。工程文件应采用耐久性强的书写材料，如碳素墨水，不得使用易褪色的书写材料，如：红色墨水、纯蓝墨水、圆珠笔、复写纸、铅笔等，所以选项 A 错误。归档文件应为原件，所以选项 B 错误。利用施工图改绘竣工图，必须标明变更修改依据，所以选项 C 错误。根据建设程序和工程特点，归档可以分阶段分期进行，也可以在单位或分部工程通过竣工验收后进行，所以选项 D 正确。

二、多项选择题

71. A、C、E；　　　　72. A、C、E；　　　　73. A、C、D、E；
74. A、C、D、E；　　75. A、B、C；　　　　76. B、C、E；
77. D、E；　　　　　78. B、C、D；　　　　79. B、C、E；
80. A、C、E；　　　　81. A、B、D；　　　　82. B、C、D；
83. A、D、E；　　　　84. B、C、D；　　　　85. A、C、D；
86. A、C、D；　　　　87. A、C、E；　　　　88. B、C、D、E；
89. A、C、D；　　　　90. C、D、E；　　　　91. A、B、C、D；
92. A、B、D；　　　　93. C、D、E；　　　　94. B、C、E；
95. A、B、D。

【解析】

71. A、C、E。本题考核的是线性组织结构的特点。在线性组织结构中，每一个工作部门只能对其直接的下属部门下达工作指令，每一个工作部门也只有一个直接的上级部门，因此，每一个工作部门只有唯一一个指令源，避免了由于矛盾的指令而影响组织系统的运行。部门 A 对部 C21 下达指令，属于越级下达指令，所以选项 B 错误。部门 B3 对部门 C23 没有指令关系，不能下达指令，所以选项 D 错误。

72. A、C、E。本题考核的是施工组织设计分类。根据施工组织设计编制的广度、深度和作用的不同可分为：施工组织总设计；单位工程施工组织设计；分部（分项）工程施工组织设计［或称分部（分项）工程作业设计］。

73. A、C、D、E。本题考核的是项目经理的职责。项目经理应履行下列职责：（1）项目管理目标责任书中规定的职责；（2）工程质量安全责任承诺书中应履行的职责；（3）组织或参与编制项目管理规划大纲、项目管理实施规划，对项目目标进行系统管理；（4）主持制定并落实质量、安全技术措施和专项方案，负责相关的组织协调工作；（5）对各类资源进行质量管控和动态管理；（6）对进场的机械、设备、工器具的安全、质量使用进行监控；（7）建立各类专业管理制度并组织实施；（8）制定有效的安全、文明和环境保护措施并组织实施；（9）组织或参与评价项目管理绩效；（10）进行授权范围内的任务分解和利益分配；（11）按规定完善工程资料，规范工程档案文件，准备工程结算和竣工资料，参与工程竣工验收；（12）接受审计，处理项目管理机构解体的善后工作；（13）协助和配合组织进行项目检查、鉴定和评奖申报；（14）配合组织完善缺陷责任期的相关工作。

74. A、C、D、E。本题考核的是监理实施细则的编制。采用新材料、新工艺、新技术、新设备的工程，以及专业性较强、危险性较大的分部分项工程，应编制监理实施细则，所以选项 A 正确，选项 B 错误。监理实施细则编制依据：（1）监理规划；（2）相关标准、工程设计文件；（3）施工组织设计、专项施工方案，所以选项 C 正确。监理实施细则应在相应工程施工开始前由专业监理工程师编制，并报总监理工程师审批，所以选项 D、E 正确。

75. A、B、C。本题考核的是企业管理费的计算基础。企业管理费的计算基础可以是：分部分项工程费、人工费和机械费、人工费。

76. B、C、D、E。本题考核的是材料消耗定额指标的组成。材料消耗定额指标的组成，按其使用性质、用途和用量大小划分为四类：（1）主要材料，是指直接构成工程实体的材料；（2）辅助材料，是指直接构成工程实体，但相对密度较小的材料；（3）周转性材料，又称工具性材料，是指施工中多次使用但并不构成工程实体的材料，如模板、脚手架等；（4）零星材料，指用量小，价值不大，不便计算的次要材料，可用估算法计算。

77. D、E。本题考核的是单价合同计量。工程量必须以承包人完成合同工程应予计量的工程量确定。施工中进行工程量计量时，当发现招标工程量清单中出现缺项、工程量偏差，或因工程变更引起工程量增减时，应按承包人在履行合同义务中完成的工程量计量。监理人对工程量有异议的，有权要求承包人进行共同复核或抽样复测，并按监理人要求提供补充计量资料。

78. B、C、D。本题考核的是施工成本管理措施。施工成本管理的组织措施包括：（1）实行项目经理责任制，落实施工成本管理的组织机构和人员，明确各级施工成本管理人员的任务和职能分工、权利和责任。（2）编制成本控制工作计划、确定合理详细的工作流程。要做好施工采购规划，通过生产要素的优化配置、合理使用、动态管理，有效控制实际成本；加强施工定额管理和施工任务单管理，控制活劳动和物化劳动的消耗；加强施工调度，避免因施工计划不周和盲目调度造成窝工损失、机械利用率降低、物料积压等而使施工成本增加。选项A、E属于成本管理的技术措施。

79. B、D、E。本题考核的是施工方进度控制任务。施工方进度控制的任务是依据施工任务委托合同对施工进度的要求控制施工工作进度。这道题在教材中没有明确的原文规定，选项C、E是建设单位进度控制的任务。

80. A、C、E。本题考核的是编制控制性施工进度计划的主要目的。控制性施工进度计划编制的主要目的是通过计划的编制，以对施工承包合同所规定的施工进度目标进行再论证，并对进度目标进行分解，确定施工的总体部署，并确定为实现进度目标的里程碑事件的进度目标（或称其为控制节点的进度目标），作为进度控制的依据。

81. A、B、D。本题考核的是网络计划时间参数的确定。单代号网络计划中，网络计划终点节点所代表的工作的自由时差等于计划工期与本工作的最早完成时间之差。其他工作的自由时差等于本工作与其紧后工作之间时间间隔的最小值，故选项A正确。双代号网络计划中，对于有紧后工作的工作，其自由时差等于本工作之紧后工作最早开始时间减本工作最早完成时间所得之差的最小值。对于无紧后工作的工作，也就是以网络计划终点节点为完成节点的工作，其自由时差等于计划工期与本工作最早完成时间之差，所以选项B正确。用节点法计算时，工作的自由时差等于该工作完成节点的最早时间减去该工作开始节点的最早时间所得差值再减其持续时间。特别需要注意的是，如果本工作与其各紧后工作之间存在虚工作时，自由时差应为本工作紧后工作开始节点的最早时间，而不是本工作完成节点的最早时间，所以选项C错误。自由时差是指在不影响其紧后工作最早开始的前提下，工作可以利用的机动时间，所以选项D正确。总时差等于最迟开始时间与最早开始时间的差值，所以选项E错误。

82. B、C、D。本题考核的是施工方进度控制措施。施工方进度控制的管理措施包括：（1）施工进度控制的管理措施涉及管理的思想、管理的方法、管理的手段、承发包模式、合同管理和风险管理等。在理顺组织的前提下，科学和严谨的管理十分重要。（2）用工程网络计划的方法编制进度计划必须很严谨地分析和考虑工作之间的逻辑关系，通过工程网络的计算可发现关键工作和关键路线，也可知道非关键工作可使用的时差，工程网络计划的方法有利于实现进度控制的科学化。（3）应选择合理的合同结构，以避免过多的合同交界面而影响工程的进展。（4）注意分析影响工程进度的风险，并在分析的基础上采取风险管理措施，以减少进度失控的风险量。（5）应重视信息技术（包括相应的软件、局域网、互联网以及数据处理设备等）在进度控制中的应用。选项A属于组织措施；选项E属于经济措施。

83. A、D、E。本题考核的是影响建设工程施工质量的环境因素。环境的因素主要包括施工现场自然环境因素、施工质量管理环境因素和施工作业环境因素。

84. B、C、D。本题考核的是施工企业质量管理体系运行阶段的工作内容。质量管理体系的运行即是在生产及服务的全过程按质量管理文件体系规定的程序、标准、工作要求及岗位职责进行操作运行，在运行过程中监测其有效性，做好质量记录，并实现持续改进。选项A、E属于质量管理体系文件编制的工作内容。

85. B、D、E。本题考核的是施工质量事故发生的原因。施工的失误包括：施工管理人员及实际操作人员的思想、技术素质差，是造成施工质量事故的普遍原因。缺乏基本业务知识，不具备上岗的技术资质，不懂装懂瞎指挥，胡乱施工盲目干；施工管理混乱，责任缺失，施工组织、施工工艺技术措施不当；不按图施工，不遵守相关规范，违章作业；使用不合格的工程材料、半成品、构配件。忽视安全施工，发生安全事故等，所有这一切都可能引发施工质量事故。选项A属于违背基本建设程序。

86. A、C、D。本题考核的是主管部门实施工程质量监督检查采取的措施。主管部门实施监督检查时，有权采取下列措施：（1）要求被检查的单位提供有关工程质量的文件和资料；（2）进入被检查单位的施工现场进行检查；（3）发现有影响工程质量的问题时，责令改正。

87. A、B、E。本题考核的是施工职业健康安全管理体系文件内容。体系文件包括管理手册、程序文件、作业文件三个层次。

88. B、C、D、E。本题考核的是第二类危险源。第二类危险源主要体现在设备故障或缺陷（物的不安全状态）、人为失误（人的不安全行为）和管理缺陷等几个方面。

89. A、C、D。本题考核的是事故报告和调查处理的违法行为及法律责任。事故发生单位主要负责人有下述（1）~（3）条违法行为之一的，处上一年年收入40%~80%的罚款；属于国家工作人员的，并依法给予处分；构成犯罪的，依法追究刑事责任：（1）不立即组织事故抢救；（2）在事故调查处理期间擅离职守；（3）迟报或者漏报事故；（4）谎报或者瞒报事故；（5）伪造或者故意破坏事故现场；（6）转移、隐匿资金、财产，或者销毁有关证据、资料；（7）拒绝接受调查或者拒绝提供有关情况和资料；（8）在事故调查中作伪证或者指使他人作伪证；（9）事故发生后逃匿；（10）阻碍、干涉事故调查工作；（11）对事故调查工作不负责任，致使事故调查工作有重大疏漏；（12）包庇、袒护负有事故责任的人员或者借机打击报复；（13）故意拖延或者拒绝落实经批复的对事故责任人的处理意见。

90. C、D、E。本题考核的是施工总承包管理模式的特点。施工总承包管理模式的合同关系有两种可能，即业主与分包单位直接签订合同或者由施工总承包管理单位与分包单位签订合同。

91. A、B、C、D。本题考核的是报送竣工验收申请报告具备的条件。当工程具备以下条件时，承包人即可向监理人报送竣工验收申请报告：(1) 除监理人同意列入缺陷责任期内完成的尾工（甩项）工程和缺陷修补工作外，合同范围内的全部单位工程以及有关工作，包括合同要求的试验、试运行以及检验和验收均已完成，并符合合同要求。(2) 已按合同约定的内容和份数备齐了符合要求的竣工资料。(3) 已按监理人的要求编制了在缺陷责任期内完成的尾工（甩项）工程和缺陷修补工作清单以及相应施工计划。(4) 监理人要求在竣工验收前应完成的其他工作。(5) 监理人要求提交的竣工验收资料清单。

92. A、B、D。本题考核的是分包人的工作。分包人的工作包括：(1) 按照分包合同的约定，对分包工程进行设计（分包合同有约定时）、施工、竣工和保修。(2) 按照合同约定的时间，完成规定的设计内容，报承包人确认后在分包工程中使用。承包人承担由此发生的费用。(3) 在合同约定的时间内，向承包人提供年、季、月度工程进度计划及相应进度统计报表。(4) 在合同约定的时间内，向承包人提交详细施工组织设计，承包人应在专用条款约定的时间内批准，分包人方可执行。(5) 遵守政府有关主管部门对施工场地交通、施工噪声以及环境保护和安全文明生产等的管理规定，按规定办理有关手续，并以书面形式通知承包人，承包人承担由此发生的费用，因分包人责任造成的罚款除外。(6) 分包人应允许承包人、发包人、工程师（监理人）及其三方中任何一方授权的人员在工作时间内，合理进入分包工程施工场地或材料存放的地点，以及施工场地以外与分包合同有关的分包人的任何工作或准备的地点，分包人应提供方便。(7) 已竣工工程未交付承包人之前，分包人应负责已完分包工程的成品保护工作，保护期间发生损坏，分包人自费予以修复；承包人要求分包人采取特殊措施保护的工程部位和相应的追加合同价款，双方在合同专用条款内约定。对分包工程进行深化设计、向监理人提供进度计划及进度统计报表是承包人的工作，所以选项C错误。分包人不得直接致函发包人或工程师（监理人），也不得直接接受发包人或工程师（监理人）的指示。所以选项E错误。

93. C、D、E。本题考核的是发包人应负责赔偿第三人人身伤亡和财产损失的情况。发包人应负责赔偿以下各种情况造成的第三者人身伤亡和财产损失：(1) 工程或工程的任何部分对土地的占用所造成的第三者财产损失；(2) 由于发包人原因在施工场地及其毗邻地带造成的第三者人身伤亡和财产损失，所以选项C、D正确。应当注意，属于承包商或业主在工地的财产损失，或其公司和其他承包商在现场从事与工作有关的职工的伤亡不属于第三者责任险的赔偿范围，而属于工程一切险和人身意外险的范围，所以选项E正确。

94. B、C、E。本题考核的是固定总价合同适用的情形。固定总价合同适用于以下情况：(1) 工程量小、工期短，估计在施工过程中环境因素变化小，工程条件稳定并合理。(2) 工程设计详细，图纸完整、清楚，工程任务和范围明确。(3) 工程结构和技术简单，风险小。(4) 投标期相对宽裕，承包商可以有充足的时间详细考察现场，复核工程量，分析招标文件，拟订施工计划。(5) 合同条件中双方的权利和义务十分清楚，合同条件完备。选项A应采用成本加酬金合同，选项D应采用单价合同。

95. A、B、D。本题考核的是合同实施偏差的处理措施。组织措施，如增加人员投入，调整人员安排，调整工作流程和工作计划等。

2020年度全国二级建造师执业资格考试

《建设工程施工管理》

真题及解析

2020年度《建设工程施工管理》真题

一、单项选择题（共70题，每题1分。每题的备选项中，只有1个最符合题意）

1. 建设工程项目决策期管理工作的主要任务是（　　）。
   A. 确定项目的定义 B. 组建项目管理团队
   C. 实现项目的投资目标 D. 实现项目的使用功能

2. 在施工总承包管理模式中，与分包单位直接签订施工合同的单位一般是（　　）。
   A. 业主方 B. 监理方
   C. 施工总承包方 D. 施工总承包管理方

3. 在工作流程图中，菱形框表示的是（　　）。
   A. 工作 B. 工作执行者
   C. 逻辑关系 D. 判别条件

4. 某项目管理机构设立了合约部、工程部和物资部等部门，其中物资部下设采购组和保管组，合约部、工程部均可对采购组下达工作指令，则该组织结构模式是（　　）。
   A. 强矩阵组织结构 B. 弱矩阵组织结构
   C. 职能组织结构 D. 线性组织结构

5. 编制施工组织总设计时，编制资源需求量计划的紧前工作是（　　）。
   A. 拟定施工方案 B. 编制施工总进度计划
   C. 施工总平面图设计 D. 编制施工准备工作计划

6. 施工成本动态控制过程中，在施工准备阶段，相对于工程合同价而言，施工成本实际值可以是（　　）。
   A. 施工成本规划的成本值 B. 投标价中的相应成本项
   C. 招标控制价中的相应成本项 D. 投资估算中的建安工程费用

7. 下列项目目标动态控制工作中，属于事前控制的是（　　）。
   A. 确定目标计划值，同时分析影响目标实现的因素
   B. 进行目标计划值和实际值对比分析
   C. 跟踪项目计划的实际进展情况
   D. 发现原有目标无法实现时，及时调整项目目标

8. 关于建造师执业资格制度的说法，正确的是（　　）。
   A. 取得建造师注册证书的人员即可担任项目经理
   B. 实施建造师执业资格制度后可取消项目经理岗位责任制
   C. 建造师是一个工作岗位的名称
   D. 取得建造师执业资格的人员表明其知识和能力符合建造师执业的要求

9. 项目风险管理中，风险等级是根据（　　）评估确定的。
   A. 风险因素发生的概率和风险管理能力
   B. 风险损失量和承受风险损失的能力

C. 风险因素发生的概率和风险损失量（或效益水平）
D. 风险管理能力和风险损失量（或效益水平）

10. 施工合同履行过程中发生如下事件，承包人可以据此提出施工索赔的是（   ）。
A. 工程实际进展与合同预计的情况不符的所有事件
B. 实际情况与承包人预测情况不一致最终引起工期和费用变化的事件
C. 实际情况与合同约定不符且最终引起工期和费用变化的事件
D. 仅限于发包人原因引起承包人工期和费用变化的事件

11. 下列影响施工质量的环境因素中，属于管理环境因素的是（   ）。
A. 施工现场平面布置和空间环境   B. 施工现场道路交通状况
C. 施工现场安全防护设施   D. 施工参建单位之间的协调

12. 混凝土预制构件出厂时的混凝土强度不宜低于设计混凝土强度等级值的（   ）。
A. 50%   B. 65%
C. 75%   D. 90%

13. 某已标价工程量清单中钢筋混凝土工程的工程量是1000m³，综合单价是600元/m³，该分部工程招标控制价为70万元。实际施工完成工程量为1500m³，则固定单价合同下钢筋混凝土工程价款为（   ）万元。
A. 60.0   B. 90.0
C. 65.0   D. 70.0

14. 某单代号网络图如下图所示，关于各项工作间逻辑关系的说法，正确的是（   ）。

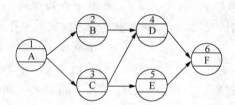

A. E的紧前工作只有C   B. A完成后进行B、D
C. B的紧后工作是D、E   D. C的紧后工作只有E

15. 下列施工现场文明施工措施中，属于组织措施的是（   ）。
A. 现场按规定设置标志牌   B. 结构外脚手架设置安全网
C. 建立各级文明施工岗位责任制   D. 工地设置符合规定的围挡

16. 采用定额组价的方法确定工程量清单综合单价时，第一步工作是（   ）。
A. 测算人、料、机消耗量   B. 计算定额子目工程量
C. 确定人、料、机单价   D. 确定组合定额子目

17. 下列施工质量控制工作中，属于"PDCA"处理环节的是（   ）。
A. 确定项目施工应达到的质量标准   B. 纠正计划执行中的质量偏差
C. 按质量计划开展施工技术活动   D. 检查施工质量是否达到标准

18. 根据《标准施工招标文件》，缺陷责任期最长不超过（   ）年。
A. 2   B. 1   C. 3   D. 4

19. 下列建筑工程施工质量要求中，能够体现个性化的是（   ）。
A. 国家法律、法规的要求   B. 质量管理体系标准的要求

C. 施工质量验收标准的要求　　　　D. 工程勘察、设计文件的要求

20. 根据《环境管理体系 要求及使用指南》GB/T 24001—2016，下列环境因素中，属于外部存在的是（　　）。
A. 组织的全体职工　　　　　　　　B. 影响人类生存的各类自然因素
C. 组织的管理团队　　　　　　　　D. 静态组织结构

21. 编制人工定额时，对于同类型产品规格多、工序重复、工作量小的施工过程，使用的定额制定方法是（　　）。
A. 统计分析法　　　　　　　　　　B. 比较类推法
C. 技术测定法　　　　　　　　　　D. 经验估计法

22. 根据《企业会计准则》，下列费用中，属于间接费用的是（　　）。
A. 材料装卸保管费　　　　　　　　B. 周转材料摊销费
C. 施工场地清理费　　　　　　　　D. 项目部的固定资产折旧费

23. 企业质量管理体系文件应由（　　）等构成。
A. 质量目标、质量手册、质量计划和质量记录
B. 质量手册、程序文件、质量计划和质量记录
C. 质量方针、质量手册、程序文件和质量记录
D. 质量手册、质量计划、质量记录和质量评审

24. 网络计划中，某项工作的持续时间是 4 天，最早第 2 天开始，两项紧后工作分别最早在第 8 天和第 12 天开始，该项工作的自由时差是（　　）天。
A. 4　　　　　　　　　　　　　　　B. 2
C. 6　　　　　　　　　　　　　　　D. 8

25. 发承包双方在合同中约定直接成本实报实销，发包方再额外支付一笔报酬，若发生设计变更或增加新项目，当直接费超过原估算成本的 10% 时，固定的报酬也要增加，此合同属于成本加酬金合同中的（　　）。
A. 成本加固定比例合同　　　　　　B. 成本加奖金合同
C. 成本加固定费用合同　　　　　　D. 最大成本加费用合同

26. 编制施工项目实施性成本计划的主要依据是（　　）。
A. 项目投标报价　　　　　　　　　B. 项目所在地造价信息
C. 施工预算　　　　　　　　　　　D. 施工图预算

27. 根据《建设工程施工劳务分包合同（示范文本）》GF—2003—0214，下列合同规定的相关义务中，属于劳务分包人义务的是（　　）。
A. 组建项目管理班子　　　　　　　B. 投入人力和物力，科学安排作业计划
C. 负责编制施工组织设计　　　　　D. 负责工程测量定位和沉降观测

28. 下列施工现场质量检查项目中，适宜采用试验法的是（　　）。
A. 钢筋的力学性能检验　　　　　　B. 混凝土坍落度的检测
C. 砌体的垂直度检查　　　　　　　D. 沥青拌合料的温度检测

29. 施工企业在安全生产许可证有效期内严格遵守有关安全生产的法律法规，未发生死亡事故，安全生产许可证期满时，经原安全生产许可证的颁发管理机关同意，可不经审查延长有效期（　　）年。
A. 1　　　　　　B. 2　　　　　　C. 5　　　　　　D. 3

30. 施工质量事故的处理工作包括：①事故调查；②事故处理；③事故原因分析；④制定事故处理方案。仅就上述工作而言，正确的顺序是（   ）。
   A. ①③④②
   B. ①②③④
   C. ①③②④
   D. ③①②④

31. 某工程发生的质量事故导致 2 人死亡，直接经济损失 4500 万元，则该质量事故等级是（   ）。
   A. 一般事故
   B. 重大事故
   C. 特别重大事故
   D. 较大事故

32. 下列工作内容中，不属于 BIM 技术应用方面的是（   ）。
   A. 进行管线碰撞模拟
   B. 进行正向设计
   C. 进行企业人力资源管理
   D. 进行可视化演示

33. 根据成本管理的程序，进行项目过程成本分析的紧后工作是（   ）。
   A. 编制项目成本计划
   B. 进行项目成本控制
   C. 编制项目成本报告
   D. 进行项目过程成本考核

34. 关于工程质量监督的说法，正确的是（   ）。
   A. 施工单位在项目开工前向监督机构申报质量监督手续
   B. 建设行政主管部门对工程质量监督的性质属于行政执法行为
   C. 建设行政主管部门质量监督的范围包括永久性及临时性建设工程
   D. 工程质量监督指的是主管部门对工程实体质量情况实施的监督

35. 施工合同履行过程中，发包人恶意拖欠工程款所造成的风险属于施工合同风险类型中的（   ）。
   A. 项目外界环境风险
   B. 管理风险
   C. 合同信用风险
   D. 合同工程风险

36. 下列施工进度控制措施中，属于组织措施的是（   ）。
   A. 编制进度控制的工作流程
   B. 选择适合进度目标的合同结构
   C. 编制资金使用计划
   D. 编制和论证施工方案

37. 编制实施性施工进度计划的主要作用是（   ）。
   A. 论证施工总进度目标
   B. 确定施工作业的具体安排
   C. 确定里程碑事件的进度目标
   D. 分解施工总进度目标

38. 企业为施工生产提供履约担保所发生的费用应计入建筑安装工程费用中的（   ）。
   A. 企业管理费
   B. 规费
   C. 税金
   D. 财产保险费

39. 根据《标准施工招标文件》，承包人在施工中遇到不利物质条件时，采取合理措施后继续施工，承包人可以据此提出（   ）索赔。
   A. 费用和利润
   B. 费用和工期
   C. 风险费和利润
   D. 工期和风险费

40. 根据《建筑工程施工质量验收统一标准》GB 50300—2013，对施工单位采取相应措施消除一般项目缺陷后的检验批验收，应采取的做法是（   ）。
   A. 经原设计单位复核后予以验收
   B. 经检测单位鉴定后予以验收

C. 按验收程序重新组织验收 D. 按技术处理方案和协商文件进行验收

41. 下列施工现场的环境保护措施中，正确的是（ ）。
A. 在施工现场围挡内焚烧沥青
B. 将有害废弃物作深层土方回填
C. 将泥浆水直接有组织排入城市排水设施
D. 使用密封的圆筒处理高空废弃物

42. 项目监理规划编制完成后，其审核批准者为（ ）。
A. 监理单位技术负责人 B. 业主方驻工地代表
C. 总监理工程师 D. 政府质量监督人员

43. 关于网络计划线路的说法，正确的是（ ）。
A. 线路可依次用该线路上的节点代号来表示
B. 线路段是有多个箭线组成的通路
C. 线路中箭线的长度之和就是该线路的长度
D. 关键线路只有一条，非关键线路可以有多条

44. 下列施工现场危险源中，属于第一类危险源的是（ ）。
A. 工人焊接操作不规范 B. 油漆存放没有相应的防护措施
C. 现场存放大量油漆 D. 焊接设备缺乏维护保养

45. 某地铁工程项目，发包人将14座车站的土建工程分别发包给14个土建施工单位，对应的机电安装工程分别发包给14个机电安装单位，该发承包模式属于（ ）模式。
A. 施工总承包 B. 施工平行发包
C. 施工总承包管理 D. 项目总承包

46. 施工招标过程中，若招标人在招标文件发布后，发现有问题需要进一步澄清和修改，正确的做法是（ ）。
A. 所有澄清文件必须以书面形式进行
B. 在招标文件要求的提交投标文件截止时间至少10天前发出通知
C. 可以用间接方式通知所有招标文件收受人
D. 所有澄清和修改文件必须公示

47. 施工企业职业健康安全管理体系的运行中，管理评审应由（ ）承担。
A. 施工企业的最高管理者 B. 项目经理
C. 项目技术负责人 D. 施工企业安全负责人

48. 项目监理机构在施工阶段进度控制的主要工作是（ ）。
A. 合同执行情况的分析和跟踪管理
B. 定期与施工单位核对签证台账
C. 监督施工单位严格按照合同规定的工期组织施工
D. 审查单位工程施工组织设计

49. 根据《建设工程施工合同（示范文本）》GF—2017—0201，发包人累计扣留的质量保证金不得超过工程价款结算总额的（ ）。
A. 2% B. 5%
C. 10% D. 3%

50. 根据《建设工程项目管理规范》GB/T 50326—2017，项目管理目标责任书应在项

目实施之前，由企业的（　　）与项目经理协商制定。
A. 董事会 B. 技术负责人
C. 股东大会 D. 法定代表人

51. 项目总进度目标论证的主要工作有：①确定项目的工作编码；②编制总进度计划；③编制各层进度计划；④进行进度计划系统的结构分析。这些工作的正确顺序是（　　）。
A. ④—①—③—② B. ②—④—③—①
C. ①—④—③—② D. ③—②—①—④

52. 根据《建设工程工程量清单计价规范》GB 50500—2013，关于投标人投标报价的说法，正确的是（　　）。
A. 投标人可以进行适当的总价优惠
B. 投标人的总价优惠不需要反映在综合单价中
C. 规费和税金不得作为竞争性费用
D. 不同承发包模式对于投标报价高低没有直接影响

53. 根据《标准施工招标文件》，关于变更权的说法，正确的是（　　）。
A. 没有监理人的变更指示，承包人不得擅自变更
B. 设计人可根据项目实际情况自行向承包人作出变更指示
C. 监理人可根据项目实际情况按合同约定自行向承包人作出变更指示
D. 总承包人可根据项目实际情况按合同约定自行向分包人作出变更指示

54. 根据《建设工程施工合同（示范文本）》GF—2017—0201，关于安全文明施工费的说法，正确的是（　　）。
A. 承包人对安全文明施工费应专款专用，合并列项在财务账目中备查
B. 若基准日期后合同所适用的法律发生变化，增加的安全文明施工费由发包人承担
C. 承包人经发包人同意采取合同以外的安全措施所产生的费用由承包人承担
D. 发包人应在开工后42天内预付安全文明施工费总额的50%

55. 下列进度控制工作中，属于业主方任务的是（　　）。
A. 控制设计准备阶段的工作进度 B. 编制施工图设计进度计划
C. 调整初步设计小组的人员 D. 确定设计总说明的编制时间

56. 施工单位应根据本企业的事故预防重点，对综合应急预案每年至少演练（　　）次。
A. 1 B. 2
C. 3 D. 4

57. 施工承包人向发包人索赔的第一步工作是（　　）。
A. 向发包人递交索赔报告 B. 将索赔报告报监理工程师审查
C. 向监理人递交索赔意向通知书 D. 分析确定索赔额

58. 企业质量管理体系的认证应由（　　）进行。
A. 企业最高管理者 B. 政府相关主管部门
C. 公正的第三方认证机构 D. 企业所属的行业协会

59. 现行税法规定，建筑安装工程费用的增值税是指应计入建筑安装工程造价内的（　　）。
A. 项目应纳税所得额 B. 增值税可抵扣进项税额

C. 增值税销项税额 D. 增值税进项税额

60. 下列施工成本管理措施中，属于经济措施的是（　　）。
A. 做好施工采购计划 B. 选用合适的合同结构
C. 确定施工任务单管理流程 D. 分解成本管理目标

61. 施工生产安全事故应急预案体系由（　　）构成。
A. 综合应急预案、单项应急预案、重点应急预案
B. 企业应急预案、项目应急预案、人员应急预案
C. 企业应急预案、职能部门应急预案、项目应急预案
D. 综合应急预案、专项应急预案、现场处置方案

62. 政府质量监督机构参加工程竣工验收会议的目的是（　　）。
A. 签发工程竣工验收意见 B. 对工程实体质量进行检查验收
C. 检查核实有关工程质量的文件和资料 D. 对验收的组织形式、程序等进行监督

63. 施工项目综合成本分析的基础是（　　）。
A. 分部分项工程成本分析 B. 月度成本分析
C. 年度成本分析 D. 单位工程成本分析

64. 根据《标准施工招标文件》，与当地公安部门协商，在施工现场建立联防组织的主体是（　　）。
A. 承包人 B. 监理人
C. 项目所在地街道 D. 发包人

65. 某工程项目施工合同约定竣工日期为 2020 年 6 月 30 日，在施工中因持续下雨导致甲供材料未能及时到货，使工程延误至 2020 年 7 月 30 日竣工。由于 2020 年 7 月 1 日起当地计价政策调整，导致承包人额外支付了 30 万元工人工资。关于增加的 30 万元责任承担的说法，正确的是（　　）。
A. 持续下雨属于不可抗力，造成工期延误，增加的 30 万元由承包人承担
B. 发包人原因导致的工期延误，因此政策变化增加的 30 万元由发包人承担
C. 增加的 30 万元因政策变化造成，属于承包人责任，由承包人承担
D. 工期延误是承包人原因，增加的 30 万元是政策变化造成，由双方共同承担

66. 项目施工成本的过程控制的程序主要包括（　　）。
A. 管理控制程序和评审控制程序 B. 管理人员激励程序和指标控制程序
C. 管理行为控制程序和目标考核程序 D. 管理行为控制程序和指标控制程序

67. 对于施工现场易塌方的基坑部位，既设防护栏杆和警示牌，又设置照明和夜间警示灯，此措施体现了安全隐患处理中的（　　）原则。
A. 单项隐患综合处理 B. 预防与减灾并重处理
C. 直接隐患与间接隐患并治 D. 冗余安全度处理

68. 施工定额的研究对象是（　　）。
A. 工序 B. 分项工程
C. 分部工程 D. 单位工程

69. 下列施工进度控制工作中，属于施工进度计划检查的内容是（　　）。
A. 增加施工班组人数 B. 工程量的完成情况
C. 根据业主指令改变工程量 D. 根据现场条件改变施工工艺

70. 网络计划中，某项工作的最早开始时间是第 4 天，持续 2 天，两项紧后工作的最迟开始时间是第 9 天和第 11 天，该项工作的最迟开始时间是第（ ）天。
   A. 7　　　　　　　　　　　　　　B. 6
   C. 8　　　　　　　　　　　　　　D. 9

二、多项选择题（共 25 题，每题 2 分，每题的备选项中，有 2 个或 2 个以上符合题意，至少有 1 个错项。错选，本题不得分；少选，所选的每个选项 0.5 分）

71. 根据《建设工程施工合同（示范文本）》GF—2017—0201，关于不可抗力后果承担的说法，正确的有（ ）。
   A. 承包人在施工现场的人员伤亡损失由承包人承担
   B. 永久工程损失由发包人承担
   C. 承包人在停工期间按照发包人要求照管工程的费用由发包人承担
   D. 承包人施工机械损坏由发包人承担
   E. 发包人在施工现场的人员伤亡损失由承包人承担

72. 根据《建设工程施工合同（示范文本）》GF—2017—0201，关于施工企业项目经理的说法，正确的有（ ）。
   A. 承包人需要更换项目经理的，应提前 14 天书面通知发包人和监理人，并征得发包人书面同意
   B. 紧急情况下为确保施工安全，项目经理在采取必要措施后，应在 48h 内向专业监理工程师提交书面报告
   C. 承包人应在接到发包人更换项目经理得书面通知后 14 天内向发包人提出书面改进报告
   D. 发包人收到承包人改进报告后仍要求更换项目经理的，承包人应在接到第二次更换通知的 28 天内进行更换
   E. 项目经理因特殊情况授权给下属人员时，应提前 14 天将授权人员的相关信息通知监理人

73. 下列图表中，属于组织工具的有（ ）。
   A. 项目结构图　　　　　　　　　B. 工作任务分工表
   C. 因果分析图　　　　　　　　　D. 工作流程图
   E. 管理职能分工表

74. 下列施工成本管理措施中，属于技术措施的有（ ）。
   A. 加强施工任务单管理　　　　　B. 确定最佳施工方案
   C. 进行材料使用的比选　　　　　D. 使用先进的机械设备
   E. 加强施工调度

75. 根据《建筑施工组织设计规范》GB/T 50502—2009，施工组织设计按编制对象可分为（ ）。
   A. 施工组织总设计　　　　　　　B. 单位工程施工组织设计
   C. 生产用施工组织设计　　　　　D. 投标用施工组织设计
   E. 分部工程施工组织设计

76. 关于施工质量控制责任的说法，正确的有（ ）。
   A. 项目经理可以不参加地基基础、主体结构等分部工程的验收

B. 项目经理负责组织编制、论证和实施危险性较大分部分项工程专项施工方案

C. 质量终身责任是指参与工程建设的项目负责人在工程施工期限内对工程质量承担相应责任

D. 项目经理必须组织对进入现场的建筑材料、构配件、设备、预拌混凝土等进行检验

E. 发生工程质量事故，县级以上地方人民政府住房和城乡建设主管部门应追究项目负责人的质量终身责任

77. 根据《标准施工招标文件》，关于工期调整的说法，正确的有（   ）。

A. 监理人认为承包人的施工进度不能满足合同工期要求，承包人应采取措施，增加的费用由发包人承担

B. 出现合同条款规定的异常恶劣气候导致工期延误，承包人有权要求发包人延长工期

C. 承包人提前竣工建议被采纳的，由承包人自行采取加快施工进度的措施，发包人承担相应费用

D. 发包人要求承包人提前竣工的，应承担由此增加的费用，并根据合同条款约定支付奖金

E. 在合同履行过程中，发包人改变某项工作的质量特性，承包人有权要求延长工期

78. 下列施工费用中，属于施工机具使用费的有（   ）。

A. 塔式起重机进入施工现场的费用
B. 挖掘机施工作业消耗的燃料费用
C. 压路机司机的工资
D. 通勤车辆的过路过桥费
E. 土方运输汽车的年检费

79. 根据《建设工程文件归档规范》GB/T 50328—2014，建设工程文件应包括（   ）。

A. 工程准备阶段文件
B. 前期投资策划文件
C. 监理文件
D. 施工文件
E. 竣工图和竣工验收文件

80. 根据《建设工程项目管理规范》GB/T 50326—2017，项目管理目标责任书的内容包括（   ）。

A. 项目管理实施目标

B. 项目管理机构应承担的风险

C. 项目合同文件

D. 项目管理效果和目标实现的评价原则、内容和方法

E. 项目管理规划大纲

81. 《环境管理体系 要求及使用指南》GB/T 24001—2016 中，应对风险和机遇的措施部分包括的内容有（   ）。

A. 总则
B. 环境因素
C. 合规义务
D. 环境目标
E. 措施的策划

82. 对施工特种作业人员安全教育的管理要求有（   ）。

A. 特种作业操作证每5年复审一次

B. 上岗作业前必须进行专业的安全技术培训

C. 培训考核合格取得操作证后才可独立作业

D. 培训和考核的重点是安全技术基础知识
E. 特种作业操作证的复审时间可有条件延长至6年一次

83. 施工现场生产安全事故调查报告应包括的内容有（　　）。
A. 事故发生单位概况
B. 事故发生的原因和事故性质
C. 事故责任的认定
D. 对事故责任者处理决定
E. 事故发生的经过和救援情况

84. 下列机械消耗时间中，属于施工机械时间定额组成的有（　　）。
A. 不可避免的中断时间
B. 机械故障的维修时间
C. 正常负荷下的工作时间
D. 不可避免的无负荷工作时间
E. 降低负荷下的工作时间

85. 编制控制性进度计划的目的有（　　）。
A. 对施工进度目标进行再论证
B. 确定施工的总体部署
C. 确定施工机械的需求
D. 对进度目标进行分解
E. 确定控制节点的进度目标

86. 施工总承包管理模式与施工总承包模式相同的方面有（　　）。
A. 工作开展顺序
B. 合同关系
C. 合同计价方式
D. 总包单位承担的责任和义务
E. 对分包单位的管理和服务

87. 根据《标准施工招标文件》，关于承包人索赔程序的说法，正确的是（　　）。
A. 应在索赔事件发生后28天内，向监理人递交索赔意向通知书
B. 应在发出索赔意向通知书28天内，向监理人正式递交索赔通知书
C. 索赔事件有连续影响的，应按合理时间间隔继续递交延续索赔通知
D. 有连续影响的，应在递交延续索赔通知书28天内与发包人谈判确定当期索赔的额度
E. 有连续影响的，应在索赔事件影响结束后的28天内，向监理人递交最终索赔通知书

88. 采用变动总价合同时，对于建设周期两年以上的工程项目，需考虑引起价格变化的因素有（　　）。
A. 劳务工资以及材料费用的上涨
B. 燃料费及电力价格的变化
C. 法规变化引起的工程费用上涨
D. 外汇汇率的波动
E. 承包人用工制度的变化

89. 在施工过程中，引起工程变更的原因有（　　）。
A. 发包人修改项目计划
B. 设计错误导致图纸修改
C. 总承包人改变施工方案
D. 工程环境变化
E. 政府部门提出新的环保要求

90. 建设行政主管部门对工程质量监督的内容包括（　　）。
A. 抽查质量检测单位的工程质量行为
B. 抽查工程质量责任主体的工程质量行为
C. 参与工程质量事故的调查处理
D. 监督工程竣工验收

E. 审核工程建设标准的完整性

91. 施工质量事故调查报告的主要内容包括（　　）。
A. 工程项目和参建单位概况　　B. 事故基本情况
C. 事故处理方案　　　　　　　D. 事故处理结论
E. 事故发生后采取的应急防护措施

92. 某双代号网络计划如下图所示，关键线路有（　　）。

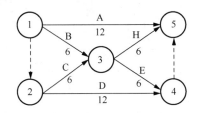

A. ②→③→⑤　　　　　　　　B. ①→⑤
C. ①→③→④　　　　　　　　D. ②→③→④
E. ①→③→⑤

93. 项目实施阶段的总进度包括（　　）工作进度。
A. 设计　　　　　　　　　　　B. 招标
C. 可行性研究　　　　　　　　D. 工程物资采购
E. 工程施工

94. 根据《质量管理体系 基础和术语》GB/T 19000—2016，施工企业质量管理应遵循的原则有（　　）。
A. 过程方法　　　　　　　　　B. 循证决策
C. 以内控体系为关注焦点　　　D. 全员积极参与
E. 领导作用

95. 施工方根据项目特点和施工进度控制的需要，编制的施工进度计划有（　　）。
A. 主体结构施工进度计划　　　B. 安装工程施工进度计划
C. 建设项目总进度纲要　　　　D. 资源需求计划
E. 旬施工作业计划

2020年度真题参考答案及解析

一、单项选择题

1. A;	2. A;	3. D;	4. C;	5. B;
6. A;	7. A;	8. D;	9. C;	10. C;
11. D;	12. C;	13. B;	14. A;	15. C;
16. D;	17. B;	18. A;	19. D;	20. B;
21. B;	22. D;	23. B;	24. B;	25. C;
26. C;	27. B;	28. A;	29. D;	30. A;
31. D;	32. C;	33. D;	34. D;	35. C;
36. A;	37. B;	38. A;	39. B;	40. D;
41. D;	42. A;	43. A;	44. C;	45. B;
46. A;	47. A;	48. C;	49. D;	50. D;
51. A;	52. C;	53. C;	54. D;	55. A;
56. A;	57. C;	58. C;	59. C;	60. D;
61. D;	62. C;	63. A;	64. D;	65. B;
66. D;	67. D;	68. A;	69. B;	70. A。

【解析】

1. A。本题考核的是项目决策期管理工作的主要任务。项目决策期管理工作的主要任务是确定项目的定义,而项目实施期管理的主要任务是通过管理使项目的目标得以实现。

2. A。本题考核的是施工总承包管理方的主要特征。一般情况下,施工总承包管理方不与分包方和供货方直接签订施工合同,这些合同都由业主方直接签订。

3. D。本题考核的是工作流程组织在项目管理中的应用。工作流程图用矩形框表示工作,箭线表示工作之间的逻辑关系,菱形框表示判别条件,也可用两个矩形框分别表示工作和工作的执行者。

4. C。本题考核的是组织结构在项目管理中的应用。在职能组织结构中,每一个职能部门可根据它的管理职能对其直接和非直接的下属工作部门下达工作指令。因此,每个工作部门可能得到其直接和非直接的上级工作部门下达的工作指令,它就会有多个矛盾的指令源。

5. B。本题考核的是施工组织总设计的编制程序。施工组织总设计的编制通常采用如下程序:(1)收集和熟悉编制施工组织总设计所需的有关资料和图纸,进行项目特点和施工条件的调查研究。(2)计算主要工种工程的工程量。(3)确定施工的总体部署。(4)拟订施工方案。(5)编制施工总进度计划。(6)编制资源需求量计划。(7)编制施工准备工作计划。(8)施工总平面图设计。(9)计算主要技术经济指标。编制施工总进度计划后才可编制资源需求量计划,这是不可逆的顺序。

6. A。本题考核的是施工成本的计划值和实际值的比较。施工成本的计划值和实际值的比较包括：(1) 工程合同价与投标价中的相应成本项的比较。(2) 工程合同价与施工成本规划中的相应成本项的比较。(3) 施工成本规划与实际施工成本中的相应成本项的比较。(4) 工程合同价与实际施工成本中的相应成本项的比较。(5) 工程合同价与工程款支付中的相应成本项的比较等。相对于工程合同价而言，施工成本规划的成本值是实际值；而相对于实际施工成本，则施工成本规划的成本值是计划值等。

7. A。本题考核的是项目目标的事前控制。项目目标动态控制的核心是，在项目实施的过程中定期地进行项目目标的计划值和实际值的比较，当发现项目目标偏离时采取纠偏措施。为避免项目目标偏离的发生，还应重视事前的主动控制，即事前分析可能导致项目目标偏离的各种影响因素，并针对这些影响因素采取有效的预防措施。

8. D。本题考核的是建造师执业资格制度的相关规定。取得建造师注册证书的人员是否担任工程项目施工的项目经理，由企业自主决定，故选项 A 错误。在全面实施建造师执业资格制度后仍然要坚持落实项目经理岗位责任制，故选项 B 错误。建造师是一种专业人士的名称，而项目经理是一个工作岗位的名称，故选项 C 错误。

9. C。本题考核的是风险等级的确定。风险事件的风险等级由风险发生概率等级和风险损失等级间的关系矩阵确定。

10. C。本题考核的是施工索赔。索赔事件，又称为干扰事件，是指那些使实际情况与合同规定不符合，最终引起工期和费用变化的各类事件。承包商可以提起索赔的事件有：(1) 发包人违反合同给承包人造成时间、费用的损失。(2) 因工程变更（含设计变更、发包人提出的工程变更、监理工程师提出的工程变更，以及承包人提出并经监理工程师批准的变更）造成的时间、费用损失。(3) 由于监理工程师对合同文件的歧义解释、技术资料不确切，或由于不可抗力导致施工条件的改变，造成了时间、费用的增加。(4) 发包人提出提前完成项目或缩短工期而造成承包人的费用增加。(5) 发包人延误支付期限造成承包人的损失。(6) 合同规定以外的项目进行检验，且检验合格，或非承包人的原因导致项目缺陷的修复所发生的损失或费用。(7) 非承包人的原因导致工程暂时停工。(8) 物价上涨，法规变化及其他。

11. D。本题考核的是施工质量管理环境因素。施工质量管理环境因素主要指施工单位质量管理体系、质量管理制度和各参建施工单位之间的协调等因素。根据承发包的合同结构，理顺管理关系，建立统一的现场施工组织系统和质量管理的综合运行机制，确保工程项目质量保证体系处于良好的状态，创造良好的质量管理环境和氛围，是施工顺利进行、提高施工质量的保证。选项 A、B、C 属于施工作业环境因素。

12. C。本题考核的是材料的质量控制。混凝土预制构件出厂时的混凝土强度不宜低于设计混凝土强度等级值的 75%。

13. B。本题考核的是单价合同的运用。固定单价合同条件下，无论发生哪些影响价格的因素都不对单价进行调整。实际工程款的支付也将以实际完成工程量乘以合同单价进行计算。因此固定单价合同下钢筋混凝土工程价款 = 1500×600 = 90 万元。

14. A。本题考核的是单代号网络计划的基本概念。单代号网络图中的箭线表示紧邻工作之间的逻辑关系，既不占用时间，也不消耗资源。工作之间的逻辑关系包括工艺关系和组织关系，在网络图中均表现为工作之间的先后顺序。A 完成后进行 B、C，所以选项 B 错误；B 的紧后工作是 D，所以选项 C 错误；C 的紧后工作有 D、E，所以选项 D 错误。

15. C。本题考核的是施工现场文明施工的措施。施工现场文明施工的措施：(1) 建立文明施工的管理组织；（2）健全文明施工的管理制度，包括建立各级文明施工岗位责任制、将文明施工工作考核列入经济责任制，建立定期的检查制度，实行自检、互检、交接检制度，建立奖惩制度，开展文明施工立功竞赛，加强文明施工教育培训等。选项A、B、D都属于管理措施。

16. D。本题考核的是综合单价的计算步骤。综合单价的计算可以概括为以下步骤：（1）确定组合定额子目；（2）计算定额子目工程量；（3）测算人、料、机消耗量；（4）确定人、料、机单价；（5）计算清单项目的人、料、机费；（6）计算清单项目的管理费和利润；（7）计算清单项目的综合单价。

17. B。本题考核的是施工质量保证体系的运行。处理是在检查的基础上，把成功的经验加以肯定，形成标准，以利于在今后的工作中以此作为处理的依据，巩固成果。同时采取措施，纠正计划执行中的偏差，克服缺点，改正错误，对于暂时未能解决的问题，可记录在案，留到下一次循环加以解决。

18. A。本题考核的是缺陷责任期的延长。由于承包人原因造成某项缺陷或损坏使某项工程或工程设备不能按原定目标使用而需要再次检查、检验和修复的，发包人有权要求承包人相应延长缺陷责任期，但缺陷责任期最长不超过2年。

19. D。本题考核的是施工质量要达到的基本要求。工程勘察、设计单位针对本工程的水文地质条件，根据建设单位的要求，从技术和经济结合的角度，为满足工程的使用功能和安全性、经济性、与环境的协调性等要求，以图纸、文件的形式对施工提出要求，是针对每个工程项目的个性化要求。这个要求可以归结为"按图施工"。

20. B。本题考核的是环境管理体系标准构成。《环境管理体系 要求及使用指南》GB/T 24001—2016中认为，环境是指"组织运行活动的外部存在，包括空气、水、土地、自然资源、植物、动物、人，以及它（他）们之间的相互关系"。这个定义是以组织运行活动为主体，其外部存在主要是指人类认识到的、直接或间接影响人类生存的各种自然因素及它（他）们之间的相互关系。

21. B。本题考核的是制定人工定额的常用方法。技术测定法是根据生产技术和施工组织条件，对施工过程中各工序采用测时法、写实记录法、工作日写实法，测出各工序的工时消耗等资料，再对所获得的资料进行科学的分析，制定出人工定额的方法。统计分析法简单易行，适用于施工条件正常、产品稳定、工序重复量大和统计工作制度健全的施工过程。对于同类型产品规格多、工序重复、工作量小的施工过程，常用比较类推法。根据定额专业人员、经验丰富的工人和施工技术人员的实际工作经验，参考有关定额资料，对施工管理组织和现场技术条件进行调查、讨论和分析制定定额的方法，叫作经验估计法。经验估计法通常作为一次性定额使用。

22. D。本题考核的是成本核算的范围。间接费用是指企业各施工单位为组织和管理工程施工所发生的费用。选项A、C属于其他直接费用，选项B属于直接材料费。

23. B。本题考核的是企业质量管理体系文件的构成。企业质量管理体系文件应由质量手册、程序文件、质量计划和质量记录等构成。

24. B。本题考核的是自由时差的计算。当工作有紧后工作时，自由时差为紧后工作的最早开始时间减去该工作最早完成时间的最小值。该工作的最早完成时间＝最早开始时间＋持续时间＝2+4=6，自由时差＝min{8-6，12-6}=2。

25. C。本题考核的是成本加酬金合同的形式。成本加固定费用合同是根据双方讨论同意的工程规模、估计工期、技术要求、工作性质及复杂性、所涉及的风险等来考虑确定一笔固定数目的报酬金额作为管理费及利润，对人工、材料、机械台班等直接成本则实报实销。如果设计变更或增加新项目，当直接费超过原估算成本的一定比例（如10%）时，固定的报酬也要增加。

26. C。本题考核的是施工成本计划的类型。实施性成本计划是项目施工准备阶段的施工预算成本计划，它是以项目实施方案为依据，以落实项目经理责任目标为出发点，采用企业的施工定额通过施工预算的编制而形成的实施性成本计划。

27. B。本题考核的是劳务分包人的主要义务。劳务分包人的主要义务包括：（1）对劳务分包范围内的工程质量向工程承包人负责，组织具有相应资格证书的熟练工人投入工作；未经工程承包人授权或允许，不得擅自与发包人及有关部门建立工作联系；自觉遵守法律法规及有关规章制度。（2）严格按照设计图纸、施工验收规范、有关技术要求及施工组织设计精心组织施工，确保工程质量达到约定的标准。科学安排作业计划，投入足够的人力、物力，保证工期。加强安全教育，认真执行安全技术规范，严格遵守安全制度，落实安全措施，确保施工安全。加强现场管理，严格执行建设主管部门及环保、消防、环卫等有关部门对施工现场的管理规定，做到文明施工。（3）自觉接受工程承包人及有关部门的管理、监督和检查；接受工程承包人随时检查其设备、材料保管、使用情况，及其操作人员的有效证件、持证上岗情况；与现场其他单位协调配合，照顾全局。（4）劳务分包人须服从工程承包人转发的发包人及工程师（监理人）的指令。（5）除非合同另有约定，劳务分包人应对其作业内容的实施、完工负责，劳务分包人应承担并履行总（分）包合同约定的、与劳务作业有关的所有义务及工作程序。选项A、C、D属于工程承包人的主要义务。

28. A。本题考核的是现场质量检查的方法。试验法是指通过必要的试验手段对质量进行判断的检查方法。主要包括：（1）理化试验（力学性能的检验）。（2）无损检测。选项B、C、D适宜采用实测法。

29. D。本题考核的是安全生产许可证制度。企业在安全生产许可证有效期内，严格遵守有关安全生产的法律法规，未发生死亡事故的，安全生产许可证有效期届满时，经原安全生产许可证的颁发管理机关同意，不再审查，安全生产许可证有效期延期3年。

30. A。本题考核的是施工质量事故处理的一般程序。施工质量事故处理的一般程序：事故调查→事故的原因分析→制定事故处理的技术方案→事故处理→事故处理的鉴定验收→提交处理报告。

31. D。本题考核的是工程质量事故的分类。工程质量事故分为4个等级：（1）特别重大事故，是指造成30人以上死亡，或者100人以上重伤，或者1亿元以上直接经济损失的事故。（2）重大事故，是指造成10人以上30人以下死亡，或者50人以上100人以下重伤，或者5000万元以上1亿元以下直接经济损失的事故。（3）较大事故，是指造成3人以上10人以下死亡，或者10人以上50人以下重伤，或者1000万元以上5000万元以下直接经济损失的事故。（4）一般事故，是指造成3人以下死亡，或者10人以下重伤，或者100万元以上1000万元以下直接经济损失的事故。本题中根据死亡人数可以判定为一般事故，根据直接经济损失可以判定为较大事故。根据两个判定条件，结果取大，所以应为较大事故。

32. C。本题考核的是BIM技术应用。选项A、B、D都属于BIM技术的应用。

33. D。本题考核的是项目成本管理程序。项目成本管理应遵循下列程序：（1）掌握生产要素的价格信息;(2)确定项目合同价;(3)编制成本计划,确定成本实施目标;(4)进行成本控制;(5)进行项目过程成本分析;(6)进行项目过程成本考核;(7)编制项目成本报告;(8)项目成本管理资料归档。

34. B。本题考核的是工程质量监督的内容。选项A错误,由建设单位在项目开工前向监督机构申报质量监督手续。选项B正确,工程质量监督的性质属于行政执法行为。选项C、D错误,工程实体质量监督,是指主管部门对涉及工程主体结构安全、主要使用功能的工程实体质量情况实施监督。对工程实体质量和工程建设、勘察、设计、施工、监理单位(此五类单位简称为工程质量责任主体)和质量检测等单位的工程质量行为实施监督。

35. C。本题考核的是施工合同风险的类型。项目外界环境风险包括政治环境、经济环境、法律环境、自然环境的变化。管理风险包括:(1)对环境调查和预测的风险;(2)合同条款不严密、错误、二义性,工程范围和标准存在不确定性;(3)承包商投标策略错误,错误地理解业主意图和招标文件,导致实施方案错误、报价失误等;(4)承包商的技术设计、施工方案、施工计划和组织措施存在缺陷和漏洞,计划不周;(5)实施控制过程中的风险。合同信用风险是指主观故意原因导致的,表现为合同双方的机会主义行为,如业主拖欠工程款、承包商层层转包、非法分包、偷工减料、以次充好、知假买假等。

36. A。本题考核的是施工进度控制的组织措施。施工进度控制的组织措施包括:(1)充分重视健全项目管理的组织体系;(2)在项目组织结构中应有专门的工作部门和符合进度控制岗位资格的专人负责进度控制工作;(3)控制的工作任务和相应的管理职能应在项目管理组织设计的任务分工表和管理职能分工表中标示并落实;(4)编制施工进度控制的工作流程;(5)进行有关进度控制会议的组织设计。选项B属于管理措施,选项C属于经济措施,D属于技术措施。

37. B。本题考核的是实施性施工进度计划的主要作用。实施性施工进度计划的主要作用如下:(1)确定施工作业的具体安排;(2)确定(或据此可计算)一个月度或旬的人工需求(工种和相应的数量);(3)确定(或据此可计算)一个月度或旬的施工机械的需求(机械名称和数量);(4)确定(或据此可计算)一个月度或旬的建筑材料(包括成品、半成品和辅助材料等)的需求(建筑材料的名称和数量);(5)确定(或据此可计算)一个月度或旬的资金的需求等。选项A、C、D属于控制性施工进度计划的主要作用。

38. A。本题考核的是企业管理费的内容。企业管理费中包含的财务费是指企业为施工生产筹集资金或提供预付款担保、履约担保、职工工资支付担保等所发生的各种费用。

39. B。本题考核的是《标准施工招标文件》中合同条款规定的可以合理补偿承包人索赔的条款。根据《标准施工招标文件》中合同条款规定的可以合理补偿承包人索赔的条款,承包人遇到不利物质条件,可以索赔工期和费用。

40. C。本题考核的是工程质量验收中发现质量不符合要求的处理方法。一般的缺陷通过返修或更换器具、设备予以处理,应允许在施工单位采取相应的措施消除缺陷后重新验收。重新验收结果如能够符合相应的专业工程质量验收规范要求,则应认为该检验批合格。

41. D。本题考核的是施工现场的环境保护措施。选项A错误,施工现场严禁焚烧各类废弃物。选项B错误,禁止将有毒有害废弃物作土方回填,避免污染水源。选项C错误,施工现场搅拌站的污水、水磨石的污水等须经排水沟排放和沉淀池沉淀后再排入城市污水管道或河流,污水未经处理不得直接排入城市污水管道或河流。选项D正确,建筑物内垃圾应采用容器或搭设专用封闭式垃圾道的方式清运,严禁凌空抛掷。

42．A。本题考核的是建设监理规划的审批。监理规划由总监理工程师组织专业监理工程师参加编制，总监理工程师签字后由工程监理单位技术负责人审批。

43．A。本题考核的是网络计划线路的含义。选项B错误，线路是由箭线和节点组成的通路。选项C错误，线路中各项工作持续时间之和就是该线路的长度在各条线路中，有一条或是几条线路的总时间最长，称为关键线路。选项D错误，关键线路可以不只有一条。

44．C。本题考核的是危险源的分类。能量和危险物质的存在是危害产生的根本原因，通常把可能发生意外释放的能量（能源或能量载体）或危险物质称作第一类危险源。第一类危险源的危险性主要表现为导致事故而造成后果的严重程度方面。造成约束、限制能量和危险物质措施失控的各种不安全因素称作第二类危险源。第二类危险源主要体现在设备故障或缺陷（物的不安全状态）、人为失误（人的不安全行为）和管理缺陷等几个方面。选项A、B、D属于第二类危险源。

45．B。本题考核的是施工平行发承包模式。施工平行发承包，又称为分别发承包，是指发包方根据建设工程项目的特点、项目进展情况和控制目标的要求等因素，将建设工程项目按照一定的原则分解，将其施工任务分别发包给不同的施工单位，各个施工单位分别与发包方签订施工承包合同。

46．A。本题考核的是招标信息的修正。选项B错误，招标人对已发出的招标文件进行必要的澄清或者修改，应当在招标文件要求提交投标文件截止时间至少15日前发出。选项C、D错误，所有澄清文件必须直接通知所有招标文件收受人。澄清或者修改的内容应为招标文件的有效组成部分。

47．A。本题考核的是施工职业健康安全管理体系与环境管理体系的维持。管理评审是由施工企业的最高管理者对管理体系的系统评价，判断企业的管理体系面对内部情况的变化和外部环境是否充分适应有效，由此决定是否对管理体系做出调整，包括方针、目标、机构和程序等。

48．C。本题考核的是项目监理机构在施工阶段进度控制的主要工作。施工阶段的进度控制：（1）监督施工单位严格按照施工合同规定的工期组织施工；（2）审查施工单位提交的施工进度计划，核查施工单位对施工进度计划的调整；（3）建立工程进度台账，核对工程形象进度，按月、季和年度向业主报告工程执行情况、工程进度以及存在的问题。选项A错误，合同执行情况的分析和跟踪管理是监理在施工合同管理方面的工作。选项B错误，定期与施工单位核对签证台账是监理在施工阶段投资控制的主要工作。选项D错误，审查单位工程施工组织设计是监理在施工准备阶段的主要工作。

49．D。本题考核的是质量保证金的扣留金额。发包人累计扣留的质量保证金不得超过工程价款结算总额的3%。

50．D。本题考核的是项目管理目标责任书的制定。项目管理目标责任书应在项目实施之前，由法定代表人或其授权人与项目经理协商制定。

51．A。本题考核的是建设工程项目总进度目标论证的工作步骤。建设工程项目总进度目标论证的工作步骤如下：（1）调查研究和收集资料；（2）进行项目结构分析；（3）进行进度计划系统的结构分析；（4）确定项目的工作编码；（5）编制各层（各级）进度计划；（6）协调各层进度计划的关系和编制总进度计划；（7）若所编制的总进度计划不符合项目的进度目标，则设法调整；（8）若经过多次调整，进度目标无法实现，则报告项目决策者。

52．C。本题考核的是投标报价的编制与审核。选项A、B错误，投标人在进行工程项目工程量清单招标的投标报价时,不能进行投标总价优惠(或降价、让利),投标人对投标报价的任何优惠(或降价、让利)均应反映在相应清单项目的综合单价中。选项D错误,不同的工程承发包模式会直接影响工程项目投标报价的费用内容和计算深度。

53. A。本题考核的是变更权的规定。根据《标准施工招标文件》中通用合同条款的规定,在履行合同过程中,经发包人同意,监理人可按合同约定的变更程序向承包人作出变更指示,承包人应遵照执行。没有监理人的变更指示,承包人不得擅自变更。

54. B。本题考核的是安全文明施工费的支付。选项A错误,承包人对安全文明施工费应专款专用,承包人应在财务账目中单独列项备查。选项C错误,承包人经发包人同意采取合同约定以外的安全措施所产生的费用,由发包人承担。选项D错误,除专用合同条款另有约定外,发包人应在开工后28天内预付安全文明施工费总额的50%,其余部分与进度款同期支付。

55. A。本题考核的是建设工程项目进度控制的任务。业主方进度控制的任务是控制整个项目实施阶段的进度,包括控制设计准备阶段的工作进度、设计工作进度、施工进度物资采购工作进度以及项目动用前准备阶段的工作进度。

56. A。本题考核的是生产安全事故应急预案的管理。施工单位应当制定本单位的应急预案演练计划,根据本单位的事故预防重点,每年至少组织一次综合应急预案演练或者专项应急预案演练,每半年至少组织次现场处置方案演练。

57. C。本题考核的是施工合同索赔的程序。在工程实施过程中发生索赔事件以后,或者承包人发现索赔机会,首先要提出索赔意向。

58. C。本题考核的是施工企业质量管理体系的建立和认证。质量管理体系由公正的第三方认证机构,依据质量管理体系的要求标准,审核企业质量管理体系要求的符合性和实施的有效性,进行独立、客观、科学、公正的评价,得出结论。

59. C。本题考核的是增值税的概念。建筑安装工程费用的税金是指国家税法规定应计入建筑安装工程造价内的增值税销项税额。

60. D。本题考核的是施工成本管理的经济措施。经济措施是最易为人们所接受和采用的措施。管理人员应编制资金使用计划,确定、分解施工成本管理目标。对施工成本管理目标进行风险分析,并制定防范性对策。对各种支出,应认真做好资金的使用计划,并在施工中严格控制各项开支。及时准确地记录、收集、整理、核算实际发生的成本。对各种变更,及时做好增减账,及时落实业主签证,及时结算工程款。通过偏差分析和未完工工程预测,可发现一些将引起未完工程施工成本增加的潜在问题,对这些问题应以主动控制为出发点,及时采取预防措施。选项A、C属于组织措施,选项B属于合同措施。

61. D。本题考核的是生产安全事故应急预案体系的构成。施工生产安全事故应急预案体系由综合应急预案、专项应急预案、现场处置方案构成。

62. D。本题考核的是施工质量监督管理的实施。在竣工阶段,监督机构主要是按规定对工程竣工验收工作进行监督。(1)竣工验收前,针对在质量监督检查中提出的质量问题的整改情况进行复查,了解其整改的情况。(2)竣工验收时,参加竣工验收的会议,对验收的组织形式、程序等进行监督。

63. A。本题考核的是综合成本的分析方法。分部分项工程成本分析是施工项目成本分析的基础。分部分项工程成本分析的对象为已完成分部分项工程。

64. D。本题考核的是发包人的责任与义务。除合同另有约定外,发包人应与当地公安部门协商,在现场建立治安管理机构或联防组织,统一管理施工场地的治安保卫事项,履行合同工程的治安保卫职责。

65. B。本题考核的是合同价款调整。在履行合同过程中,由于发包人的原因造成工期延误的,承包人有权要求发包人延长工期和(或)增加费用,并支付合理利润。在施工中因持续下雨导致甲供材料未能及时到货,使工程延误属于发包人的原因导致的,因此政策变化增加的30万元由发包人承担。

66. D。本题考核的是施工成本控制的程序。成本的过程控制中,有两类控制程序,一是管理行为控制程序,二是指标控制程序。

67. D。本题考核的是施工安全隐患的处理原则。冗余安全度处理是指为确保安全,在处理安全隐患时应考虑设置多道防线,即使有一两道防线无效,还有冗余的防线可以控制事故隐患。例如:道路上有一个坑,既要设防护栏及警示牌,又要设照明及夜间警示红灯。

68. A。本题考核的是施工定额的研究对象。施工定额是以同一性质的施工过程——工序,作为研究对象,表示生产产品数量与时间消耗综合关系编制的定额。预算定额是以建筑物或构筑物各个分部分项工程为对象编制的定额。概算定额是以扩大的分部分项工程为对象编制的。概算指标是概算定额的扩大与合并,它是以整个建筑物和构筑物为对象,以更为扩大的计量单位来编制的。投资估算指标通常是以独立的单项工程或完整的工程项目为计算对象编制确定的生产要素消耗的数量标准或项目费用标准。

69. B。本题考核的是施工进度计划检查的内容。施工进度计划检查的内容包括:(1)检查工程量的完成情况;(2)检查工作时间的执行情况;(3)检查资源使用及进度保证的情况;(4)前一次进度计划检查提出问题的整改情况。

70. A。本题考核的是网络计划时间参数的计算。工作最迟时间参数受到紧后工作的约束,故其计算顺序应从终点节点起,逆着箭线方向依次逐项计算。本工作的最迟完成时间=紧后工作的最迟开始时间的最小值=min{9、11}=9,本工作最迟开始时间=本工作最迟完成时间-本工作持续时间=9-2=7。

二、多项选择题

71. A、B、C;	72. A、C、D;	73. A、B、D、E;
74. B、C、D;	75. A、B、E;	76. B、D、E;
77. B、D、E;	78. B、C、E;	79. A、C、D、E;
80. A、B、D;	81. A、B、C、E;	82. B、C、E;
83. A、B、C、E;	84. A、C、D、E;	85. A、C、E;
86. D、E;	87. B、C、E;	88. A、B、C、D;
89. A、B、D、E;	90. A、B、C、D;	91. A、B、E;
92. B、E;	93. A、B、D、E;	94. B、D、E;
95. A、B、E。		

【解析】

71. A、B、C。本题考核的是不可抗力后果的承担。不可抗力导致的人员伤亡、财产损失、费用增加和(或)工期延误等后果,由合同当事人按以下原则承担:(1)永久工程、已运至施工现场的材料和工程设备的损坏,以及因工程损坏造成的第三者人员伤亡和财产损失由发包人承担。(2)承包人施工设备的损坏由承包人承担。(3)发包人和承包人承担各自人员伤亡和财产的损失。(4) 因不可抗力影响承包人履行合同约定的义务，已经引起或将引起工期延误的，应当顺延工期，由此导致承包人停工的费用损失由发包人和承包人合理分担，停工期间必须支付的工人工资由发包人承担。(5) 因不可抗力引起或将引起工期延误，发包人要求赶工的，由此增加的赶工费用由发包人承担。(6) 承包人在停工期间按照发包人要求照管、清理和修复工程的费用由发包人承担。

72. A、C、D。本题考核的是《建设工程施工合同（示范文本）》GF—2017—0201中涉及项目经理的规定。选项B错误，在紧急情况下为确保施工安全和人员安全，在无法与发包人代表和总监理工程师及时取得联系时，项目经理有权采取必要的措施保证与工程有关的人身、财产和工程的安全，但应在48h内向发包人代表和总监理工程师提交书面报告。选项E错误，项目经理因特殊情况授权其下属人员履行其某项工作职责的，该下属人员应具备履行相应职责的能力，并应提前7天将上述人员的姓名和授权范围书面通知监理人，并征得发包人书面同意。

73. A、B、D、E。本题考核的是组织工具。组织工具是组织论的应用手段，用图或表等形式表示各种组织关系，它包括：(1) 项目结构图；(2) 组织结构图（管理组织结构图）；(3) 工作任务分工表；(4) 管理职能分工表；(5) 工作流程图等。

74. B、C、D。本题考核的是施工成本管理的技术措施。施工过程中降低成本的技术措施，包括如进行技术经济分析，确定最佳的施工方案。结合施工方法，进行材料使用的比选，在满足功能要求的前提下，通过代用、改变配合比、使用添加剂等方法降低材料消耗的费用。确定最合适的施工机械、设备使用方案。结合项目的施工组织设计及自然地理条件，降低材料的库存成本和运输成本。先进的施工技术的应用，运用新材料，使用先进的机械设备等。选项A、E属于组织措施。

75. A、B、E。本题考核的是施工组织设计的分类。根据施工组织设计编制的广度、深度和作用的不同，可分为：施工组织总设计、单位工程施工组织设计、分部（分项）工程施工组织设计［或称分部（分项）工程作业设计］。

76. B、D、E。本题考核的是施工质量控制责任。选项A错误，项目经理必须组织做好隐蔽工程的验收工作，参加地基基础、主体结构等分部工程的验收，参加单位工程和工程竣工验收。选项C错误，质量终身责任，是指参与新建、扩建、改建的建筑工程项目负责人按照国家法律法规和有关规定，在工程设计使用年限内对工程质量承担相应责任。

77. B、D、E。本题考核的是工期调整。选项A错误，由于承包人原因，未能按合同进度计划完成工作，或监理人认为承包人施工进度不能满足合同工期要求的，承包人应采取措施加快进度，并承担加快进度所增加的费用。选项C错误，发包人要求承包人提前竣工，或承包人提出提前竣工的建议能够给发包人带来效益的，应由监理人与承包人共同协商采取加快工程进度的措施和修订合同进度计划。发包人应承担承包人由此增加的费用，并向承包人支付专用合同条款约定的相应奖金。

78. B、C、E。本题考核的是施工机具使用费的组成。以施工机械台班耗用量乘以施工机械台班单价表示，施工机械台班单价应由下列七项费用组成：(1) 折旧费。(2) 大修理费。(3) 经常修理费。(4) 安拆费及场外运费。(5) 人工费。是指机上司机（司炉）和其他操作人员的人工费。(6) 燃料动力费。是指施工机械在运转作业中所消耗的各种燃料及水、电等。(7) 税费。是指施工机械按照国家规定应缴纳的车船使用税、保险费及年检费等。

79. A、C、D、E。本题考核的是工程文件的内容。建设工程文件指的是在工程建设过程中形成的各种形式的信息记录,包括工程准备阶段文件、监理文件、施工文件、竣工图和竣工验收文件,也可简称为工程文件。

80. A、B、D。本题考核的是项目管理目标责任书的内容。项目管理目标责任书宜包括下列内容:(1)项目管理实施目标;(2)组织和项目管理机构职责、权限和利益的划分;(3)项目现场质量、安全、环保、文明、职业健康和社会责任目标;(4)项目设计、采购、施工、试运行管理的内容和要求;(5)项目所需资源的获取和核算办法;(6)法定代表人向项目管理机构负责人委托的相关事项;(7)项目管理机构负责人和项目管理机构应承担的风险;(8)项目应急事项和突发事件处理的原则和方法;(9)项目管理效果和目标实现的评价原则、内容和方法;(10)项目实施过程中相关责任和问题的认定和处理原则;(11)项目完成后对项目管理机构负责人的奖惩依据、标准和办法;(12)项目管理机构负责人解职和项目管理机构解体的条件及办法;(13)缺陷责任制、质量保修期及之后对项目管理机构负责人的相关要求。选项C、E属于编制依据。

81. A、B、C、E。本题考核的是《环境管理体系 要求及使用指南》GB/T 24001—2016的总体结构及内容,应对风险和机遇的措施部分包括的有:总则、环境因素、合规义务、措施的策划。

82. B、C、E。本题考核的是特种作业人员持证上岗制度。特种作业操作证每3年复审1次。特种作业人员在特种作业操作证有效期内,连续从事本工种10年以上,严格遵守有关安全生产法律法规的,经原考核发证机关或者从业所在地考核发证机关同意,特种作业操作证的复审时间可以延长至每6年1次。特种作业人员上岗作业前,必须进行专门的安全技术和操作技能的培训教育。重点放在提高其安全操作技术和预防事故的实际能力上。培训后,经考核合格方可取得操作证,并准许独立作业。

83. A、B、C、E。本题考核的是事故调查报告的内容。事故调查报告的内容应包括:(1)事故发生单位概况;(2)事故发生经过和事故救援情况;(3)事故造成的人员伤亡和直接经济损失;(4)事故发生的原因和事故性质;(5)事故责任的认定和对事故责任者的处理建议;(6)事故防范和整改措施。

84. A、C、D、E。本题考核的是施工机械时间定额的组成。施工机械时间定额,是指在合理劳动组织与合理使用机械条件下,完成单位合格产品所必需的工作时间,包括有效工作时间(正常负荷下的工作时间和降低负荷下的工作时间)、不可避免的中断时间、不可避免的无负荷工作时间。

85. A、B、D、E。本题考核的是编制控制性进度计划的目。控制性施工进度计划编制的主要目的是通过计划的编制,以对施工承包合同所规定的施工进度目标进行再论证,并对进度目标进行分解,确定施工的总体部署,并确定为实现进度目标的里程碑事件的进度目标(或称其为控制节点的进度目标),作为进度控制的依据。

86. D、E。本题考核的是施工总承包管理模式与施工总承包模式的比较。施工总承包管理模式与施工总承包模式有很多的不同,但两者也存在一些相同的方面,比如总包单位承担的责任和义务,以及对分包单位的管理和服务。

87. B、C、E。本题考核的是承包人提出索赔的程序。承包人应在知道或应当知道索赔事件发生后28天内,向监理人递交索赔意向通知书,并说明发生索赔事件的事由,故选项A错误。承包人应在发出索赔意向通知书后28天内,向监理人正式递交索赔通知书,故选项 B 正确。索赔事件具有连续影响的,承包人应按合理时间间隔继续递交延续索赔通知,故选项 C 正确。在索赔事件影响结束后的 28 天内,承包人应向监理人递交最终索赔通知书,故选项 E 正确。

88. A、B、C、D。本题考核的是合同价款的调整因素。对建设周期一年半以上的工程项目,则应考虑下列因素引起的价格变化问题:(1)劳务工资以及材料费用的上涨。(2)其他影响工程造价的因素,如运输费、燃料费、电力等价格的变化。(3)外汇汇率的不稳定。(4)国家或者省、市立法的改变引起的工程费用的上涨。

89. A、B、D、E。本题考核的是引起工程变更的原因。工程变更一般主要有以下几个方面的原因:(1)业主新的变更指令,对建筑的新要求。如业主有新的意图,业主修改项目计划、削减项目预算等。(2)由于设计人员、监理方人员、承包商事先没有很好地理解业主的意图,或设计的错误,导致图纸修改。(3)工程环境的变化,预定的工程条件不准确,要求实施方案或实施计划变更。(4)由于产生新技术和知识,有必要改变原设计、原实施方案或实施计划,或由于业主指令及业主责任的原因造成承包商施工方案的改变。(5)政府部门对工程新的要求,如国家计划变化、环境保护要求、城市规划变动等。(6)由于合同实施出现问题,必须调整合同目标或修改合同条款。

90. A、B、C、D。本题考核的是工程质量监督管理的内容。工程质量监督管理包括下列内容:(1)执行法律法规和工程建设强制性标准的情况;(2)抽查涉及工程主体结构安全和主要使用功能的工程实体质量;(3)抽查工程质量责任主体和质量检测等单位的工程质量行为;(4)抽查主要建筑材料、建筑构配件的质量;(5)对工程竣工验收进行监督;(6)组织或者参与工程质量事故的调查处理;(7)定期对本地区工程质量状况进行统计分析;(8)依法对违法违规行为实施处罚。

91. A、B、E。本题考核的是施工质量事故调查报告的主要内容。事故调查报告,其主要内容包括:工程项目和参建单位概况;事故基本情况;事故发生后所采取的应急防护措施;事故调查中的有关数据、资料;对事故原因和事故性质的初步判断,对事故处理的建议;事故涉及人员与主要责任者的情况等。

92. B、E。本题考核的是关键线路的确定。在各条线路中,有一条或几条线路的总时间最长,称为关键路线。本题的关键线路为:①→⑤;①→③→⑤;①→③→④→⑤;①→②→③→⑤;①→②→③→④→⑤;①→②→④→⑤。

93. A、B、D、E。本题考核的是项目实施阶段总进度的工作进度内容。在项目的实施阶段,项目总进度不仅只是施工进度,它包括:(1)设计前准备阶段的工作进度;(2)设计工作进度;(3)招标工作进度;(4)施工前准备工作进度;(5)工程施工和设备安装工作进度;(6)工程物资采购工作进度;(7)项目动用前的准备工作进度等。

94. A、B、D、E。本题考核的是施工企业质量管理应遵循的原则。《质量管理体系 基础和术语》GB/T 19000—2016 提出了质量管理的七项原则,内容如下:(1)以顾客为关注焦点;(2)领导作用;(3)全员积极参与;(4)过程方法;(5)改进;(6)循证决策;(7)关系管理。

95. A、B、E。本题考核的是施工方进度控制的任务。在进度计划编制方面,施工方应视项目的特点和施工进度控制的需要,编制深度不同的控制性和直接指导项目施工的进度计划,以及按不同计划周期编制的计划,如年度、季度、月度和旬计划等。

2019 年度全国二级建造师执业资格考试

《建设工程施工管理》

真题及解析

2019年度《建设工程施工管理》真题

一、单项选择题（共70题，每题1分。每题的备选项中，只有1个最符合题意）

1. 关于施工总承包管理方主要特征的说法，正确的是（　　）。
   A. 在平等条件下可通过竞标获得施工任务并参与施工
   B. 不能参与业主的招标和发包工作
   C. 对于业主选定的分包方，不承担对其的组织和管理责任
   D. 只承担质量、进度和安全控制方面的管理任务和责任

2. 施工总承包模式下，业主甲与其指定的分包施工单位丙单独签订了合同，则关于施工总承包方乙与丙关系的说法，正确的是（　　）。
   A. 乙负责组织和管理丙的施工
   B. 乙只负责甲与丙之间的索赔工作
   C. 乙不参与对丙的组织管理工作
   D. 乙只负责对丙的结算支付，不负责组织其施工

3. 某建设工程项目设立了采购部、生产部、后勤保障部等部门，但在管理中采购部和生产部均可在职能范围内直接对后勤保障部下达工作指令，则该组织结构模式为（　　）。
   A. 职能组织结构　　　　　　　　B. 线性组织结构
   C. 强矩阵组织结构　　　　　　　D. 弱矩阵组织结构

4. 针对建设工程项目中的深基础工程编制的施工组织设计属于（　　）。
   A. 施工组织总设计　　　　　　　B. 单项工程施工组织设计
   C. 单位工程施工组织设计　　　　D. 分部工程施工组织设计

5. 建设工程项目目标事前控制是指（　　）。
   A. 事前分析可能导致偏差产生的原因并在产生偏差时采取纠偏措施
   B. 事前分析可能导致项目目标偏离的影响因素并针对这些因素采取预防措施
   C. 定期进行计划值与实际值比较
   D. 发现项目目标偏离时及时采取纠偏措施

6. 对建设工程项目目标控制的纠偏措施中，属于技术措施的是（　　）。
   A. 调整管理方法和手段　　　　　B. 调整项目组织结构
   C. 调整资金供给方式　　　　　　D. 调整施工方法

7. 下列建筑施工企业为从事危险作业的职工办理的保险中，属于非强制性保险的是（　　）。
   A. 工伤保险　　　　　　　　　　B. 意外伤害保险
   C. 基本医疗保险　　　　　　　　D. 失业保险

8. 为消除施工质量通病而采用新型脚手架应用技术的做法，属于质量影响因素中对（　　）因素的控制。
   A. 材料　　　　B. 机械　　　　C. 方法　　　　D. 环境

9. 根据《建设工程施工合同（示范文本）》GF—2017—0201，承包人提供质量保证金的方式原则上应为（　　）。
   A. 质量保证金保函　　　　　　　　B. 相应比例的工程款
   C. 相应额度的担保物　　　　　　　D. 相应额度的现金

10. 根据《建设工程施工合同（示范文本）》GF—2017—0201，招标工程一般以投标截止日前（　　）天作为基准日期。
    A. 7　　　　　　　　　　　　　　B. 14
    C. 42　　　　　　　　　　　　　　D. 28

11. 单价合同模式下，承包人支付的建筑工程险保险费，宜采用的计量方法是（　　）。
    A. 凭据法　　　　　　　　　　　　B. 估价法
    C. 均摊法　　　　　　　　　　　　D. 分解计量法

12. 根据《标准施工招标文件》，关于施工合同变更权和变更程序的说法，正确的是（　　）。
    A. 发包人可以直接向承包人发出变更意向书
    B. 承包人根据合同约定，可以向监理人提出书面变更建议
    C. 承包人书面报告发包人后，可根据实际情况对工程进行变更
    D. 监理人应在收到承包人书面建议后30天内做出变更指示

13. 关于单价合同的说法，正确的是（　　）。
    A. 实际工程款的支付按照估算工程量乘以合同单价进行计算
    B. 单价合同又分为固定单价合同、变动单价合同、成本补偿合同
    C. 固定单价合同适用于工期较短、工程量变化幅度不会太大的项目
    D. 变动单价合同允许随工程量变化而调整工程单价，业主承担风险较小

14. 下列施工现场环境保护措施中，属于大气污染防治处理措施的是（　　）。
    A. 工地临时厕所、化粪池采取防渗漏措施
    B. 易扬尘处采用密目式安全网封闭
    C. 禁止将有毒、有害废弃物用于土方回填
    D. 机械设备安装消声器

15. 建设工程施工质量验收时，分部工程的划分一般按（　　）确定。
    A. 施工工艺、设备类别　　　　　　B. 专业性质、工程部位
    C. 专业类别、工程规模　　　　　　D. 材料种类、施工程序

16. 编制人工定额时，为了提高编制效率，对于同类型产品规格多、工序重复、工作量小的施工过程，宜采用的编制方法是（　　）。
    A. 技术测定法　　　　　　　　　　B. 统计分析法
    C. 比较类推法　　　　　　　　　　D. 试验测定法

17. 关于施工企业年度成本分析的说法，正确的是（　　）。
    A. 一般一年结算一次，可将本年度成本转入下一年
    B. 分析的依据是年度成本报表
    C. 分析应以本年度开工建设的项目为对象，不含以前年度开工的项目
    D. 分析应以本年度竣工验收的项目为对象，不含本年度未完工的项目

18. 某工程施工中，操作工人不听从指导，在浇筑混凝土时随意加水造成混凝土质量事

故,按事故责任分类,该事故属于( )。

A. 操作责任事故　　　　　　B. 自然灾害事故
C. 指导责任事故　　　　　　D. 一般责任事故

19. 某建设工程施工横道图进度计划见下表,则关于该工程施工组织的说法,正确的是( )。

施工过程名称	施工进度(天)									
	3	6	9	12	15	18	21	24	27	30
支模板	Ⅰ-1	Ⅰ-2	Ⅰ-3	Ⅰ-4	Ⅱ-1	Ⅱ-2	Ⅱ-3	Ⅱ-4		
绑扎钢筋		Ⅰ-1	Ⅰ-2	Ⅰ-3	Ⅰ-4	Ⅱ-1	Ⅱ-2	Ⅱ-3	Ⅱ-4	
浇混凝土				Ⅰ-1	Ⅰ-2	Ⅰ-3	Ⅰ-4	Ⅱ-1	Ⅱ-2	Ⅱ-3 Ⅱ-4

注:Ⅰ、Ⅱ表示楼层;1、2、3、4表示施工段。

A. 各层内施工过程间不存在技术间歇和组织间歇
B. 所有施工过程由于施工楼层的影响,均可能造成施工不连续
C. 由于存在两个施工楼层,每一施工过程均可安排2个施工队伍
D. 在施工高峰期(第9日~第24日期间),所有施工段上均有工人在施工

20. 在固定总价合同模式下,承包人承担的风险是( )。

A. 全部价格的风险,不包括工作量的风险
B. 全部工作量和价格的风险
C. 全部工作量的风险,不包括价格的风险
D. 工程变更的风险,不包括工程量和价格的风险

21. 关于建设工程项目进度计划系统构成的说法,正确的是( )。

A. 进度计划系统是对同一个计划采用不同方法表示的计划系统
B. 同一个项目进度计划系统的组成不变
C. 同一个项目进度计划系统中的各进度计划之间不能相互关联
D. 进度计划系统包括对同一个项目按不同周期进度计划组成的计划系统

22. 根据《建设工程工程量清单计价规范》GB 50500—2013,关于暂列金额的说法,正确的是( )。

A. 由承包单位依据项目情况,按计价规定估算
B. 由建设单位掌握使用,若有余额,则归建设单位
C. 在施工过程中,由承包单位使用,监理单位监管
D. 由建设单位估算金额,承包单位负责使用,余额双方协商处理

23. 根据《建设工程监理规范》GB/T 50319—2013,竣工验收阶段建设监理工作的主要任务是( )。

A. 负责编制工程管理归档文件并提交给政府主管部门
B. 审查施工单位的竣工验收申请并组织竣工验收
C. 参与工程预验收并编写工程质量评估报告

D. 督促和检查施工单位及时整理竣工文件和验收资料

24. 施工单位在项目开工前编制的测量控制方案,一般应经(　　)批准后实施。
A. 项目经理 B. 业主代表
C. 施工员 D. 项目技术负责人

25. 工程项目建设中的桩基工程经监督检查验收合格后,建设单位应将质量验收证明在验收后(　　)内报送工程质量监督机构备案。
A. 3 天 B. 7 天
C. 10 天 D. 1 月

26. 单代号网络计划中,工作 C 的已知时间参数(单位:天)标注如下图所示,则该工作的最迟开始时间、最早完成时间和总时差分别是(　　)天。

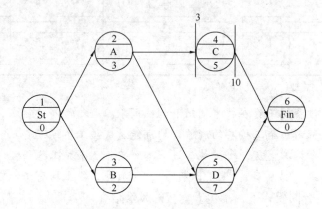

A. 3、10、5 B. 3、8、5
C. 5、10、2 D. 5、8、2

27. 在工程实施过程中发生索赔事件后,承包人首先应做的工作是在合同规定时间内(　　)。
A. 向工程项目建设行政主管部门报告
B. 向造价工程师提交正式索赔报告
C. 收集完善索赔证据
D. 向发包人发出书面索赔意向通知

28. 根据《建设工程施工专业分包合同(示范文本)》GF—2003—0213,关于专业分包的说法,正确的是(　　)。
A. 分包工程合同价款与总包合同相应部分价款没有连带关系
B. 分包工程合同不能采用固定价格合同
C. 专业分包人应按规定办理有关施工噪声排放的手续,并承担由此发生的费用
D. 专业分包人只有在收到承包人的指令后,才允许发包人授权的人员在工作时间内进入分包工程施工场地

29. 根据《标准施工招标文件》,对承包人提出索赔的处理程序,正确的是(　　)。
A. 发包人应在作出索赔处理结果答复后 28 天内完成赔付
B. 监理人收到承包人递交的索赔通知书后,发现资料缺失,应及时现场取证
C. 监理人答复承包人处理结果的期限是收到索赔通知书后 28 天内
D. 发包人在承包人接受竣工付款证书后不再接受任何索赔通知书

30. 根据《建设工程施工合同（示范文本）》GF—2017—0211，招标人要求中标人提供履约担保时，招标人应同时向中标人提供的担保是（ ）。
   A. 履约担保
   B. 工程款支付担保
   C. 预付款担保
   D. 资金来源证明

31. 根据《房屋建筑和市政基础设施工程质量事故报告和调查处理》，施工质量事故发生后，事故现场有关人员应立即向工程（ ）报告。
   A. 建设单位负责人
   B. 施工单位负责人
   C. 监理单位负责人
   D. 设计单位负责人

32. 下列建设工程项目成本管理的任务中，作为建立施工项目成本管理责任制、开展施工成本控制和核算的基础是（ ）。
   A. 成本预测
   B. 成本考核
   C. 成本分析
   D. 成本计划

33. 在建设工程项目施工前，承包人对难以控制的风险向保险公司投保，此行为属于风险应对措施中的（ ）。
   A. 风险规避
   B. 风险转移
   C. 风险减轻
   D. 风险保留

34. 下列质量控制活动中，属于事中质量控制的是（ ）。
   A. 设置质量控制点
   B. 明确质量责任
   C. 评价质量活动结果
   D. 约束质量活动行为

35. 下列施工工程合同风险产生的原因中，属于合同工程风险的是（ ）。
   A. 物价上涨
   B. 非法分包
   C. 偷工减料
   D. 恶意拖欠

36. 下列建设工程施工信息内容中，属于施工记录信息的是（ ）。
   A. 施工试验记录
   B. 隐蔽工程验收记录
   C. 材料设备进场记录
   D. 主体结构验收记录

37. 关于施工总承包管理模式特点的说法，正确的是（ ）。
   A. 对分包单位的质量控制主要由施工总承包管理单位进行
   B. 支付给分包单位的款项由业主直接支付，不经过总承包管理单位
   C. 业主对分包单位的选择没有控制权
   D. 总承包管理单位除了收取管理费以外，还可赚总包与分包之间的差价

38. 根据《建设工程施工劳务分包合同（示范文本）》GF—2003—0214，必须由劳务分包人办理并支付保险费用的是（ ）。
   A. 为从事危险作业的职工办理意外伤害险
   B. 为租赁使用的施工机械设备办理保险
   C. 为运至施工场地用于劳务施工的材料办理保险
   D. 为施工场地内的自有人员及第三方人员生命财产办理保险

39. 根据《特种作业人员安全技术培训考核管理规定》，对首次取得特种作业操作证的人员，其证书的复审周期为（ ）年一次。
   A. 1
   B. 6
   C. 3
   D. 10

40. 关于分部分项工程量清单项目与定额子目关系的说法，正确的是（　　）。
   A. 清单项目与定额子目之间是一一对应的
   B. 一个定额子目不能对应多个清单项目
   C. 清单项目与定额子目的工程量计算规则是一致的
   D. 清单项目组价时，可能需要组合几个定额子目

41. 当施工项目的实际进度比计划进度提前、但业主方不要求提前工期时，适宜采用的进度计划调整方法是（　　）。
   A. 适当延长后续关键工作的持续时间以降低资源强度
   B. 在时差范围内调整后续非关键工作的起止时间以降低资源强度
   C. 进一步分解后续关键工作以增加工作项目，调整逻辑关系
   D. 在时差范围内延长后续非关键工作中直接费率大的工作以降低费用

42. 某双代号网络计划如下图所示（时间单位：天），其计算工期是（　　）天。

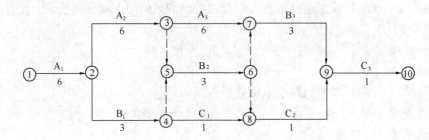

   A. 12　　　　　　　　　　　　B. 14
   C. 22　　　　　　　　　　　　D. 17

43. 为了保证工程质量，对重要建材的使用，必须经过（　　）。
   A. 总监理工程师签字　　　　　B. 监理工程师签字、项目经理签准
   C. 业主现场代表签准　　　　　D. 业主现场代表签字、监理工程师签准

44. 政府对工程质量监督的行为从性质上属于（　　）。
   A. 技术服务　　　　　　　　　B. 委托代理
   C. 司法审查　　　　　　　　　D. 行政执法

45. 关于建设工程施工招标中评标的说法，正确的是（　　）。
   A. 投标书中单价与数量的乘积之和与总价不一致时，将作无效标处理
   B. 投标书正本、副本不一致时，将作无效标处理
   C. 初步评审是对投标书进行实质性审查，包括技术评审和商务评审
   D. 评标委员会推荐的中标候选人应当限定在1~3人，并标明排列顺序

46. 对某建设工程项目进行成本偏差分析，若当月计划完成工作量＝100m³，计划单价为300元/m³；当月实际完成工作量是120m³，实际单价为320元/m³。则关于该项目当月成本偏差分析的说法，正确的是（　　）。
   A. 费用偏差为-2400元，成本超支　　B. 费用偏差为6000元，成本节约
   C. 进度偏差为6000元，进度延误　　　D. 进度偏差为2400元，进度提前

47. 根据《标准施工招标文件》，关于暂停施工的说法，正确的是（　　）。
   A. 因发包人原因发生暂停施工的紧急情况时，承包人可以先暂停施工，并及时向监理人提出暂停施工的书面请求

B. 发包人原因造成暂停施工，承包人可不负责暂停施工期间工程的保护
C. 施工中出现意外情况需要暂停施工的，所有责任由发包人承担
D. 由于发包人原因引起的暂停施工，承包人有权要求延长工期和（或）增加费用，但不得要求补偿利润

48. 根据《建设工程施工合同（示范文本）》GF—2017—0201，工程变更引起施工方案改变并使措施项目发生变化时，承包人提出调整措施项目费的，首先应采取的做法是（　　）。
   A. 提出措施项目变化后增加费用的估算
   B. 在该措施项目施工结束后提交增加费用的证据
   C. 将拟实施的方案提交发包人确认并说明变化情况
   D. 加快施工尽快完成措施项目

49. 某工作有2个紧后工作，紧后工作的总时差分别是3天和5天，对应的间隔时间分别是4天和3天，则该工作的总时差是（　　）天。
   A. 6　　　　B. 8　　　　C. 9　　　　D. 7

50. 施工企业实施和保持质量管理体系应遵循的纲领性文件是（　　）。
   A. 质量计划　　　　　　　　B. 质量记录
   C. 质量手册　　　　　　　　D. 程序文件

51. 采用时间—成本累积曲线法编制建设工程项目成本计划时，为了节约资金贷款利息，所有工作的时间宜按（　　）确定。
   A. 最早开始时间　　　　　　B. 最迟完成时间减干扰时差
   C. 最早完成时间加自由时差　　D. 最迟开始时间

52. 根据《建设工程工程量清单计价规范》GB 50500—2013，投标人进行投标报价时，发现某招标工程量清单项目特征描述与设计图纸不符，则投标人在确定综合单价时，应（　　）。
   A. 以招标工程量清单项目的特征描述为报价依据
   B. 以设计图纸作为报价依据
   C. 综合两者对项目特征共同描述作为报价依据
   D. 暂不报价，待施工时依据设计变更后的项目特征报价

53. 根据《建设工程施工专业分包合同（示范文本）》GF—2003—0213，关于专业工程分包人做法，正确的是（　　）。
   A. 须服从监理人直接发出的与专业分包工程有关的指令
   B. 可直接致函监理人，要求对相关指令进行澄清
   C. 不能以任何理由直接致函给发包人
   D. 在接到监理人指令后，可不执行承包人的指令

54. 下列合同实施偏差的调整措施中，属于组织措施的是（　　）。
   A. 增加资金投入　　　　　　B. 采取索赔手段
   C. 增加人员投入　　　　　　D. 变更合同条款

55. 根据《建设工程监理规范》GB/T 50319—2013，关于土方回填工程旁站监理的说法，正确的是（　　）。
   A. 监理人员实施旁站监理的依据是监理规划

B. 旁站监理人员仅对施工过程跟班监督
C. 承包人应在施工前24h书面通知监理方
D. 旁站监理人员到场但未在监理记录上签字，不影响进行下一道工序施工

56. 下列施工职业健康安全与环境管理体系的运行、维持活动中，属于管理体系运行的是（　　）。
A. 管理评审　　　　　　　　　　B. 内部审核
C. 合规性评价　　　　　　　　　D. 文件管理

57. 某建设工程项目在施工中发生了紧急性的安全事故，若短时间内无法与发包人代表和总监理工程师取得联系，则项目经理有权采取措施保证与工程有关的人身和财产安全，但应（　　）。
A. 立即向建设主管部门报告
B. 在48h内向发包人代表提交书面报告
C. 在48h内向承包人的企业负责人提交书面报告
D. 在24h内向发包人代表进行口头报告

58. 根据应急预案体系的构成，针对深基坑开挖编制的应急预案属于（　　）。
A. 专项应急预案　　　　　　　　B. 专项施工方案
C. 现场处置预案　　　　　　　　D. 危大工程预案

59. 县级以上安全生产监督管理部门可给予本行政区域内施工企业警告，并处3万元以下罚款的情形是（　　）。
A. 未按规定编制应急预案　　　　B. 未按规定组织应急预案演练
C. 未按规定进行应急预案备案　　D. 未按规定公布应急预案

60. 在项目质量成本的构成内容中，特殊质量保证措施费用属于（　　）。
A. 外部损失成本　　　　　　　　B. 内部损失成本
C. 外部质量保证成本　　　　　　D. 预防成本

61. 如下所示网络图中，存在的绘图错误是（　　）。

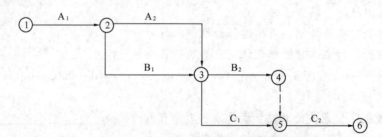

A. 节点编号错误　　　　　　　　B. 存在多余节点
C. 有多个终点节点　　　　　　　D. 工作编号重复

62. 下列风险控制方法中，属于第一类危险源控制方法的是（　　）。
A. 消除或减少故障　　　　　　　B. 隔离危险物质
C. 增加安全系数　　　　　　　　D. 设置安全监控系统

63. 建设工程项目进度计划按编制的深度可分为（　　）。
A. 指导性进度计划、控制性进度计划、实施性进度计划
B. 总进度计划、单项工程进度计划、单位工程进度计划

C. 里程碑表、横道图计划、网络计划
D. 年度进度计划、季度进度计划、月进度计划

64. 施工企业投标报价时，周转材料消耗量应按（　　）计算。
A. 一次使用量
B. 摊销量
C. 每次的补给量
D. 损耗率

65. 根据《建设工程项目管理规范》GB/T 50326—2017，进度控制的工作包括：①编制进度计划及资源需求计划；②采取纠偏措施或调整计划；③分析计划执行的情况；④实施跟踪检查，收集实际进度数据。其正确的顺序是（　　）。
A. ④—②—③—①
B. ②—①—③—④
C. ①—④—③—②
D. ③—①—④—②

66. 施工现场文明施工管理的第一责任人是（　　）。
A. 建设单位负责人
B. 施工单位负责人
C. 项目专职安全员
D. 项目经理

67. 工程施工职业健康安全管理工作包括：①确定职业健康安全目标；②识别并评价危险源及风险；③持续改进相关措施和绩效；④编制技术措施计划；⑤措施计划实施结果验证。正确的程序是（　　）。
A. ①—②—④—⑤—③
B. ①—②—⑤—④—③
C. ②—①—④—⑤—③
D. ②—①—④—③—⑤

68. 某建设工程项目的造价中人工费为3000万元，材料费为6000万元，施工机具使用费为1000万元，企业管理费为400万元，利润为800万元，规费为300万元，各项费用均不包含增值税可抵扣进项税额，增值税税率为9%，则增值税销项税额为（　　）万元。
A. 900
B. 1035
C. 936
D. 1008

69. 下列建设工程项目中，宜采用成本加酬金合同的是（　　）。
A. 采用的技术成熟，但工程量暂不确定的工程项目
B. 时间特别紧迫的抢险、救灾工程项目
C. 工程结构和技术简单的工程项目
D. 工程设计详细、工程任务和范围明确的工程项目

70. 下列对工程项目施工质量的要求中，体现个性化要求的是（　　）。
A. 符合国家法律、法规的要求
B. 不仅要保证产品质量，还要保证施工活动质量
C. 符合工程勘察、设计文件的要求
D. 符合施工质量评定等级的要求

二、多项选择题（共25题，每题2分。每题的备选项中，有2个或2个以上符合题意，至少有1个错项。错选，本题不得分；少选，所选的每个选项得0.5分）

71. 施工组织总设计的编制程序中，先后顺序不能改变的有（　　）。
A. 先拟订施工方案，再编制施工总进度计划
B. 先编制施工总进度计划，再编制资源需求量
C. 先确定施工总体部署，再拟订施工方案
D. 先计算主要工种工程的工程量，再拟订施工方案
E. 先计算主要工种工程的工程量，再确定施工总体部署

72. 关于建设工程施工招标标前会议的说法，正确的有（　　）。
   A. 标前会议是招标人按投标须知在规定的时间、地点召开的会议
   B. 招标人对问题的答复函件须注明问题来源
   C. 招标人可以根据实际情况在标前会议上确定延长投标截止时间
   D. 标前会议纪要与招标文件内容不一致时，应以招标文件为准
   E. 标前会议结束后，招标人应将会议纪要用书面通知形式发给每个投标人

73. 下列施工成本管理的措施中，属于技术措施的有（　　）。
   A. 确定合适的施工机械、设备使用方案
   B. 落实各种变更签证
   C. 在满足功能要求下，通过改变配合比降低材料消耗
   D. 加强施工调度，避免物料积压
   E. 确定合理的成本控制工作流程

74. 下列施工方进度控制的措施中，属于组织措施的有（　　）。
   A. 评价项目进度管理的组织风险　　B. 学习进度控制的管理理念
   C. 进行项目进度管理的职能分工　　D. 优化计划系统的体系结构
   E. 规范进度变更的管理流程

75. 根据《工程网络计划技术规程》JGJ/T 121—2015，网络计划中确定工作持续时间的方法有（　　）。
   A. 经验估算法　　　　　　　　　　B. 试验推算法
   C. 定额计算法　　　　　　　　　　D. 三时估算法
   E. 写实记录法

76. 建设行政管理部门对工程质量监督的内容有（　　）。
   A. 审核工程建设标准的完整性
   B. 抽查质量检测单位的工程质量行为
   C. 抽查工程质量责任主体的工程质量行为
   D. 参与工程质量事故的调查处理
   E. 监督工程竣工验收

77. 关于建设工程项目进度管理职能各环节工作的说法，正确的有（　　）。
   A. 对进度计划值和实际值比较，发现进度推迟是提出问题环节的工作
   B. 落实夜班施工条件并组织施工是决策环节的工作
   C. 提出多个加快进度的方案并进行比较是筹划环节的工作
   D. 检查增加夜班施工的决策能否被执行是检查环节的工作
   E. 增加夜班施工执行的效果评价是执行环节的工作

78. 根据《质量管理体系 基础和术语》GB/T 19000—2016，质量管理应遵循的原则有（　　）。
   A. 过程方法　　　　　　　　　　　B. 循证决策
   C. 全员积极参与　　　　　　　　　D. 领导作用
   E. 以内部实力为关注焦点

79. 根据《标准施工招标文件》，在合同履行中可以进行工程变更的情形有（　　）。
   A. 改变合同工程的标高

B. 改变合同中某项工作的施工时间
C. 取消合同中某项工作，转由发包人实施
D. 为完成工程需要追加的额外工作
E. 改变合同中某项工作的质量标准

80. 根据《建设工程施工劳务分包合同（示范文本）》GF—2003—0214，关于劳务分包人应承担义务的说法，正确的有（　　）。
A. 负责组织实施施工管理的各项工作，对工期和质量向发包人负责
B. 须服从工程承包人转发的发包人及工程师的指令
C. 自觉接受工程承包人及有关部门的管理、监督和检查
D. 未经工程承包人授权或许可，不得擅自与发包人建立工作联系
E. 应按时提交有关技术经济资料，配合工程承包人办理竣工验收

81. 网络计划中工作的自由时差是指该工作（　　）。
A. 最迟完成时间与最早完成时间的差
B. 与其所有紧后工作自由时差与间隔时间和的最小值
C. 所有紧后工作最早开始时间的最小值与本工作最早完成时间的差值
D. 与所有紧后工作间波形线段水平长度和的最小值
E. 与所有紧后工作间间隔时间的最小值

82. 下列与材料有关的费用中，应计入建筑安装工程材料费的有（　　）。
A. 运杂费　　　　　　　　　B. 运输损耗费
C. 检验试验费　　　　　　　D. 采购费
E. 工地保管费

83. 施工企业法定代表人与项目经理协商制定项目管理目标责任书的依据有（　　）。
A. 项目合同文件　　　　　　B. 组织经营方针
C. 项目管理实施规划　　　　D. 项目实施条件
E. 组织管理制度

84. 根据工程质量事故造成损失的程度分级，属于重大事故的有（　　）。
A. 50 人以上 100 人以下重伤
B. 3 人以上 10 人以下死亡
C. 1 亿元以上直接经济损失
D. 1000 万元以上 5000 万元以下直接经济损失
E. 5000 万元以上 1 亿元以下直接经济损失

85. 职业健康安全管理体系文件包括（　　）。
A. 管理手册　　　　　　　　B. 程序文件
C. 管理方案　　　　　　　　D. 初始状态评审文件
E. 作业文件

86. 某工程网络计划工作逻辑关系见下表，则工作 A 的紧后工作有（　　）。

工作	A	B	C	D	E	G	H
紧前工作	—	A	A、B	A、C	C、D	A、E	E、G

A. 工作 B　　　　　　　　　B. 工作 C

C. 工作 D D. 工作 G
E. 工作 E

87. 建设工程施工合同索赔成立的前提条件有（　　）。
A. 与合同对照，事件已造成了承包人工程项目成本的额外支出或直接工期损失
B. 造成工程费用的增加，已经超出承包人所能承受的范围
C. 造成费用增加或工期损失的原因，按合同约定不属于承包人的行为责任或风险责任
D. 造成工期损失的时间，已经超出承包人所能承受的范围
E. 承包人按合同规定的程序和时间提交索赔意向通知和索赔报告

88. 关于分部分项工程成本分析资料来源的说法，正确的有（　　）。
A. 实际成本来自实际工程量和计划单价的乘积
B. 投标报价来自预算成本
C. 预算成本来自投标报价
D. 成本偏差来自预算成本与目标成本的差额
E. 目标成本来自施工预算

89. 根据《建设工程施工合同（示范文本）》GF—2017—0201，采用变动总价合同时，双方约定可对合同价款进行调整的情形有（　　）。
A. 承包人承担的损失超过其承受能力
B. 一周内非承包人原因停电造成的停工累计达到7h
C. 外汇汇率变化影响合同价款
D. 工程造价管理部门公布的价格调整
E. 法律、行政法规和国家有关政策变化影响合同价款

90. 下列施工归档文件的质量要求中，正确的有（　　）。
A. 归档文件应为原件
B. 工程文件文字材料尺寸宜为A4幅面，图纸采用国家标准图幅
C. 竣工图章尺寸为60mm×80mm
D. 所有竣工图均应加盖竣工图章
E. 利用施工图改绘竣工图，必须标明变更修改依据

91. 关于生产安全事故报告和调查处理"四不放过"原则的说法，正确的有（　　）。
A. 事故原因未查清不放过 B. 事故责任人员未受到处理不放过
C. 防范措施没有落实不放过 D. 职工群众未受到教育不放过
E. 事故未及时报告不放过

92. 根据《建设工程施工合同（示范文本）》GF—2017—0201，承包人提交的竣工结算申请单应包括的内容有（　　）。
A. 所有已经支付的现场签证 B. 竣工结算合同价格
C. 发包人已支付承包人的款项 D. 应扣留的质量保证金
E. 发包人应支付承包人的合同价款

93. 下列施工质量的影响因素中，属于质量管理环境因素的有（　　）。
A. 施工单位的质量管理制度 B. 各参建单位之间的协调程度
C. 管理者的质量意识 D. 运输设备的使用状况
E. 施工现场的道路条件

94. 根据《建设工程安全生产管理条例》，应组织专家进行专项施工方案论证、审查的分部分项工程有（　　）。
   A. 起重吊装工程
   B. 深基坑工程
   C. 拆除工程
   D. 地下暗挖工程
   E. 高大模板工程

95. 编制砌筑工程的人工定额时，应计入时间定额的有（　　）。
   A. 领取工具和材料的时间
   B. 制备砂浆的时间
   C. 修补前一天砌筑工作缺陷的时间
   D. 结束工作时清理和返还工具的时间
   E. 闲聊和打电话的时间

2019 年度真题参考答案及解析

一、单项选择题

1. A;	2. A;	3. A;	4. D;	5. B;
6. D;	7. B;	8. C;	9. A;	10. D;
11. A;	12. B;	13. B;	14. B;	15. B;
16. C;	17. A;	18. A;	19. A;	20. B;
21. D;	22. B;	23. D;	24. D;	25. A;
26. D;	27. D;	28. A;	29. A;	30. B;
31. A;	32. A;	33. B;	34. D;	35. A;
36. C;	37. A;	38. A;	39. C;	40. D;
41. A;	42. C;	43. B;	44. D;	45. D;
46. A;	47. A;	48. C;	49. D;	50. C;
51. D;	52. A;	53. C;	54. C;	55. C;
56. D;	57. B;	58. A;	59. C;	60. C;
61. D;	62. B;	63. B;	64. B;	65. C;
66. D;	67. C;	68. B;	69. B;	70. C。

【解析】

1. A。本题考核的是施工总承包管理方主要特征。选项 B 错误，可以应业主要求参与施工的招标和发包工作。选项 C 错误，不论是业主方选定的分包方，还是经业主方授权由施工总承包管理方选定的分包方，施工总承包管理方都承担对其的组织和管理责任。选项 D 错误，负责整个工程的施工安全控制、施工总进度控制、施工质量控制和施工的组织与协调等。

2. A。本题考核的是施工总承包方的管理任务。施工总承包方是工程施工的总执行者和总组织者，它除了完成自己承担的施工任务以外，还负责组织和指挥它自行分包的分包施工单位和业主指定的分包施工单位的施工（业主指定的分包施工单位有可能与业主单独签订合同，也可能与施工总承包方签约，不论采用何种合同模式，施工总承包方应负责组织和管理业主指定的分包施工单位的施工），并为分包施工单位提供和创造必要的施工条件。选项 B、C、D 的说法均是错误的，施工总承包方不仅负责甲与丙的索赔工作，还负责对丙的组织、管理及结算。

3. A。本题考核的是组织结构模式的特点。在职能组织结构中，每一个职能部门可根据它的管理职能对其直接和非直接的下属工作部门下达工作指令。在线性组织结构中，每一个工作部门只能对其直接的下属部门下达工作指令，每一个工作部门也只有一个直接的上级部门。在矩阵组织结构中，指令来自于纵向和横向两个工作部门。

4. D。本题考核的是施工组织设计的编制对象。选项 A 的编制对象为整个建设工程项目。施工组织设计分类中不包括 B 选项。选项 C 的编制对象为单位工程。选项 D 的编制对象为特别重要的，技术复杂的，采用新工艺、新技术施工的，如深基础、无粘结预应力混凝土、特大构件的吊装、大量土石方工程、定向爆破工程。

5. B。本题考核的是项目目标的事前控制。项目目标控制包括主动控制和动态控制。选项 C、D 错误，属于动态控制。选项 A 的说法就是错误的。

6. D。本题考核的是项目目标控制的纠偏措施。选项 A 属于管理措施，选项 B 属于组织措施，选项 C 属于经济措施。

7. B。本题考核的是工伤和意外伤害保险制度。选项 A、C、D 均属于强制性保险。建筑施工企业作为用人单位，为职工参加工伤保险并缴纳工伤保险费是其应尽的法定义务，但为从事危险作业的职工投保意外伤害险并强制性规定，是否投保意外伤害险由建筑施工企业自主决定。

8. C。本题考核的是影响施工质量的主要因素。影响施工质量的主要因有人（M）、材料（M）、机械（M）、方法（M）及环境（E）的因素。涉及"技术"是属于方法的因素。

9. A。本题考核的是承包人提供质量保证金的方式。承包人提供质量保证金的方式：质量保证金保函；相应比例的工程款；双方约定的其他方式。质量保证金原则上采用质量保证金保函方式。

10. D。本题考核的是法律法规变化引起的合同价款调整。招标工程以投标截止日前 28 天，非招标工程以合同签订前 28 天为基准日。因承包人原因造成工程延误，在工期延误期间出现法律变化的，由此增加的费用（或）延误的工期由承包人承担。但因承包人原因导致工期延误的，且上述规定的调整时间在合同工程原定竣工时间之后，合同价款调增的不予调整，合同价款调减的予以调整。

11. A。本题考核的是工程计量的方法。建筑工程保险费、第三方责任保险费、履约保证金一般按凭据法进行计量支付。

12. B。本题考核的是施工合同变更管理。选项 A 错误，监理人向承包人发出变更意向书。选项 C 错误，没有监理人的变更指示，承包人不得擅自变更。选项 D 错误，监理人收到承包人书面建议后，应与发包人共同研究，确认存在变更的，应在收到承包人书面建议后的 14 天内做出变更指示。

13. C。本题考核的是单价合同的运用。选项 A 错误，按实际完成的工程量乘以合同单价计算。选项 B 错误，不包括成本补偿合同，成本补偿合同即成本加酬金合同。选项 D 错误，承包商的风险相对较小。

14. B。本题考核的是大气污染防治处理措施。选项 A、C 属于水污染处理措施，选项 D 属于噪声污染处理措施。

15. B。本题考核的是分部工程的划分。分部工程的划分应按下列原则确定：（1）可按专业性质、工程部位确定。（2）当分部工程较大或较复杂时，可按材料种类、施工特点、施工程序、专业系统及类别等划分为若干子分部工程。选项 A、C、D 是分项工程的划分原则。

16. C。本题考核的是制定人工定额的方法。比较类推法适用于同类型产品规格多、工序重复、工作量小的施工过程。统计分析法适用于施工条件正常、产品稳定、工序重复量大和统计工作制度健全的施工过程。经验估计法通常作为一次性定额使用。技术测定法是根据生产技术和施工组织条件，对施工过程中各工序采用测时法、写实记录法、工作日写实法，测出各工序的工时消耗等资料，再对所获得的资料进行科学的分析，制定出人工定额的方法。

17. B。本题考核的是年度成本分析。选项A错误，不得将本年成本转入下一年度。选项C、D错误，项目成本以项目的寿命周期为结算期，要求从开工到竣工直至保修期结束连续计算，最后结算出总成本及其盈亏。

18. A。本题考核的是工程质量事故分类。按责任事故分类，不包括一般责任事故。首先排除D项。操作责任事故指在施工过程中，由于操作者不按规程和标准实施操作，而造成的质量事故。例如，浇筑混凝土时随意加水，或振捣疏漏造成混凝土质量事故等。

19. A。本题考核的是横道图进度计划的编制方法。本题属于超纲题。选项A正确，从横道图中可以看出，楼层Ⅰ内、楼层Ⅱ内都没有体现出技术间歇与组织间歇。注意关键点是"各层内"。选项B错误，不会导致施工不连续。选项C错误，不止可以安排2个施工队伍。选项D错误，在第9日～第24日期间每天仅有3个施工段上有工人施工，而施工组织中设置的是4个施工段。

20. B。本题考核的是固定总价合同风险的承担。固定总价合同中，合同总价一次包死，固定不变，承包商承担了全部的工作量和价格风险，故选项B正确。所有变化导致的价格偏差，都由发包人自己承担。

21. D。本题考核的是建设工程项目进度计划系统构成。选项A错误，进度计划系统是不同的计划，而不是统一计划的不同表示方法；进度计划系统之间是相互关联的。选项B错误，计划系统有不同的组成。选项C错误，计划之间是相互关联的。

22. B。本题考核的是暂列金额。选项A错在"承包单位"应为"建设单位"。选项C、D错误，如无意外发生，暂列金额与施工单位无关。

23. D。本题考核的是竣工验收阶段建设监理工作的任务。选项A错误，应提交业主。选项B、C错误，组织预验收，参加业主组织的竣工验收。

24. D。本题考核的是测量控制。测量控制方案掌握：项目开工前编制、项目技术负责人批准后实施、报送监理工程复验。

25. A。本题考核的是施工质量监督管理的实施。关于本考点内容涉及的时间点为：

（1）不定期检查。基础和主体结构每月安排检查。

（2）桩基、基础、主体结构等主要部位常规检查外，还应在分部工程验收中进行监督，在建设单位、施工单位、设计单位、监理单位各方分别签字后3天内报送质量监督机构备案。

26. D。本题考核的是单代号网络计划时间参数的计算。

工作最迟开始时间等于该工作的最早开始时间与其总时差之和。

工作的最迟完成时间等于该工作的最早完成时间与其总时差之和。

工作最早完成时间等于该工作最早开始时间加上其持续时间。

总时差等于该工作的各个紧后工作的总时差加该工作与其紧后工作之间的时间间隔之和的最小值。

本题的计算过程如下：

(1) 工作C的最早开始时间=3天。

(2) 工作C的最早完成时间=3+5=8天。

(3) 工作C的最迟完成时间为10天，则总时差=10-8=2天。

(4) 工作C的最迟开始时间=3+2=5天。

27. D。本题考核的是施工合同索赔的程序。工程实施过程中发生索赔事件后的程序：索赔意向通知书—索赔通知—延续索赔通知—最终索赔通知—索赔报告。

28. A。本题考核的是施工专业分包合同的内容。选项 B 错误，分包工程可以采用固定价格合同。选项 C 错误，遵守政府有关主管部门对施工场地交通、施工噪声以及环境保护和安全文明生产等的管理规定，按规定办理有关手续，并以书面形式通知承包人，承包人承担由此发生的费用。选项 D 错误，允许承包人、发包人、工程师（监理人）及其三方中任何一方授权的人员合理进入工程施工场地。

29. A。本题考核的是承包人提出索赔的处理程序。选项 B 错误，监理人应要求承包人提交全部原始记录副本。选项 C 错误，监理答复的期限是 42 天。选项 D 错误，竣工付款证书后，被认为已无权提出在合同工程接收证书颁发前所发生的任何索赔。

30. B。本题考核的是工程担保。本题根据《建设工程施工合同（示范文本）》GF—2017—0201 第 2.5 条规定作答。除专用合同条款另有约定外，发包人要求承包人提供履约担保的，发包人应当向承包人提供支付担保。

31. A。本题考核的是施工质量事故的处理。事故现场有关人员应立即向工程建设单位负责人报告。工程建设单位负责人接到报告后，应于 1h 内向事故发生地县级以上人民政府住房和城乡建设主管部门及有关部门报告。

32. D。本题考核的是建设工程项目成本管理的任务。施工成本计划是建立施工项目成本管理责任制、开展成本控制和核算的基础。

33. B。本题考核的是施工风险管理。常用的风险对策包括风险规避、减轻、自留、转移及其组合等策略。对难以控制的风险向保险公司投保是风险转移的一种措施。

34. D。本题考核的是施工质量控制的基本环节。事中质量控制对质量活动的行为约束及质量活动过程和结果的监督控制。选项 A、B 属于事前质量控制，选项 C 属于事后质量控制。

35. A。本题考核的是工程合同风险的分类。按合同风险产生的原因分，可以分为合同工程风险和合同信用风险。合同工程风险包括工程进展过程中发生不利的地质条件变化、工程变更、物价上涨、不可抗力。选项 B、C、D 都属于合同信用风险，合同信用风险还包括承包商层层转包、以次充好、知假买假。

36. C。本题考核的是施工项目相关的信息管理。施工记录信息包括施工日志、质量检查记录、材料设备进场记录、用工记录表等。选项 A、B、D 属于施工技术资料信息。

37. A。本题考核的是施工总承包管理模式的特点。选项 B 错误，可以通过施工总承包管理单位支付，也可以由业主支付。选项 C 错误，总承包管理模式中，所有分包单位的选择都由业主决策的。选项 D 错误，只收取总包管理费，不赚总包与分包之间的差价。

38. A。本题考核的是施工劳务分包合同中对保险的规定。选项 B 错误，由承包人办理并支付保险费用。选项 C 错误，由承包人办理或获得保险。选项 D 错误，自有人员由劳务分包人办理并支付保险；第三方人员生命财产由发包人办理。

39. C。本题考核的是特种作业操作证的复审周期。选项 B 为易混项，注意本题考核的是"首次"。首次复审周期为每 3 年一次。连续从事本工种 10 年以上的，经原考核发证机关同意，复审时间可以延长至每 6 年一次。

40. D。本题考核的是分部分项工程费计算。选项 A 错误，一个清单项目可能对应几个定额子目。选项 B 错误，一个定额子目可以对应多个清单项目。选项 C 错误，可能并不一致。

41. A。本题考核的是施工进度计划的调整。选项B、D都是针对"非关键工作"采取的调整方法。选项C是针对关键工作，但是增加工作项目，起不到延长工期减低资源消耗的作用，只有改变"关键工作"时间才能起到作用。

42. C。本题考核的是双代号网络计划时间参数计算。计算工期等于以网络计划的终点节点为箭头节点的各个工作的最早完成时间的最大值。关键线路的持续时间即为计算工期。本题中关键线路为：①—②—③—⑨—⑨—⑩。

计算工期=6+6+6+3+1=22天。

43. B。本题考核的是材料的质量控制。为了保证工程质量，施工单位应把握采购订货关、进场检验关、存储和使用关。对重要建材的使用，必须经过监理工程师签字和项目经理签准。

44. D。本题考核的是工程质量监督的性质。对工程实体质量和工程建设、勘察、设计、施工、监理单位（此五类单位简称为工程质量责任主体）和质量检测等单位的工程质量行为实施监督。属于行政执法行为。

45. D。本题考核的是施工招标。选项A错误，单价与总价不一致，以单价为准。选项B错误，正副本不一致，以正本为准。选项C错误，技术评审和商务评审是详细评审的内容，在初步评审的下一个阶段。初步评审主要是进行符合性审查。

46. A。本题考核的是成本偏差分析。计算费用偏差、进度偏差需要运用以下公式：

（1）费用偏差（CV）=已完工作预算费用（$BCWP$）-已完工作实际费用（$ACWP$）
　　　　　　　　　　=已完成工作量×预算单价-已完成工作量×实际单价

为负值时，超支；为正值时，节支。

（2）进度偏差（SV）=已完工作预算费用（$BCWP$）-计划工作预算费用（$BCWS$）
　　　　　　　　　　=已完成工作量×预算单价-计划工作量×预算单价

为负值时，延误；为正值时，提前。

费用偏差=120×300-120×320=-2400元，成本超支。
进度偏差=120×300-100×300=6000元，进度提前。

47. A。本题考核的是暂停施工的相关规定。选项B错误，不论何种原因引起的暂停施工，暂停施工期间承包人应负责妥善保护工程并提供安全保障。选项C错误，并不是所有责任都由发包人承担。选项D错误，还可以要求补偿利润。

48. C。本题考核的是措施项目费的调整。工程变更引起施工方案改变，并使措施项目发生变化的，承包人提出调整措施项目费的，应事先将拟实施的方案提交发包人确认，并详细说明与原方案措施项目相比的变化情况。

49. D。本题考核的是总时差的计算。计划工期等于计算工期，网络计划终点节点的总时差为零。其他工作的总时差等于该工作的各个紧后工作的总时差加该工作与其紧后工作之间的时间间隔之和的最小值，则该工作的总时差=min｛(3+4)，(5+3)｝=7天。

50. C。本题考核的是质量管理体系文件。质量管理体系的文件主要由质量手册、程序文件、质量计划和质量记录等构成。质量手册是纲领性文件。程序文件是支持性文件。

51. D。本题考核的是按工程进度编制施工成本计划的方法。一般都按最迟开始时间开始确定，有利于节约资金贷款利息，但是降低了项目按期竣工的保证率。

52. A。本题考核的是投标报价的编制与审核。分部分项工程量清单特征描述与设计图纸不符时以分部分项工程量清单的项目特征描述为准，确定投标报价的综合单价。

53. C。本题考核的是专业工程分包人的主要责任和义务。选项 A 错误，须服从承包人转发的发包人或工程师（监理人）与分包工程有关的指令。选项 B 错误，不得直接致函发包人或工程师（监理人）。选项 D 错误，应执行承包人根据分包合同所发出的所有指令。

54. C。本题考核的是合同实施偏差的调整措施。选项 A 属于经济措施，选项 B、D 属于合同措施。

55. C。本题考核的是旁站监理。选项 A 错误，依据是旁站监理方案。选项 B 错误，对需要实施旁站监理的关键部位、关键工序在施工现场跟班监督。选项 D 错误，旁站监理人员和施工企业现场质检人员未在旁站监理记录上签字的，不得进行下一道工序施工。

56. D。本题考核的是施工职业健康安全与环境管理体系的运行与维持。体系运行包括培训意识和能力，信息交流，文件管理，执行控制程序，监测，不符合、纠正和预防措施，记录。管理体系维持包括内部审核、管理评审、合规性评价。此知识点已过时。

57. B。本题考核的是《建设工程施工合同（示范文本）》GF—2017—0201 中涉及项目经理的条款。本题根据《建设工程施工合同（示范文本）》GF—2017—0201 中第 3.2.2 条规定作答。注意三点：48h、向发包人代表、书面报告。

58. A。本题考核的是应急预案体系的构成。针对深基坑开挖编制，是对具体的事故类别而制定的，所以应属于专项应急预案。

59. C。本题考核的是施工安全生产安全事故应急预案的奖惩。施工单位应急预案未按照规定备案的，由县级以上安全生产监督管理部门给予警告，并处 3 万元以下罚款。此知识点已删除。

60. C。本题考核的是外部质量保证成本的内容。选项 A、B、D 属于运行质量成本。外部质量保证成本包括特殊的和附加的质量保证措施、程序以及检测试验和评定的费用。

61. D。本题考核的是双代号网络图的绘制。选项 D，工作 A_2 和工作 B_1 都用工作②—③表示是错误的。

62. B。本题考核的是风险控制方法。第一类危险源控制方法可以采取消除危险源、限制能量和隔离危险物质、个体防护、应急救援等方法。选项 A、C、D 属于第二类危险源控制方法。

63. B。本题考核的是建设工程项目进度计划系统。选项 A 是按功能构成。选项 B 是按深度构成。没有选项 C 这个分类。选项 D 是按周期构成。

64. B。本题考核的是周转性材料消耗定额的编制。定额中周转材料消耗量指标，应当用一次使用量和摊销量两个指标表示。一次使用量供施工企业组织施工用；摊销量供施工企业成本核算或投标报价使用。

65. C。本题考核的是进度控制的主要工作环节。进度控制的主要工作环节包括进度目标的分析和论证、编制进度计划、定期跟踪进度计划的执行情况、采取纠偏措施以及调整进度计划。

66. D。本题考核的是施工现场文明施工的组织措施。确立项目经理为现场文明施工的第一责任人。

67. C。本题考核的是施工职业健康安全管理工作。职业健康安全管理体系采用了 PCDA 循环，职业健康安全管理体系运行：策划—实施与运行—检查和纠正措施—管理评审—持续改进。注意，先识别有哪些风险，才能确定控制目标，所以②在①前面。此知识点已过时。

68. B。本题考核的是增值税的计算。税前造价为人工费、材料费、施工机具使用费、企业管理费、利润和规费之和。一般计税方法中，增值税销项税额=税前造价×9%。则该项目增值税销项税额=（3000+6000+1000+400+800+300）×9%=1035万元。

69. B。本题考核的是成本加酬金合同的适用情况。成本加酬金合同通常用于如下情况：（1）工程特别复杂，工程技术、结构方案不能预先确定，或者尽管可以确定工程技术和结构方案，但是不可进行竞争性的招标活动并以总价合同或单价合同的形式确定承包商，如研究开发性质的工程项目；（2）时间特别紧迫，如抢险、救灾工程，来不及进行详细的计划和商谈。选项A适用于单价合同，选项C、D适用于总价合同。

70. C。本题考核的是施工质量要达到的基本要求。符合勘察、设计对施工提出的要求属于个性化要求。符合国家法律、法规的要求属于一般性要求。选项A、B、D均属于符合法律法规的要求。

二、多项选择题

71. A、B；	72. A、C、E；	73. A、C；
74. C、E；	75. A、B、C、D；	76. B、C、D、E；
77. A、C、D；	78. A、B、C、D；	79. A、B、D、E；
80. B、C、D、E；	81. C、D、E；	82. A、B、D、E；
83. A、B、D、E；	84. A、E；	85. A、B、E；
86. B、C、D；	87. A、C、E；	88. C、E；
89. C、D、E；	90. A、B、D、E；	91. A、C、D；
92. C、D、E；	93. A、B；	94. B、D、E；
95. A、B、C、D。		

【解析】

71. A、B。本题考核的是施工组织总设计的编制程序。施工组织总设计的编制通常采用如下程序：（1）收集和熟悉编制施工组织总设计所需的有关资料和图纸，进行项目特点和施工条件的调查研究；（2）计算主要工种工程的工程量；（3）确定施工的总体部署；（4）拟订施工方案；（5）编制施工总进度计划；（6）编制资源需求量计划；（7）编制施工准备工作计划；（8）施工总平面图设计；（9）计算主要技术经济指标。其中（4）（5）（6）的顺序是不可逆的，故选项A、B正确。

72. A、C、E。本题考核的是施工招标的相关规定。选项B错误，不需要说明问题来源。选项D错误，应以补充文件为准。2018年考查了相同考点，备选项设置的采分点都是相同的。

73. A、C。本题考核的是施工成本管理的措施。选项B属于经济措施，选项D、E属于组织措施。

74. C、E。本题考核的是施工方进度控制的措施。选项A、B、D属于管理措施。施工方进度控制的组织措施：（1）充分重视健全项目管理的组织体系。（2）在项目组织结构中应有专门的工作部门和符合进度控制岗位资格的专人负责进度控制工作。（3）进度控制的主要工作环节工作任务和相应的管理职能应在项目管理组织设计的任务分工表和管理职能分工表中标示并落实。（4）应编制施工进度控制的工作流程。

75. A、B、C、D。本题考核的是确定工作持续时间的方法。写实记录法是一种研究各种性质的工作时间消耗的方法。

76. B、C、D、E。本题考核的是工程质量监督管理的内容。选项A错误，建设标准完整性，太大了，不是质量监督的内容。工程质量监督管理的内容除了选项B、C、D、E外，还包括：（1）执行法律法规和工程建设强制性标准的情况；（2）抽查涉及工程主体结构安全和主要使用功能的工程实体质量；（3）抽查主要建筑材料、建筑构配件的质量；（4）定期对本地区工程质量状况进行统计分析；（5）依法对违法违规行为实施处罚。

77. A、C、D。本题考核的是管理职能环节。管理职能环节包括：提出问题、策划、决策、执行、检查。选项A是提出问题，选项C提出方案是筹划，选项D检查能否被执行是检查。选项B中，落实加班施工条件并组织施工属于执行环节。选项E中，增加夜班施工执行的效果评价属于检查环节。

78. A、B、C、D。本题考核的是质量管理原则。质量管理的七项原则包括：以顾客为关注焦点、领导作用、全员积极参与、过程方法、改进、循证决策、关系管理。

79. A、B、D、E。本题考核的是工程变更的范围。选项C错误，不能转由发包人或其他人实施。变更的情形还包括：改变合同工程的基线、位置或尺寸；改变已批准的施工工艺实施。

80. B、C、D、E。本题考核的是劳务分包人的主要义务。选项A错误，工程承包人负责组建与工程相适应的项目管理班子，全面履行总（分）包合同，组织实施施工管理的各项工作。选项B、C、D在教材中均能找到原文。选项E正确，根据《建设工程施工劳务分包合同（示范文本）》GF—2003—0214第11.6条规定，劳务分包人应按时提交报表、完整的原始技术经济资料，配合工程承包人办理交工验收。

81. C、D、E。本题考核的是工作自由时差的概念。双代号网络计划中，对于有紧后工作的工作，其自由时差等于本工作之紧后工作最早开始时间减本工作最早完成时间所得之差的最小值，故选项C正确。时标网络计划图中，其他工作的自由时差是该工作箭线中波形线的水平投影长度。但当工作之后只紧接虚工作时，则该工作箭线上一定不存在波形线，而其紧接的虚箭线中波形线水平投影长度的最短者为该工作的自由时差，故选项D正确。单代号网络计划图中，对于有紧后工作的工作，其自由时差等于该工作与其紧后工作之间的时间间隔的最小值，故选项E正确。选项A错误，总时差等于其最迟完成时间减去最早完成时间。选项B，没有这个概念。

82. A、B、D、E。本题考核的是材料费的组成。考核材料费组成时，选项C经常作为干扰选项出现，属于企业管理费。材料费组成中，采购及保管费包括采购费、仓储费、工地保管费、仓储损耗。

83. A、B、D、E。本题考核的是项目管理目标责任书的编制依据。编制项目管理目标责任书5个依据。选项C错误，应为项目管理规划大纲。

84. A、E。本题考核的是工程质量事故分类。选项B、D是较大事故，选项C是特别重大事故。关于事故等级判定，如果每一备选项中给出经济损失、伤亡或死亡人数，应先分别判断每个条件所对应的事故等级，最后选择等级最高的作为该事故的等级。经济损失与人员伤亡的节点：死亡人数3-10-30；重伤人数10-50-100；经济损失1000万元-5000万元-1亿元。

85. A、B、E。本题考核的是职业健康安全管理体系文件的内容。管理体系的建立有7

步。其中第7步是编制安全管理体系文件，内容包括管理手册、程序文件、作业文件三个层次。

86. A、B、C、D。本题考核的是网络计划的基本概念。判断工作A的紧后工作有谁，就看谁的紧前工作里有A，通过逻辑关系表可知，紧前工作有A包括工作B、C、D、G。所以选A、B、C、D。

87. A、C、E。本题考核的是建设工程施工合同索赔成立的前提条件。索赔成立应同时具备三个前提条件：正当的索赔理由；有效的索赔证据；合同约定时间内提出。

88. C、E。本题考核的是分部分项工程成本分析资料来源。选项A错误，实际成本来自施工任务单的实际工程量、实耗人工和限额领料单的实耗材料。选项B、C，在设置时颠倒了说法，选项B错误，预算成本来自投标报价。选项D错误，成本偏差来源于实际值与计划值的比较。

89. C、D、E。本题考核的是采用变动总价合同可对合同价款调整的情形。选项A不能调整。选项B应该达到8h。

90. A、B、D、E。本题考核的是施工归档文件的质量要求。选项C错误，竣工图章尺寸为50mm×80mm。

91. A、B、C、D。本题考核的是施工生产安全事故处理原则。施工项目一旦发生安全事故，必须实施"四不放过"的原则：(1)事故原因没有查清不放过；(2)责任人员没有受到处理不放过；(3)职工群众没有受到教育不放过；(4)防范措施没有落实不放过。

92. B、C、D、E。本题考核的是竣工结算申请单的内容。竣工结算申请单的内容包括选项B、C、D、E。注意已缴纳履约保证金或提供其他工程质量担保方式的不包括选项D。

93. A、B。本题考核的是影响施工质量的主要因素。选项C属于人的因素，选项D属于机械的因素，选项E属于施工作业环境因素。施工质量管理环境因素主要指施工单位质量管理体系、质量管理制度和各参建施工单位之间的协调等因素。

94. B、D、E。本题考核的是专项施工方案专家论证制度。对深基坑、地下暗挖工程、高大模板工程的专项施工方案，施工单位应当组织专家进行论证、审查。

95. A、B、C、D。本题考核的是人工定额的编制。定额时间包括基本工作时间、辅助工作时间、准备与结束工作时间、不可避免的工作时间，以及休息时间。选项A、D属于准备与结束工作时间。选项B属于基本工作时间。选项C属于偶然工作时间，也能获得一定产品，在拟定定额是要适当考虑。选项E属于损失时间。

2018 年度全国二级建造师执业资格考试

《建设工程施工管理》

真题及解析

2018年度《建设工程施工管理》真题

一、单项选择题（共70题，每题1分。每题的备选项中，只有1个最符合题意）

1. EPC工程总承包方的项目管理工作涉及的阶段是（　　）。
   A. 决策-设计-施工-动用前准备
   B. 决策-施工-动用前准备-保修期
   C. 设计前的准备-设计-施工-动用前准备
   D. 设计前的准备-设计-施工-动用前准备-保修期

2. 关于施工总承包管理方责任的说法，正确的是（　　）。
   A. 承担施工任务并对其质量负责
   B. 与分包方和供货方直接签订合同
   C. 承担对分包方的组织和管理责任
   D. 负责组织和指挥总承包单位的施工

3. 建设工程施工管理是多个环节组成的过程，第一个环节的工作是（　　）。
   A. 提出问题
   B. 决策
   C. 执行
   D. 检查

4. 某施工企业采用矩阵组织结构模式，其横向工作部门可以是（　　）。
   A. 合同管理部
   B. 计划管理部
   C. 财务管理部
   D. 项目管理部

5. 根据施工组织总设计编制程序，编制施工总进度计划前需收集相关资料和图纸、计算主要工程量、确定施工的总体部署和（　　）。
   A. 编制资源需求计划
   B. 编制施工准备工作计划
   C. 拟订施工方案
   D. 计算主要技术经济指标

6. 下列建设工程项目目标动态控制的工作中，属于准备工作的是（　　）。
   A. 收集项目目标的实际值
   B. 对项目目标进行分解
   C. 将项目目标的实际值和计划值相比较
   D. 对产生的偏差采取纠偏措施

7. 大型建设工程项目进度目标分解的工作有：①编制各子项目施工进度计划；②编制施工总进度计划；③编制施工总进度规划；④编制项目各子系统进度计划。正确的目标分解过程是（　　）。
   A. ②—③—①—④
   B. ②—③—④—①
   C. ③—②—①—④
   D. ③—②—④—①

8. 根据《建设工程施工合同（示范文本）》GF—2017—0201，项目经理在紧急情况下有权采取必要措施保证与工程有关的人身、财产和工程安全，但应在48h内向（　　）提交书面报告。
   A. 承包方法定代表人和总监理工程师
   B. 监督职能部门和承包方法定代表人
   C. 发包人代表和总监理工程师
   D. 政府职能监督部门和发包人代表

9. 根据《建设工程项目管理规范》GB/T 50326—2017，建设工程实施前由施工企业法定代表人或其授权人与项目经理协商制定的文件是（　　）。
   A. 施工组织设计　　　　　　　　B. 项目管理目标责任书
   C. 施工总体规划　　　　　　　　D. 工程承包合同

10. 根据构成风险的因素分类，建设工程施工现场因防火设施数量不足而产生的风险属于（　　）风险。
   A. 组织　　　　　　　　　　　　B. 经济与管理
   C. 工程环境　　　　　　　　　　D. 技术

11. 根据《建设工程监理规范》GB/T 50319—2013，关于旁站监理的说法，正确的是（　　）。
   A. 施工企业对需要旁站监理的关键部位进行施工之前，应至少提前48h通知项目监理机构
   B. 旁站监理人员对主体结构混凝土浇筑应进行旁站监理
   C. 若施工企业现场质检人员未签字而旁站监理人员签字认可，即可进行下一道工序
   D. 旁站监理人员发现施工活动危及工程质量的，可直接下达停工指令

12. 根据《建设工程安全生产管理条例》，关于工程监理单位安全责任的说法，正确的是（　　）。
   A. 在实施监理过程中发现情况严重的安全事故隐患，应要求施工单位整改
   B. 在实施监理过程中发现情况严重的安全事故隐患，应及时向有关主管部门报告
   C. 应审查专项施工方案是否符合工程建设强制性标准
   D. 对于情节严重的安全事故隐患，施工单位拒不整改时应向建设单位报告

13. 根据《建筑安装工程费用项目组成》，对超额劳动和增收节支而支付给个人的劳动报酬，应计入建筑安装工程费用人工费项目中的（　　）。
   A. 计时工资或计件工资　　　　　B. 奖金
   C. 津贴补贴　　　　　　　　　　D. 特殊情况下支付的工资

14. 某建设工程采用《建设工程工程量清单计价规范》GB 50500—2013，招标工程量清单中挖土方工程量为2500m^3。投标人根据地质条件和施工方案计算的挖土方工程量为4000m^3，完成该土方分项工程的人、材、机费用为98000元，管理费13500元，利润8000元。如不考虑其他因素，投标人报价时的挖土方综合单价为（　　）元/m^3。
   A. 29.88　　　B. 42.40　　　C. 44.60　　　D. 47.80

15. 编制人工定额时，由于作业面准备不充分导致的停工时间应计入（　　）。
   A. 施工本身造成的停工时间　　　B. 多余和偶然时间
   C. 非施工本身造成的停工时间　　D. 不可避免中断时间

16. 编制施工机械台班使用定额时，工人装车的砂石数量不足导致的汽车在降低负荷下工作所延续的时间属于（　　）。
   A. 有效工作时间　　　　　　　　B. 低负荷下的工作时间
   C. 有根据地降低负荷下的工作时间　　D. 非施工本身造成的停工时间

17. 根据《建设工程工程量清单计价规范》GB 50500—2013，采用单价合同的工程结算工程量应为（　　）。
   A. 施工单位实际完成的工程量

B. 合同中约定应予计量的工程量
C. 合同中约定应予计量并实际完成的工程量
D. 以合同图纸的图示尺寸为准计算的工程量

18. 根据《建设工程工程量清单计价规范》GB 50500—2013，采用经审定批准的施工图纸及其预算方式发包形成的总价合同，施工过程中未发生工程变更，结算工程量应为（　）。

A. 承包人实际施工的工程量
B. 总价合同各项目的工程量
C. 承包人因施工需要自行变更后的工程量
D. 承包人调整施工方案后的工程量

19. 根据《建设工程工程量清单计价规范》GB 50500—2013，暂列金额可用于支付（　）。

A. 业主提供了暂估价的材料采购费用
B. 因承包人原因导致隐蔽工程质量不合格的返工费用
C. 因施工缺陷造成的工程维修费用
D. 施工中发生设计变更增加的费用

20. 根据《建设工程工程量清单计价规范》GB 50500—2013，发包人应在工程开工后的 28 天内预付不低于当年施工进度计划的安全文明施工费总额的（　）。

A. 50%
B. 60%
C. 90%
D. 100%

21. 某建设工程由于业主方临时设计变更导致停工，承包商的工人窝工 8 个工日，窝工费为 300 元/工日；承包商租赁的挖土机窝工 2 个台班，挖土机租赁费为 1000 元/台班，动力费 160 元/台班；承包商自有的自卸汽车窝工 2 个台班，该汽车折旧费用 400 元/台班，动力费为 200 元/台班，则承包商可以向业主索赔的费用为（　）元。

A. 4800
B. 5200
C. 5400
D. 5800

22. 采用时间—成本累计曲线编制建设工程项目进度计划时，从节约资金贷款利息的角度出发，适宜采取的做法是（　）。

A. 所有工作均按最早开始时间开始
B. 关键工作均按最迟开始时间开始
C. 所有工作均按最迟开始时间开始
D. 关键工作均按最早开始时间开始

23. 对竣工项目进行工程现场成本核算的目的是（　）。

A. 评价财务管理效果
B. 考核项目管理绩效
C. 核算企业经营效益
D. 评价项目成本效益

24. 某单位产品 1 月份成本相关参数见下表，用因素分析法计算，单位产品人工消耗量变动对成本的影响是（　）元。

项目	单位	计划值	实际值
产品产量	件	180	200
单位产品人工消耗量	工日/件	12	11
人工单价	元/工日	100	110

A. -18000 B. -19800
C. -20000 D. -22000

25. 对施工项目进行综合成本分析时，可作为分析基础的是（   ）。
A. 月（季）度成本分析 B. 分部分项工程成本分析
C. 年度成本分析 D. 竣工成本分析

26. 某分部分项工程预算单价为300元/m³，计划1个月完成工程量100m³。实际施工中用了两个月（匀速）完成工程量160m³，由于材料费上涨导致实际单价为330元/m³，则该分部分项工程的费用偏差为（   ）元。
A. 4800 B. -4800
C. 18000 D. -18000

27. 根据建设工程项目总进度目标论证的工作步骤，编制各层（各级）进度计划的紧前工作是（   ）。
A. 调查研究和资料收集 B. 进行项目结构分析
C. 进行进度计划系统的结构分析 D. 确定项目的工作编码

28. 编制控制性施工进度计划的主要目的是（   ）。
A. 合理安排施工企业计划周期内的生产活动
B. 具体指导建设工程施工
C. 对施工承包合同所规定的施工进度目标进行再论证
D. 确定项目实施计划周期内的资金需求

29. 关于横道图进度计划的说法，正确的是（   ）。
A. 横道图的一行只能表达一项工作 B. 横道图的工作可按项目对象排序
C. 工作的简要说明必须放在表头内 D. 横道图不能表达工作间的逻辑关系

30. 关于双代号网络图中终点节点和箭线关系的说法，正确的是（   ）。
A. 既有内向箭线，又有外向箭线 B. 只有内向箭线，没有外向箭线
C. 只有外向箭线，没有内向箭线 D. 既无内向箭线，又无外向箭线

31. 绘制双代号时标网络计划，首先应（   ）。
A. 绘制时标计划表 B. 定位起点节点
C. 确定时间坐标长度 D. 绘制非时标网络计划

32. 关于双代号网络计划的工作最迟开始时间的说法，正确的是（   ）。
A. 最迟开始时间等于各紧后工作最迟开始时间的最大值
B. 最迟开始时间等于各紧后工作最迟开始时间的最小值
C. 最迟开始时间等于各紧后工作最迟开始时间的最大值减去持续时间
D. 最迟开始时间等于各紧后工作最迟开始时间的最小值减去持续时间

33. 单代号网络计划时间参数计算中，相邻两项工作之间的时间间隔（$LAG_{i,j}$）是（   ）。
A. 紧后工作最早开始时间和本工作最早开始时间之差
B. 紧后工作最早开始时间和本工作最早完成时间之差
C. 紧后工作最早完成时间和本工作最早完成时间之差
D. 紧后工作最迟完成时间和本工作最早完成时间之差

34. 用工作计算法计算双代号网络计划的时间参数时，自由时差宜按（   ）计算。
A. 工作完成节点的最迟时间减去开始节点的最早时间再减去工作的持续时间

B. 所有紧后工作的最迟开始时间的最小值减去本工作的最早完成时间
C. 本工作与所有紧后工作之间时间间隔的最小值
D. 所有紧后工作的最早开始时间的最小值减去本工作的最早开始时间和持续时间

35. 建设工程施工方进度目标能否实现的决定性因素是（　　）。
A. 组织体系　　　　　　　　　　B. 项目经理
C. 施工方案　　　　　　　　　　D. 信息技术

36. 下列建设工程施工方进度控制的措施中，属于技术措施的是（　　）。
A. 重视信息技术在进度控制中的应用　　B. 采用网络计划方法编制进度计划
C. 编制与进度相适应的资源需求计划　　D. 分析工程设计变更的必要性和可能性

37. 某建设工程网络计划如下图所示（时间单位：天），工作C的自由时差是（　　）天。

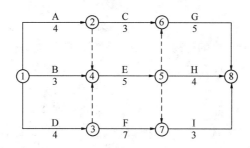

A. 0　　　　　　　　　　　　　　B. 1
C. 2　　　　　　　　　　　　　　D. 3

38. 下列影响建设工程施工质量的因素中，作为施工质量控制基本出发点的因素是（　　）。
A. 人　　　　　　　　　　　　　B. 机械
C. 材料　　　　　　　　　　　　D. 环境

39. 根据建筑工程质量终身责任制要求，施工单位项目经理对建设工程质量承担责任的时间期限是（　　）。
A. 建筑工程实际使用年限　　　　B. 建设单位要求年限
C. 建筑工程设计使用年限　　　　D. 缺陷责任期

40. 建设工程施工质量保证体系运行的主线是（　　）。
A. 质量计划　　　　　　　　　　B. 过程管理
C. PDCA循环　　　　　　　　　　D. 质量手册

41. 关于施工企业质量管理体系文件构成的说法，正确的是（　　）。
A. 质量计划是纲领性文件
B. 质量记录应阐述企业质量目标和方针
C. 程序文件是质量手册的支持性文件
D. 质量手册应阐述项目各阶段的质量责任和权限

42. 施工单位在建设工程开工前编制的测量控制方案，需经（　　）批准后方可实施。
A. 施工项目经理　　　　　　　　B. 总监理工程师
C. 甲方工程师　　　　　　　　　D. 项目技术负责人

43. 建设工程施工过程中对分部工程质量验收时,应该给出综合质量评价的检查项目是( )。
   A. 观感质量验收
   B. 分项工程质量验收
   C. 质量控制资料验收
   D. 主体结构功能检测

44. 在建设工程施工过程的质量验收中,检验批的合格质量主要取决于( )。
   A. 主控项目的检验结果
   B. 主控项目和一般项目的检验结果
   C. 资料检查完整、合格和主控项目检验结果
   D. 资料检查完整、合格和一般项目的检验结果

45. 根据《质量管理体系 基础和术语》GB/T 19000—2016,工程产品与规定用途有关的不合格,称为( )。
   A. 质量通病
   B. 质量缺陷
   C. 质量问题
   D. 质量事故

46. 建设工程施工质量事故的处理程序中,确定处理结果是否达到预期目的、是否依然存在隐患,属于( )环节的工作。
   A. 事故调查
   B. 事故原因分析
   C. 制定事故处理技术方案
   D. 事故处理鉴定验收

47. 政府质量监督机构检查参与工程项目建设各方的质量保证体系的建立情况,属于( )质量监督的内容。
   A. 项目开工前
   B. 施工过程
   C. 竣工验收阶段
   D. 建立档案阶段

48. 建设工程主体结构施工中,政府质量监督机构安排监督检查的频率至少是( )。
   A. 每周一次
   B. 每旬一次
   C. 每月一次
   D. 每季度一次

49. 根据《环境管理体系 要求及使用指南》GB/T 24001—2016,PDCA循环中"A"环节指的是( )。
   A. 策划
   B. 支持和运行
   C. 改进
   D. 绩效评价

50. 关于职业健康安全与环境管理体系中管理评审的说法,正确的是( )。
   A. 管理评审是施工企业接受政府监督的一种机制
   B. 管理评审是施工企业最高管理者对管理体系的系统评价
   C. 管理评审是管理体系自我保证和自我监督的一种机制
   D. 管理评审是对管理体系运行中执行相关法律情况进行的评价

51. 某建设工程施工现场发生一触电事故后,项目部对工人进行安全用电操作教育,同时对现场的配电箱、用电电路进行防护改造,设置漏电开关,严禁非专业电工乱接乱拉电线。这体现了施工安全隐患处理原则中的( )。
   A. 直接隐患与间接隐患并治原则
   B. 单项隐患综合处理原则
   C. 预防与减灾并重处理原则
   D. 动态处理原则

52. 下列风险控制方法中,适用于第一类危险源控制的是( )。
   A. 提高各类施工设施的可靠性
   B. 设置安全监控系统
   C. 隔离危险物质
   D. 改善作业环境

53. 根据《生产安全事故报告和调查处理条例》，下列建设工程施工生产安全事故中，属于重大事故的是（　　）。
   A. 某基坑发生透水事件，造成直接经济损失5000万元，没有人员伤亡
   B. 某拆除工程安全事故，造成直接经济损失1000万元，45人重伤
   C. 某建设工程脚手架倒塌，造成直接经济损失960万元，8人重伤
   D. 某建设工程提前拆模导致结构坍塌，造成35人死亡，直接经济损失4500万元

54. 某建设工程生产安全事故应急预案中，针对脚手架拆除可能发生的事故、相关危险源和应急保障而制定的方案，从性质上属于（　　）。
   A. 综合应急预案　　　　　　B. 专项应急预案
   C. 现场应急预案　　　　　　D. 现场处置方案

55. 关于建设工程施工现场文明施工措施的说法，正确的是（　　）。
   A. 施工现场要设置半封闭的围挡
   B. 施工现场设置的围挡高度不得低于1.5m
   C. 施工现场主要场地应硬化
   D. 专职安全员为现场文明施工的第一责任人

56. 根据建设工程文明工地标准，施工现场必须设置"五牌一图"，其中"一图"是指（　　）。
   A. 施工进度横道图　　　　　B. 大型机械布置位置图
   C. 施工现场交通组织图　　　D. 施工现场平面布置图

57. 关于建设工程施工现场环境污染处理措施的说法，正确的是（　　）。
   A. 所有固体废弃物必须集中储存且有醒目标识
   B. 存放化学溶剂的库房地面和高250mm墙面必须进行防渗处理
   C. 施工现场搅拌站的污水可经排水沟直接排入城市污水管网
   D. 现场气焊用的乙炔发生罐产生的污水应倾倒在基坑中

58. 某建设工程采用固定总价方式招标，业主在招投标过程中对某项争议工程量不予更正，投标单位正确的应对策略是（　　）。
   A. 修改工程量后进行报价
   B. 按业主要求工程量修改单价后报价
   C. 采用不平衡报价法提高该项工程报价
   D. 投标时注明工程量表存在错误，应按实结算

59. 与施工平行发包模式相比，施工总承包模式对业主不利的方面是（　　）。
   A. 合同管理工作量增大
   B. 组织协调工作量增大
   C. 开工前合同价不明确，不利于对总造价的早期控制
   D. 建设周期比较长，对项目总进度控制不利

60. 关于建设工程专业分包人的说法，正确的是（　　）。
   A. 分包人须服从监理人直接发出的与分包工程有关的指令
   B. 分包人可直接致函监理人，对相关指令进行澄清
   C. 分包人不能直接致函给发包人
   D. 分包人在接到监理人要求后，可不执行承包人的指令

61. 根据《建设工程施工劳务分包合同（示范文本）》GF—2003—0214，关于保险办理的说法，正确的是（　　）。
   A. 劳务分包人施工开始前，应由工程承包人为施工场地内自有人员及第三人人员生命财产办理保险
   B. 运至施工场地用于劳务施工的材料，由工程承包人办理保险并支付费用
   C. 工程承包人提供给劳务分包人使用的施工机械设备由劳务分包人办理保险并支付费用
   D. 工程承包人需为从事危险作业的劳务人员办理意外伤害险并支付费用

62. 由采购方负责提货的建筑材料，交货期限应以（　　）为准。
   A. 采购方收货戳记的日期
   B. 供货方按照合同规定通知的提货日期
   C. 供货方发运产品时承运单位签发的日期
   D. 采购方向承运单位提出申请的日期

63. 某土方工程采用单价合同方式，投标报价总价为30万元，土方单价为50元/m³，清单工程量为6000m³，现场实际完成并经监理工程师确认的工程量为5000m³，则结算工程款应为（　　）万元。
   A. 20　　　　　　　　　　　　B. 25
   C. 30　　　　　　　　　　　　D. 35

64. 对于业主而言，成本加酬金合同的优点是（　　）。
   A. 有利于控制投资　　　　　　B. 可通过分段施工缩短工期
   C. 不承担工程量变化的风险　　D. 不需介入工程施工和管理

65. 下列合同计价方式中，对承包商来说风险最小的是（　　）。
   A. 单价合同　　　　　　　　　B. 固定总价合同
   C. 变动总价合同　　　　　　　D. 成本加酬金合同

66. 根据《标准施工招标文件》通用合同条款，承包人应该在收到变更指示最多不超过（　　）天内，向监理人提交变更报价书。
   A. 7　　　　　　　　　　　　B. 14
   C. 28　　　　　　　　　　　D. 30

67. 下列工作内容中，属于反索赔工作内容的是（　　）。
   A. 防止对方提出索赔　　　　　B. 收集准备索赔资料
   C. 编写法律诉讼文件　　　　　D. 发出最终索赔通知

68. 政府投资工程的承包人向发包人提出的索赔请求，索赔文件应该交由（　　）进行审核。
   A. 造价鉴定机构　　　　　　　B. 造价咨询人
   C. 监理人　　　　　　　　　　D. 政府造价管理部门

69. 索赔事件是指实际情况与合同规定不符合，最终引起（　　）变化的各类事件。
   A. 工期、费用　　　　　　　　B. 质量、成本
   C. 安全、工期　　　　　　　　D. 标准、信息

70. 关于建设工程施工文件归档质量要求的说法，正确的是（　　）。
   A. 归档文件用原件和复印件均可
   B. 工程文件应签字手续完备，是否盖章不做要求

C. 利用施工图改绘竣工图，有重大改变时，不必重新绘制
D. 工程文件文字材料幅面尺寸规格宜为 A4 幅面

二、多项选择题（共 25 题，每题 2 分。每题的备选项中，有 2 个或 2 个以上符合题意，至少有 1 个错项。错选，本题不得分；少选，所选的每个选项得 0.5 分）

71. 关于建设工程项目结构分解的说法，正确的有（　　）。
A. 项目结构分解应结合项目进展的总体部署
B. 项目结构分解应结合项目合同结构的特点
C. 项目结构分解应结合项目组织结构的特点
D. 单体项目也可进行项目结构分解
E. 每一个项目只能有一种项目结构分解方法

72. 建设工程施工组织总设计的编制依据有（　　）。
A. 施工企业资源配置情况　　　B. 相关规范、法律
C. 合同文件　　　　　　　　　D. 建设地区基础资料
E. 工程施工图纸及标准图

73. 根据《建设工程施工合同（示范文本）》GF—2017—0201，关于发包人书面通知更换不称职项目经理的说法，正确的有（　　）。
A. 承包人应在接到更换通知后 14 天内向发包人提出书面改进报告
B. 承包人应在接到第二次更换通知后 42 天内更换项目经理
C. 发包人要求更换项目经理的，承包人无需提供继任项目经理的证明文件
D. 承包人无正当理由拒绝更换项目经理的，应按专用合同条款的约定承担违约责任
E. 发包人接受承包人提出的书面改进报告后，可不更换项目经理

74. 在建设工程施工管理过程中，项目经理在企业法定代表人授权范围内可以行使的管理权力有（　　）。
A. 选择施工作业队伍
B. 组织项目管理班子
C. 指挥工程项目建设的生产经营活动
D. 对外进行纳税申报
E. 制定企业经营目标

75. 根据《建设工程工程量清单计价规范》GB 50500—2013，分部分项工程清单项目的综合单价包括（　　）。
A. 企业管理费　　　　　　　　B. 其他项目费
C. 规费　　　　　　　　　　　D. 税金
E. 利润

76. 影响建设工程周转性材料消耗的因素有（　　）。
A. 第一次制造时的材料消耗　　B. 每周转使用一次时的材料损耗
C. 周转使用次数　　　　　　　D. 周转材料的最终回收和回收折价
E. 施工工艺流程

77. 建设工程施工成本考核的主要指标有（　　）。
A. 施工成本降低额　　　　　　B. 竣工工程实际成本
C. 局部成本偏差　　　　　　　D. 施工成本降低率

E. 累计成本偏差

78. 为了有效地控制施工机械使用费的支出，施工企业可以采取的措施有（　　）。
A. 尽量采用租赁的方式，降低设备购置费
B. 加强设备租赁计划管理，减少安排不当引起的设备闲置
C. 加强机械调度，避免窝工
D. 加强现场设备维修保养，避免不当使用造成设备停置
E. 做好机上人员和辅助人员的配合，提高台班产量

79. 大型建设工程项目总进度纲要的主要内容包括（　　）。
A. 项目实施总体部署　　　　　　B. 总进度规划
C. 施工准备与资源配置计划　　　D. 确定里程碑事件的计划进度目标
E. 总进度目标实现的条件和应采取的措施

80. 关于与施工进度有关的计划及其类型的说法，正确的有（　　）。
A. 建设工程项目施工进度计划一般由业主编制
B. 施工企业的施工生产计划属于工程项目管理的范畴
C. 建设工程项目施工进度计划应依据企业的施工生产计划合理安排
D. 施工企业的生产计划编制需要往复多次的协调过程
E. 施工企业的月度生产计划属于实施性施工进度计划

81. 某建设工程网络计划如下图所示（时间单位：月），该网络计划的关键线路有（　　）。

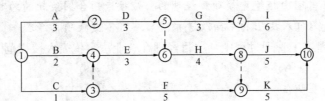

A. ①—②—⑤—⑦—⑩　　　　　B. ①—④—⑥—⑧—⑩
C. ①—②—⑤—⑥—⑧—⑩　　　D. ①—②—⑤—⑥—⑧—⑨—⑩
E. ①—④—⑥—⑧—⑨—⑩

82. 根据建设工程施工进度检查情况编制的进度报告，其内容有（　　）。
A. 进度计划实施过程中存在的问题分析
B. 进度执行情况对质量、安全和施工成本的影响
C. 进度的预测
D. 进度计划实施情况的综合描述
E. 进度计划的完整性分析

83. 根据建设工程的工程特点和施工生产特点，施工质量控制的特点有（　　）。
A. 终检局限性大　　　　　　　　B. 控制的难度大
C. 需要控制的因素多　　　　　　D. 控制的成本高
E. 过程控制要求高

84. 下列建设工程施工质量保证体系的内容中，属于组织保证体系的有（　　）。
A. 进行技术培训　　　　　　　　B. 编制施工质量计划

C. 成立质量管理小组 D. 建立质量信息系统
E. 分解施工质量目标

85. 下列建设工程资料中，可以作为施工质量事故处理依据的有（ ）。
A. 质量事故状况的描述 B. 设计委托合同
C. 施工记录 D. 现场制备材料的质量证明资料
E. 工程竣工报告

86. 某建设工程基础分部工程施工过程中，政府质量监督活动内容有（ ）。
A. 检查参与工程建设各方的质量行为
B. 检查参与工程建设各方的组织机构
C. 检查参与工程建设各方的质量责任制履行情况
D. 审查参与工程建设各方人员资格证书
E. 监督基础分部工程验收

87. 根据《建设工程安全生产管理条例》和《职业健康安全管理体系》GB/T 28000，对建设工程施工职业健康安全管理的基本要求有（ ）。
A. 施工企业必须对本企业的安全生产负全面责任
B. 设计单位对已发生的生产安全事故处理提出指导意见
C. 施工项目负责人和专职安全生产管理人员应持证上岗
D. 坚持安全第一、预防为主和防治结合的方针
E. 实行总承包的工程，分包单位应当接受总承包单位的安全生产管理

88. 下列施工企业员工的安全教育中，属于经常性安全教育的有（ ）。
A. 事故现场会 B. 岗前三级教育
C. 安全生产会议 D. 变换岗位时的安全教育
E. 安全活动日

89. 根据《生产安全事故报告和调查处理条例》，对事故发生单位主要负责人处上一年年收入40%~80%罚款的违法行为有（ ）。
A. 伪造或者故意破坏事故现场 B. 不立即组织事故抢救
C. 谎报或者瞒报事故 D. 在事故调查处理期间擅离职守
E. 迟报或者漏报事故

90. 关于建设工程施工招标标前会议的说法，正确的有（ ）。
A. 标前会议是招标人按投标须知在规定的时间、地点召开的会议
B. 标前会议结束后，招标人应将会议纪要用书面形式发给每个投标人
C. 标前会议纪要与招标文件不一致时，应以招标文件为准
D. 招标人可以根据实际情况在标前会议上确定延长投标截止时间
E. 招标人的答复函件对问题的答复须注明问题来源

91. 某建设工程因发包人提出设计图纸变更，监理人向承包人发出暂停施工指令60天后，仍未向承包人发出复工通知，则承包人正确的做法有（ ）。
A. 向监理人提交书面通知，要求监理人在接到书面通知后28天内准许已暂停的工程继续施工
B. 如监理人逾期不予批准承包人的书面通知，则承包人可以通知监理人，将工程受影响部分视为变更的可取消工作

C. 如暂停施工影响到整个工程，可视为发包人违约
D. 不受设计变更影响的部分工程，不论监理人是否同意，承包人都可进行施工
E. 要求发包人延长工期、支付合理利润

92. 若建设工程采用固定总价合同，承包商承担的风险主要有（　　）。
A. 报价计算错误的风险
B. 物价、人工费上涨的风险
C. 工程变更的风险
D. 设计深度不够导致误差的风险
E. 投资失控的风险

93. 下列工作内容中，属于合同实施偏差分析的有（　　）。
A. 产生偏差的原因分析
B. 实施偏差的费用分析
C. 实施偏差的责任分析
D. 合同实施趋势分析
E. 合同终止的原因分析

94. 建设工程索赔成立应当同时具备的条件有（　　）。
A. 与合同对照，事件已经造成承包人项目成本的额外支出
B. 造成费用增加的原因，按合同约定不属于承包人的行为责任
C. 造成的费用增加数额已得到第三方核认
D. 承包人按合同规定的程序、时间提交索赔意向通知书和索赔报告
E. 发包人按合同规定的时间回复索赔报告

95. 根据建设工程施工文件档案管理的要求，项目竣工图应（　　）。
A. 按规范要求统一折叠
B. 编制总说明及专业说明
C. 由建设单位负责编制
D. 有一般性变更时必须重新绘制
E. 真实反映项目竣工验收时实际情况

2018 年度真题参考答案及解析

一、单项选择题

1. D;	2. C;	3. A;	4. D;	5. C;
6. B;	7. D;	8. C;	9. B;	10. B;
11. B;	12. C;	13. B;	14. D;	15. A;
16. B;	17. C;	18. B;	19. D;	20. B;
21. B;	22. C;	23. B;	24. C;	25. B;
26. B;	27. D;	28. C;	29. B;	30. B;
31. A;	32. D;	33. B;	34. D;	35. A;
36. D;	37. C;	38. A;	39. C;	40. A;
41. C;	42. D;	43. A;	44. B;	45. B;
46. D;	47. A;	48. C;	49. C;	50. B;
51. B;	52. C;	53. A;	54. B;	55. C;
56. D;	57. B;	58. D;	59. D;	60. C;
61. B;	62. B;	63. B;	64. B;	65. D;
66. B;	67. A;	68. C;	69. A;	70. D。

【解析】

1. D。本题考核的是建设项目工程总承包方项目管理工作涉及的工作阶段。建设项目工程总承包方项目管理工作涉及项目实施阶段的全过程。实施阶段包括设计前的准备阶段、设计阶段、施工阶段、动用前准备阶段和保修期。选项 A、B 首先排除，全寿命周期才包括决策阶段。

2. C。本题考核的是施工总承包管理方的责任。选项 A 错误，不承担施工任务。选项 B 错误，不与分包方和供货方直接签订施工合同。选项 D 错误，进行施工的总体管理和协调。

3. A。本题考核的是施工管理环节。施工管理环节：提出问题→筹划→决策→执行→检查。

4. D。本题考核的是矩阵组织结构模式。矩阵组织结构中横向部门可以是各子项目的项目管理部。选项 A、B、C 是纵向部门。

5. C。本题考核的是施工组织总设计的编制程序。施工组织总设计的编制程序在考试中经常会考查。除了本题题型，另外一种就是题干中给出工作内容，判断正确的顺序。本题中，选项 A、B 是编制施工总进度计划的后续工作；选项 D 是最后一步工作。本题还可以 "根据施工组织总设计编制程序，编制施工总进度计划前需完成的工作有（   ）" 的多项选择题形式考查。

6. B。本题考核的是建设工程项目目标动态控制。项目目标动态控制的准备工作是对项目目标分解，确定计划值。选项 A、C、D 属于实施过程中的工作。

7. D。本题考核的是运用动态控制原理控制施工进度。运用动态控制原理控制施工进度的第一步是对施工进度目标进行逐层分解。在分解过程中应按照编制施工总进度规划、施工总进度计划、项目各子系统和各子项目施工进度计划等的顺序进行。

8. C。本题考核的是《建设工程施工合同（示范文本）》GF—2017—0201 中涉及项目经理的条款。《建设工程施工合同（示范文本）》GF—2017—0201 中 3.2.2 条规定，在紧急情况下为确保施工安全和人员安全，在无法与发包人代表和总监理工程师及时取得联系时，项目经理有权采取必要的措施保证与工程有关的人身、财产和工程的安全，但应在 48h 内向发包人代表和总监理工程师提交书面报告。

9. B。本题考核的是项目管理目标责任书的制定。项目管理目标责任书应在项目实施之前，由法定代表人或其授权人与项目经理协商制定。

10. B。本题考核的是施工风险的类型。经济与管理风险包括：（1）工程资金供应条件；（2）合同风险；（3）现场与公用防火设施的可用性及其数量；（4）事故防范措施和计划；（5）人身安全控制计划；（6）信息安全控制计划等。

11. B。本题考核的是旁站监理。选项 A 错在"48"，应为"24"。B 选项正确，对关键部位、关键工序需要进行旁站监理。选项 C 错误，未经签字的，不得进行下一道工序施工。选项 D 错误，停工指令由总监理工程师下达。

12. C。本题考核的是工程监理单位的安全责任。选项 A 的情况，应要求施工单位暂时停止施工。选项 B 应报告建设单位。选项 D 的情况，应当及时向有关主管部门报告。

13. B。本题考核的是人工费的组成。选项 A、B、C、D 均属于人工费，其中奖金包括节约奖、劳动竞赛奖；津贴补贴包括流动施工津贴、特殊地区施工津贴、高温（寒）作业临时津贴、高空津贴；选项 D 是因病、工伤、产假、计划生育假、婚丧假、事假、探亲假、定期休假、停工学习、执行国家或社会义务等原因按计时工资标准或计时工资标准的一定比例支付的工资，而本题中的劳动报酬属于奖金。

14. D。本题考核的是综合单价的计算。直接套用公式计算，综合单价=（人、料、机费+管理费+利润）/清单工程量=（98000+13500+8000）/2500=47.80 元/m^3。

15. A。本题考核的是人工定额的编制。首先排除 B、D 选项，B 选项是工人在任务以外进行的工作，是损失而非停工时间。D 选项属于必需消耗时间。选项 C 指的是由于水源、电源中断引起的停工时间。施工组织不善、材料供应不及时、工作面准备工作做得不好、工作地点组织不良都是施工本身造成的停工时间。此知识点已删除。

16. B。本题考核的是施工机械使用定额的编制。选项 C 属于有效工作时间。选项 D 属于损失时间。低负荷下的工作时间是指工人或技术人员的过错造成的施工机械在降低负荷情况下工作的时间。此知识点已删除。

17. C。本题考核的是工程合同类型的选择。根据《建设工程工程量清单计价规范》GB 50500—2013 规定，采用单价合同形式时，工程量一般不具备合同约束力（量可调），工程款结算时按照合同中约定应予计量并实际完成的工程量计算进行调整。此知识点已删除。

18. B。本题考核的是总价合同计量。根据《建设工程工程量清单计价规范》GB 50500—2013 规定，采用经审定批准的施工图纸及其预算方式发包形成的总价合同，除按照工程变更规定引起的工程量增减外，总价合同各项目的工程量是承包人用于结算的最终工程量。此知识点已删除。

19. D。本题考核的是暂列金额的内容。根据《建设工程工程量清单计价规范》GB 50500—2013 规定，暂列金额用于工程合同签订时尚未确定或者不可预见的所需材料、工程设备、服务的采购，施工中可能发生的工程变更、合同约定调整因素出现时的合同价款调整以及发生的索赔、现场签证确认等的费用。

20. B。本题考核的是安全文明施工费的支付。根据《建设工程工程量清单计价规范》GB 50500—2013 规定，发包人应在工程开工后的 28 天内预付不低于当年施工进度计划的安全文明施工费总额的 60%，其余部分按照提前安排的原则进行分解，与进度款同期支付。

21. B。本题考核的是费用索赔的计算。业主方临时设计变更导致停工，可获得工人窝工补偿；租赁的挖工机按租赁费计算索赔费用；自有的自卸汽车按照折旧费计算索赔费用。由此可知，承包商可以向业主索赔的费用 = 8×300+2×1000+2×400 = 5200 元。

22. C。本题考核的是按工程进度编制施工成本计划的方法。所有工作都按最迟开始时间开始，可以节约资金贷款利息，降低了项目按期竣工的保证率。

23. B。本题考核的是竣工工程成本核算的目的。项目管理机构对竣工工程现场成本核算的目的是考核项目管理绩效；企业财务部门对竣工工程完全成本核算的目的是企业经营效益。

24. C。本题考核的是施工成本分析方法。单位产品成本变动因素分析表如下：

顺序	连环替代计算	差异（元）	因素分析
目标数	180×12×100 = 216000		
第一次替代	200×12×100 = 240000	24000	由于产量增加 20 件，成本增加 24000 元
第二次替代	200×11×100 = 220000	-20000	由于产品人工消耗量减少 1 工日/件，成本减少 20000 元
第三次替代	200×11×110 = 242000	22000	由于人工单价每工日提高 10 元，成本增加 22000 元
合计		24000-20000+22000 = 26000 元	

25. B。本题考核的是综合成本的分析方法。选项 A、B、C、D 均属于综合成本分析的方法。选项 B 为施工项目成本分析的基础。

26. B。本题考核的是费用偏差的计算。赢得值（挣值）法是每年的必考考点，要掌握其三个基本参数、四个评价指标。费用偏差 = 已完成工作量×预算单价 - 已完成工作量×实际单价。带入公式得，分部分项工程的费用偏差 = 160×300-160×330 = -4800 元。

27. D。本题考核的是建设工程项目总进度目标论证的工作步骤。选项 A、B、C、D 均属于建设工程项目总进度目标论证工作中编制各层（各级）进度计划前需要进行的工作，但是只有选项 D 属于紧前工作。

28. C。本题考核的是编制控制性施工进度计划的主要目的。编制控制性施工进度计划的主要目的包括对施工进度目标再论证、对进度目标的分解、确定施工的总体部署、确定为进度目标的里程碑事件的进度目标。选项 A 属于施工企业的施工生产计划的作用，选项 B、D 属于实施性施工进度计划的作用。

29. B。本题考核的是横道图进度计划的编制方法。选项 A 错误，一行上可以容纳多项工作。选项 C 错误，工作简要说明可以直接放在横道上。选项 D 错误，可以表达，但不易表达清楚。

30. B。本题考核的是双代号网络图的基本概念。终点节点是只有进线没有出线。选项 A 为中间节点，选项 C 为起点节点。选项 D 的说法是错误的，不存在这种既无内向箭线，又无外向箭线的节点。

31. A。本题考核的是双代号时标网络计划的绘制。在编制时标网络计划之前，应先按已确定的时间单位绘制出时标计划表。直接法绘制时标网络计划先定位起点节点。

32. D。本题考核的是双代号网络计划时间参数的计算。最迟开始时间等于最迟完成时间减去其持续时间。选项 B 的正确说法是："最迟完成时间等于各紧后工作最迟开始时间的最小值"。

33. B。本题考核的是单代号网络计划时间参数计算。相邻两项工作之间的时间间隔等于紧后工作的最早开始时间和本工作的最早完成时间之差。

34. D。本题考核的是双代号网络计划时间参数的计算。自由时差等于所有紧后工作的最早开始时间的最小值减去本工作的最早开始时间和持续时间。

35. A。本题考核的是施工进度控制的组织措施。组织体系是目标能否实现的决定性因素。

36. D。本题考核的是施工进度控制的技术措施。技术措施包括对实现施工进度目标有利的设计技术和施工技术的选用。选项 A、B 属于管理措施，选项 C 属于经济措施。

37. C。本题考核的是双代号网络计划中时间参数的计算。计算工作 C 的自由时差要先求得工作 G 的最早开始时间及工作 C 的最早开始时间。工作 C 的最早开始时间为第 5 天，工作 G 的最早开始时间为第 10 天，则工作 C 的自由时差＝10-5-3＝2 天。

38. A。本题考核的是影响施工质量的主要因素。影响施工质量的主要因素：4M1E，即人（M）、材料（M）、机械（M）、方法（M）及环境（E）。控制人的因素为基本出发点。

39. C。本题考核的是施工质量控制的责任。根据《建筑施工项目经理质量安全责任十项规定（试行）》和《建筑工程五方责任主体项目负责人质量终身责任追究暂行办法》，建筑施工项目经理必须对工程项目施工质量安全负全责；其质量终身责任，是指参与新建、扩建、改建的施工单位项目经理按照国家法律法规和有关规定，在工程设计使用年限内对工程质量承担相应责任。

40. A。本题考核的是施工质量保证体系的运行。施工质量保证体系的运行，以质量计划为主线，以过程管理为重心。选项 C 是建设工程施工质量保证体系运行的原理，选项 D 是质量管理体系的规范。

41. C。本题考核的是施工企业质量管理体系文件构成。质量管理体系的文件包括质量手册、程序文件、质量计划和质量记录。考查的采分点是质量手册的含义和内容。本题中，A 选项中"质量计划"改为"质量手册"就是正确的。B 选项中"质量记录"改为"质量手册"就是正确的。D 选项中"质量手册"改为"质量计划"就是正确的。

42. D。本题考核的是施工过程的质量控制。项目开工前应编制测量控制方案，经项目技术负责人批准后实施。

43. A。本题考核的是分部工程质量验收。观感质量验收检查结果不是给出"合格"或"不合格"的结论，而是综合给出质量评价。

44. B。本题考核的是建设工程施工过程的质量验收。检验批的合格质量主要取决于对主控项目和一般项目的检验结果。

45. B。本题考核的是质量缺陷的含义。注意区分质量不合格、质量缺陷、质量事故、质量问题的含义。质量不合格是工程产品未满足质量要求；质量缺陷是产品与规定用途有关的不合格；质量问题是对工程质量不合格进行处理，造成直接经济损失低于规定限额；质量事故是由于质量缺陷造成人身伤亡或重大经济损失。

46. D。本题考核的是施工质量事故处理程序。施工质量事故处理的程序考查题型有两种：一是题干中给出各项工作内容，判断正确顺序；二是给出其中一项内容，判断其下一步工作。事故调查的内容、事故处理环节的工作及提交处理报告的内容是典型的多项选择题考点。对事故处理结果是否达到预期目的、是否依然存在隐患的确定是事故处理鉴定验收环节的工作内容。

47. A。本题考核的是政府对施工质量监督的实施。开工前质量监督的内容包括：（1）检查参与工程项目建设各方的质量保证体系建立情况，包括组织机构、质量控制方案、措施及质量责任制等制度；（2）审查参与建设各方的工程经营资质证书和相关人员的执业资格证书；（3）审查按建设程序规定的开工前必须办理的各项建设行政手续是否齐全完备；（4）审查施工组织设计、监理规划等文件以及审批手续；（5）检查结果的记录保存。

48. C。本题考核的是施工过程的质量监督。对工程主体结构施工应每月安排监督检查。

49. C。本题考核的是环境管理体系运行模式。PDCA循环中"P"环节指的是策划；"D"环节指的是支持和运行；"C"环节指的是绩效评价；"A"环节指的是改进。

50. B。本题考核的是管理评审。选项C，内部审核是自我保证和自我监督的一种机制。管理评审是由施工企业的最高管理者对管理体系的系统评价。

51. B。本题考核的是施工安全隐患处理原则。单项隐患综合处理原则是指人、机、料、法、环境五者任一环节产生安全隐患，都要从五者安全匹配的角度考虑，调整匹配的方法，提高匹配的可靠性。一件单项隐患问题的整改需综合（多角度）处理。人的隐患，既要治人也要治机具及生产环境等各环节。例如某工地发生触电事故，一方面要进行人的安全用电操作教育，另一方面现场也要设置漏电开关，对配电箱、用电电路进行防护改造，也要严禁非专业电工乱接乱拉电线。

52. C。本题考核的是风险控制方法。第一类危险源控制方法可以采取消除危险源、限制能量和隔离危险物质、个体防护、应急救援等方法。选项A、B、D属于第二类危险源控制方法。

53. A。本题考核的是职业健康安全事故的分类。根据《生产安全事故报告和调查处理条例》，重大事故是指造成10人以上30人以下死亡，或者50人以上100人以下重伤，或者5000万元以上1亿元以下直接经济损失的事故。选项B，直接经济损失1000万元、45人重伤属于较大事故。选项C，直接经济损失960万元，8人重伤属于一般事故。选项D，直接经济损失4500万元，35人死亡属于特别重大事故。

54. B。本题考核的是生产安全事故应急预案体系的构成。排除C选项，不属于生产安全事故应急预案体系的构成内容。针对具体的事故类别制定的方案属于专项应急预案。

55. C。本题考核的是建设工程施工现场文明施工措施。选项A错在"半封闭"，应为连续、封闭的。选项B错误，市区不得低于2.5m，其他不得低于1.8m。选项D错误，第一负责人为项目经理。

56. D。本题考核的是五牌一图的内容。五牌一图即工程概况牌、管理人员名单及监督电话牌、消防保卫（防火责任）牌、安全生产牌、文明施工牌和施工现场平面图。

57. B。本题考核的是建设工程施工现场环境污染处理措施。选项 A 错误，不应集中储存，应设立专门的固体废弃物临时贮存场所，废弃物应分类存放。选项 C 错误，污水未经处理不得直接排入城市污水管道或河流。选项 D 错误，对于现场气焊用的乙炔发生罐产生的污水严禁随地倾倒，要求专用容器集中存放，并倒入沉淀池处理，以免污染环境。

58. D。本题考核的是施工投标中复核工程量的规定。对于总价合同，如果业主在投标前对争议工程量不予更正，而且是对投标者不利的情况，投标者在投标时要附上声明；工程量表中某项工程量有错误，施工结算应按实际完成量计算。

59. D。本题考核的是施工总承包模式的特点。与平行发承包模式相比，采用施工总承包模式，业主的合同管理工作量大大减小了，组织和协调工作量也大大减小，协调比较容易。但建设周期可能比较长，对项目总进度控制不利。

60. C。本题考核的是工程专业分包人的主要责任和义务。选项 A 错误，须服从承包人转发的发包人或工程师（监理人）与分包工程有关的指令。选项 B 错误，分包人不得直接致函发包人或工程师（监理人）。选项 D 错误，就分包工程范围内的有关工作，承包人随时可以向分包人发出指令，分包人应执行承包人根据分包合同所发出的所有指令。

61. B。本题考核的是《建设工程施工劳务分包合同（示范文本）》GF—2003—0214 关于保险的规定。选项 A 错误，工程承包人应获得发包人为施工场地内的自有人员及第三人人员生命财产办理的保险，且不需劳务分包人支付保险费用。选项 C 错误，由承包人办理保险并支付费用。选项 D 错误，应由劳务分包人办理。

62. B。本题考核的是物资采购合同中交货期限的规定。采购方负责提货，交货期限应该以提货日期为主。选项 A 为供货方负责送货的期限。选项 C 为委托运输部门或单位运输、送货或代运产品的期限。注意选项 D 不属于规定的采购期限。

63. B。本题考核的是工程价款结算。实际支付时根据实际完成的工程量乘以合同单价计算应付的工程款。结算工程款 = 50×5000 = 250000 元 = 25 万元。

64. B。本题考核的是成本加酬金合同的优点。选项 A 错误，对业主的投资控制不利。选项 C 错误，承包商不承担任何价格变化或工程量变化的风险。选项 D 错误，较深入地介入和控制工程施工和管理。

65. D。本题考核的是合同计价方式。总价合同方式，承包商承担了较大风险；成本加酬金合同计价方式，承包商不承担任何价格变化或工程量变化的风险。

66. B。本题考核的是变更估价的规定。《标准施工招标文件》中通用合同条款规定，除专用合同条款对期限另有约定外，承包人应在收到变更指示或变更意向书后的 14 天内，向监理人提交变更报价书，报价内容应根据合同约定的估价原则，详细开列变更工作的价格组成及其依据，并附必要的施工方法说明和有关图纸。

67. A。本题考核的是反索赔的基本内容。反索赔工作内容包括两项：（1）防止对方提出索赔；（2）反击或反驳对方的索赔要求。

68. C。本题考核的是索赔文件的审核。这是第二次考查索赔文件的审核，属于典型的一句话考点。索赔文件应交由工程师（监理人）审核。

69. A。本题考核的是索赔事件的概念。历年考试中首次对索赔事件的概念进行考查，这类考点很容易被忽略。索赔事件引起工期和费用变化。

70. D。本题考核的是建设工程施工文件归档质量要求。选项 A 错误,不可用复印件。选项 B 错误,不仅签字手续完备,盖章也要完备。选项 C 错误,应当重新绘制竣工图。

二、多项选择题

71. A、B、C、D;	72. B、C、D;	73. A、D、E;
74. A、B、C;	75. A、E;	76. A、B、C、D;
77. A、D;	78. B、C、D、E;	79. A、B、D、E;
80. C、D;	81. A、C、D;	82. A、C、D;
83. A、B、C、E;	84. C、D;	85. A、C、D;
86. A、C、E;	87. A、C、E;	88. A、C、E;
89. B、D、E;	90. A、B、C;	91. A、B、C、E;
92. A、B、C、D;	93. A、C、D;	94. A、B、D;
95. A、B、E。		

【解析】

71. A、B、C、D。本题考核的是建设工程项目结构分解。选项 E 错误,同一个建设工程项目可有不同的项目结构的分解方法。

72. B、C、D。本题考核的是建设工程施工组织总设计的编制依据。施工组织总设计的编制依据主要包括:(1)计划文件;(2)设计文件;(3)合同文件;(4)建设地区基础资料;(5)有关的标准、规范和法律;(6)类似建设工程项目的资料和经验。

73. A、D、E。本题考核的是《建设工程施工合同(示范文本)》GF—2017—0201 中对项目经理更换的规定。选项 B 错误,是在通知后 28 天进行更换。选项 C 错误,应将新任命的项目经理的注册执业资格、管理经验等资料书面通知发包人。

74. A、B、C。本题考核的是项目经理在承担工程项目施工的管理过程中可以行使的管理权力。管理权力包括六方面内容,这是首次以多项选择题形式考查该考点。可以行使的管理权力有:(1)组织项目管理班子;(2)以企业法定代表人的代表身份处理与所承担的工程项目有关的外部关系,受托签署有关合同;(3)指挥工程项目建设的生产经营活动,调配并管理进入工程项目的人力、资金、物资、机械设备等生产要素;(4)选择施工作业队伍;(5)进行合理的经济分配;(6)企业法定代表人授予的其他管理权力。

75. A、E。本题考核的是分部分项工程清单项目的综合单价的内容。《建设工程工程量清单计价规范》GB 50500—2013 中的工程量清单综合单价是指完成一个规定计量单位的分部分项工程量清单项目或措施清单项目所需的人工费、材料费、施工机具使用费和企业管理费与利润,以及一定范围内的风险费用。

76. A、B、C、D。本题考核的是影响建设工程周转性材料消耗的因素。周转性材料消耗一般与下列四个因素有关:(1)第一次制造时的材料消耗(一次使用量);(2)每周转使用一次材料的损耗(第二次使用时需要补充);(3)周转使用次数;(4)周转材料的最终回收及其回收折价。

77. A、D。本题考核的是施工成本考核的主要指标。施工成本考核的主要指标包括施工成本降低额和施工成本降低率。

78. B、C、D、E。本题考核的是施工机械使用费的控制。施工机械使用费主要由台班数量和台班单价两方面决定,为有效控制施工机械使用费支出,主要从以下几个方面进行

2018 年度真题参考答案及解析

控制：（1）合理安排施工生产，加强设备租赁计划管理，减少因安排不当引起的设备闲置；（2）加强机械设备的调度工作，尽量避免窝工，提高现场设备利用率；（3）加强现场设备的维修保养，避免因不正当使用造成机械设备的停置；（4）做好机上人员与辅助生产人员的协调与配合，提高施工机械台班产量。备选项中只有 A 选项不属于控制施工机械使用费的措施。

79. A、B、D、E。本题考核的是总进度纲要的内容。总进度纲要的内容也是首次在考题中出现。包括：（1）项目实施的总体部署；（2）总进度规划；（3）各子系统进度规划；（4）确定里程碑事件的计划进度目标；（5）总进度目标实现的条件和应采取的措施等。

80. C、D。本题考核的是施工进度计划的类型。与施工进度有关的计划包括施工企业的施工生产计划和建设工程项目施工进度计划。选项 A 错误，由施工单位编制。选项 B 错误，属于企业计划的范畴。选项 E 错误，属于施工企业的施工生产计划。

81. A、C、D。本题考核的是关键线路的确定。线路上总的工作持续时间最长的线路为关键线路。

线路 1：①—②—⑤—⑦—⑩的持续时间 = 3+3+3+6 = 15 月。
线路 2：①—②—⑤—⑥—⑧—⑩的持续时间 = 3+3+4+5 = 15 月。
线路 3：①—②—⑤—⑥—⑧—⑨—⑩的持续时间 = 3+3+4+5 = 15 月。
线路 4：①—④—⑥—⑧—⑩的持续时间 = 1+3+4+5 = 13 月。
线路 5：①—④—⑥—⑧—⑨—⑩的持续时间 = 1+3+4+5 = 13 月。

所以选项 A、C、D 正确。

82. A、B、C、D。本题考核的是编制进度报告考虑的内容。施工进度计划检查后应按下列内容编制进度报告：（1）进度计划实施情况的综合描述；（2）实际工程进度与计划进度的比较；（3）进度计划在实施过程中存在的问题及其原因分析；（4）进度执行情况对工程质量、安全和施工成本的影响情况；（5）将采取的措施；（6）进度的预测。本题中只有 E 选项是错误的。

83. A、B、C、E。本题考核的是施工质量控制的特点。施工质量控制的特点包括：需要控制的因素多、控制的难度大、过程控制要求高、终检局限大。

84. C、D。本题考核的是建设工程施工质量保证体系。选项 A 属于工作保证体系。选项 B 属于建设工程施工质量保证体系内容之一。选项 E 错误，分解施工质量目标属于项目施工质量目标的要求。

85. A、B、C、D。本题考核的是施工质量事故处理依据。施工质量事故处理依据包括质量事故的实况资料、合同文件、技术文件和档案、建设法规。选项 A 属于质量事故的实况资料。选项 C 属于有关的设计文件。

86. A、C、E。本题考核的是政府质量监督的内容。选项 B、D 属于开工前的质量监督活动。

87. A、B、D、E。本题考核的是建设工程施工职业健康安全管理的基本要求。选项 B 错误，对涉及施工安全的重点部分和环节在设计文件中应进行注明，并对防范生产安全事故提出指导意见。

88. A、C、E。本题考核的是经常性安全教育。经常性安全教育的形式有：每天的班前班后会上说明安全注意事项；安全活动日；安全生产会议；事故现场会；张贴安全生产招贴画、宣传标语及标志等。

89. B、D、E。本题考核的是事故报告和调查处理的违法行为。事故发生单位主要负责人有下述违法行为之一的，处上一年年收入 40%～80% 的罚款：

（1）不立即组织事故抢救；

（2）在事故调查处理期间擅离职守；

（3）迟报或者漏报事故。

选项 A、C，对主要负责人、直接负责的主管人员和其他直接责任人员处上一年年收入 60%～100% 的罚款。

90. A、B、D。本题考核的是标前会议。选项 C 错误，应以会议纪要为准。选项 E 错误，对问题的答复不需要说明问题来源。

91. A、B、C、E。本题考核的是进度控制条款中暂停施工持续 56 天以上的规定。选项 D 错误，监理人同意后承包人才可进行施工。

92. A、B、C、D。本题考核的是固定总价合同中承包商承担的风险。承包商的风险主要有两个方面：（1）价格风险有报价计算错误、漏报项目、物价和人工费上涨等；（2）工作量风险有工程量计算错误、工程范围不确定、工程变更或者由于设计深度不够所造成的误差等。

93. A、C、D。本题考核的是合同实施偏差分析的内容。合同实施偏差分析的内容：产生偏差的原因分析、合同实施偏差的责任分析、合同实施趋势分析。

94. A、B、D。本题考核的是索赔成立的条件。三个前提条件必须同时具备。索赔成立的三个条件为：（1）与合同对照，事件已造成了承包人工程项目成本的额外支出或直接工期损失；（2）造成费用增加或工期损失的原因，按合同约定不属于承包人的行为责任或风险责任；（3）承包人按合同规定的程序和时间提交索赔意向通知和索赔报告。

95. A、B、E。本题考核的是建设工程施工文件档案管理的要求。选项 C 错误，应由施工单位负责编制。选项 D 错误，一般性图纸变更及符合杠改或划改要求的变更，可在原图上更改，加盖并签署竣工图章。

2017 年度全国二级建造师执业资格考试

《建设工程施工管理》

真题及解析

2017年度《建设工程施工管理》真题

一、单项选择题（共70题，每题1分。每题的备选项中，只有1个最符合题意）

1. 对施工方而言，建设工程项目管理的"费用目标"是指项目的（　　）。
   A. 投资目标　　　　　　　　B. 成本目标
   C. 财务目标　　　　　　　　D. 经营目标

2. 甲企业为某工程项目的施工总承包方，乙企业为甲企业依法选定的分包方，丙企业为业主依法选定的专业分包方，则关于甲、乙和丙企业在施工及管理中关系的说法，正确的是（　　）。
   A. 甲企业只负责完成自己承担的施工任务
   B. 丙企业只听从业主的指令
   C. 丙企业只听从乙企业的指令
   D. 甲企业负责组织和管理乙企业与丙企业的施工

3. 某施工项目技术负责人从项目技术部提出的两个土方开挖方案中选定了拟实施的方案，并要求技术部对该方案进行深化。该项目技术负责人在施工管理中履行的管理职能是（　　）。
   A. 检查　　　　　　　　　　B. 执行
   C. 决策　　　　　　　　　　D. 计划

4. 某项目部根据项目特点制定了投资控制、进度控制、合同管理、付款和设计变更等工作流程，这些工作流程组织属于（　　）。
   A. 物质流程组织
   B. 管理工作流程组织
   C. 信息处理工作流程组织
   D. 施工工作流程组织

5. 把施工所需的各种资源、生产、生活活动场地及各种临时设施合理地布置在施工现场，使整个现场能有组织地进行文明施工，属于施工组织设计中（　　）的内容。
   A. 施工部署　　　　　　　　B. 施工方案
   C. 安全施工专项方案　　　　D. 施工平面图

6. 项目部针对施工进度滞后问题，提出了落实管理人员责任、优化工作流程、改进施工方法、强化奖惩机制等措施，其中属于技术措施的是（　　）。
   A. 落实管理人员责任　　　　B. 优化工作流程
   C. 改进施工方法　　　　　　D. 强化奖惩机制

7. 运用动态控制原理控制施工成本时，相对于实际施工成本，宜作为分析对比的成本计划值是（　　）。
   A. 投标报价　　　　　　　　B. 工程支付款
   C. 施工成本规划值　　　　　D. 施工决算成本

8. 根据《建设工程项目管理规范》GB/T 50326—2006，项目实施前，企业法定代表人应与施工项目经理协商制定（　　）。
   A. 项目成本管理规划　　　　　　　　B. 项目管理目标责任书
   C. 项目管理承诺书　　　　　　　　　D. 质量保证承诺书

9. 根据《建设工程项目管理规范》GB/T 50326—2006，施工项目经理在项目管理实施规划编制中的职责是（　　）。
   A. 主持编制　　　　　　　　　　　　B. 参与编制
   C. 协助编制　　　　　　　　　　　　D. 批准实施

10. 某施工企业与建设单位采用固定总价方式签订了写字楼项目的施工总承包合同，若合同履行过程中材料价格上涨导致成本增加，这属于施工风险中的（　　）风险。
    A. 组织　　　　　　　　　　　　　　B. 技术
    C. 工程环境　　　　　　　　　　　　D. 经济与管理

11. 根据《建设工程监理规范》GB/T 50319—2013，工程建设监理规划应当在（　　）前报送建设单位。
    A. 签订委托监理合同　　　　　　　　B. 签发工程开工令
    C. 业主组织施工招标　　　　　　　　D. 召开第一次工地会议

12. 工程监理人员实施监理过程中，发现工程设计不符合工程质量标准或合同约定的质量要求时，应当采取的措施是（　　）。
    A. 报告建设单位要求设计单位改正　　B. 要求施工单位报告设计单位改正
    C. 直接与设计单位确认修改工程设计　D. 要求施工单位改正并报告设计单位

13. 根据《建筑安装工程费用项目组成》，施工企业对建筑以及材料、构件和建筑安装物进行一般鉴定、检查所发生的费用，应计入建筑安装工程费用项目中的（　　）。
    A. 措施费　　　　　　　　　　　　　B. 规费
    C. 企业管理费　　　　　　　　　　　D. 材料费

14. 根据《建设工程工程量清单计价规范》GB 50500—2013，施工企业在投标报价时，不得作为竞争性费用的是（　　）。
    A. 总承包服务费　　　　　　　　　　B. 工程排污费
    C. 夜间施工增加费　　　　　　　　　D. 冬雨期施工增加费

15. 编制人工定额时，应计入定额时间的是（　　）。
    A. 擅自离开工作岗位的时间　　　　　B. 工作时间内聊天的时间
    C. 辅助工作消耗的时间　　　　　　　D. 工作面未准备好导致的停工时间

16. 某出料容量 $0.5m^3$ 的混凝土搅拌机，每一次循环中，装料、搅拌、卸料、中断需要的时间分别为 1min、3min、1min、1min，机械利用系数为 0.8，则该搅拌机的台班产量定额是（　　）m^3/台班。
    A. 32　　　　　B. 36　　　　　C. 40　　　　　D. 50

17. 某单价合同履行中，承包人提交了已完工程量报告，发包人认为需要到现场计量，并在计量前24h通知了承包人，但承包人收到通知后没有派人参加，则关于发包人现场计量结果的说法，正确的是（　　）。
    A. 以承包人的计量核实结果为准　　　B. 以发包人的计量核实结果为准
    C. 由监理工程师根据具体情况确定　　D. 双方的计量核实结果均无效

18. 某工程项目施工合同约定竣工时间为2016年12月30日，合同实施过程中因承包人施工质量不合格返工导致总工期延误了2个月；2017年1月项目所在地政府出台了新政策，直接导致承包人计入总造价的税金增加20万元。关于增加的20万元税金责任承担的说法，正确的是（　　）。

A. 由承包人承担，理由是承包人责任导致延期、进而导致税金增加
B. 由承包人和发包人共同承担，理由是国家政策变化，非承包人的责任
C. 由发包人承担，理由是国家政策变化，承包人没有义务承担
D. 由发包人承担，理由是承包人承担质量问题责任，发包人承担政策变化责任

19. 某室内装饰工程根据《建设工程工程量清单计价规范》GB 50500—2013签订了单价合同，约定采用造价信息调整价格差额方法调整价格；原定6月施工的项目因发包人修改设计推迟至当年12月；该项目主材为发包人确认的可调价材料，价格由300元/m²变为350元/m²。关于该工程工期延误责任和主材结算价格的说法，正确的是（　　）。

A. 发包人承担延误责任，材料价格按350元/m²计算
B. 发包人承担延误责任，材料价格按300元/m²计算
C. 承包人承担延误责任，材料价格按350元/m²计算
D. 承包人承担延误责任，材料价格按300元/m²计算

20. 根据九部委《标准施工招标文件》，监理人对隐蔽工程重新检查，经检验证明工程质量符合合同要求的，发包人应补偿承包人（　　）。

A. 工期和费用
B. 费用和利润
C. 工期、费用和利润
D. 工期和利润

21. 施工企业对竣工工程现场成本和竣工工程完全成本进行核算分析的主体分别是（　　）。

A. 项目经理部和项目经理部
B. 企业财务部门和企业财务部门
C. 项目经理部和企业财务部门
D. 企业财务部门和项目经理部

22. 项目经理部通过在混凝土拌合物中加入添加剂以降低水泥消耗量，属于成本管理措施中的（　　）。

A. 经济措施
B. 组织措施
C. 合同措施
D. 技术措施

23. 关于用时间—成本累计曲线编制成本计划的说法，正确的是（　　）。

A. 全部工作必须按照最早开始时间安排
B. 全部工作必须按照最迟开始时间安排
C. 可调整非关键工作的开工时间以控制实际成本支出
D. 可缩短关键工作的持续时间以降低成本

24. 关于施工过程中材料费控制的说法，正确的是（　　）。

A. 有消耗定额的材料采用限额发料
B. 没有消耗定额的材料必须包干使用
C. 零星材料应实行计划管理并按指标控制
D. 有消耗定额的材料均不能超过领料限额

25. 某工程基坑开挖恰逢雨季，造成承包商雨期施工增加费用超支，产生此费用偏差的原因是（　　）。
    A. 业主原因　　　　　　　　　B. 客观原因
    C. 设计原因　　　　　　　　　D. 施工原因

26. 某工程的赢得值曲线如下图所示，关于 t_1 时点成本和进度状态的说法，正确的是（　　）。

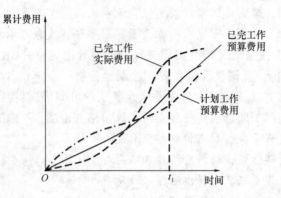

    A. 费用超支、进度超前　　　　B. 费用节约、进度超前
    C. 费用超支、进度拖延　　　　D. 费用节约、进度拖延

27. 关于建设工程项目总进度目标的说法，正确的是（　　）。
    A. 建设工程项目总进度目标的控制是施工总承包方项目管理的任务
    B. 项目实施阶段的总进度指的就是施工进度
    C. 在进行项目总进度目标控制前，应分析和论证目标实现的可能性
    D. 项目总进度目标论证就是要编制项目的总进度计划

28. 建设工程项目总进度目标论证的主要工作包括：①进行进度计划系统的结构分析；②进行项目结构分析；③确定项目的工作编码；④协调各层进度计划的关系；⑤编制各层进度计划。其正确的工作步骤是（　　）。
    A. ①→②→③→④→⑤　　　　B. ③→②→④→①→⑤
    C. ②→①→③→⑤→④　　　　D. ①→③→②→④→⑤

29. 对某综合楼项目实施阶段的总进度目标进行控制的主体是（　　）。
    A. 设计单位　　　　　　　　　B. 建设单位
    C. 施工单位　　　　　　　　　D. 监理单位

30. 根据下表逻辑关系绘制的双代号网络图如下，存在的绘图错误是（　　）。

工作名称	A	B	C	D	E	G	H
紧前工作	—	—	A	A	A、B	C	E

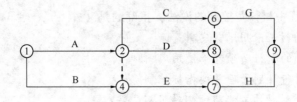

A. 节点编号不对 B. 逻辑关系不对
C. 有多个起点节点 D. 有多个终点节点

31. 某网络计划中,工作F有且仅有两项并行的紧后工作G和H,G工作的最迟开始时间为第12天,最早开始时间为第8天;H工作的最迟完成时间为第14天,最早完成时间为第12天;工作F与G、H的时间间隔分别为4天和5天,则F工作的总时差为（ ）天。
   A. 4 B. 5 C. 7 D. 8

32. 某双代号网络计划中,工作M的最早开始时间和最迟开始时间分别为第12天和第15天,其持续时间为5天;工作M有3项紧后工作,它们的最早开始时间分别为第21天、第24天和第28天,则工作M的自由时差为（ ）天。
   A. 1 B. 4 C. 8 D. 11

33. 某双代号网络计划如下图所示（时间单位:天）,其关键线路有（ ）条。

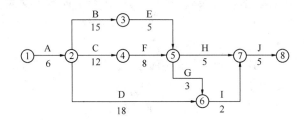

   A. 1 B. 2 C. 3 D. 4

34. 下列施工方进度控制的措施中,属于组织措施的是（ ）。
   A. 制定进度控制工作流程 B. 优化工程施工方案
   C. 应用BIM信息模型 D. 采用网络计划技术

35. 为确保建设工程项目进度目标的实现,编制与施工进度计划相适应的资源需求计划,以反映工程实施各阶段所需要的资源。这属于进度控制的（ ）措施。
   A. 组织 B. 管理 C. 经济 D. 技术

36. 关于施工质量控制特点的说法,正确的是（ ）。
   A. 需要控制的因素少,只有4M1E五大方面
   B. 施工生产的流动性导致控制的难度大
   C. 生产受业主监督,因此过程控制要求低
   D. 工程竣工验收是对施工质量的全面检查

37. 根据《建设工程质量管理条例》,对因过错造成一般质量事故的相关注册执业人员,责令其停止执业的时间为（ ）年。
   A. 1 B. 2 C. 3 D. 5

38. 建立工程项目施工质量保证体系的目标是（ ）。
   A. 保证体系文件的严格执行 B. 控制产品生产的过程质量
   C. 保证管理体系运行的质量 D. 控制和保证施工产品的质量

39. 企业质量管理体系的文件中,在实施和保持质量体系过程中要长期遵循的纲领性文件是（ ）。
   A. 作业指导书 B. 质量计划
   C. 质量手册 D. 质量记录

40. 关于质量管理体系认证与监督的说法，正确的是（　　）。
    A. 企业质量管理体系由国家认证认可监督委员会认证
    B. 企业获准认证的有效期为6年
    C. 企业获准认证后第3年接受认证机构的监督管理
    D. 企业获准认证后应经常性的进行内部审核

41. 下列施工准备质量控制的工作中，属于技术准备的是（　　）。
    A. 复核原始坐标　　　　　　　　B. 规划施工场地
    C. 布置施工机械　　　　　　　　D. 设置质量控制点

42. 下列工程材料采购时，供货商必须提供《生产许可证》的是（　　）。
    A. 黏土烧结砖　　　　　　　　　B. 建筑防水卷材
    C. 脚手架用钢管　　　　　　　　D. 混凝土外加剂

43. 项目开工前，项目技术负责人应向（　　）进行书面技术交底。
    A. 项目经理　　　　　　　　　　B. 施工班组长
    C. 承担施工的负责人　　　　　　D. 操作工人

44. 当工程质量缺陷经加固、返工处理后仍无法保证达到规定的安全要求，但没有完全丧失使用功能时，适宜采用的处理方法是（　　）。
    A. 不作处理　　　　　　　　　　B. 限制使用
    C. 报废处理　　　　　　　　　　D. 返修处理

45. 关于政府质量监督性质与权限的说法，正确的是（　　）。
    A. 政府质量监督机构有权颁发施工企业资质证书
    B. 政府质量监督属于行政调解行为
    C. 政府质量监督机构应对质量检测单位的工程质量行为进行监督
    D. 工程质量监督的具体工作必须由当地人民政府建设主管部门实施

46. 工程质量监督机构接受建设单位提交的有关建设工程质量监督申报手续，审查合格后应签发（　　）。
    A. 质量监督文件　　　　　　　　B. 施工许可证
    C. 质量监督报告　　　　　　　　D. 第一次监督记录

47. 职业健康安全管理体系与环境管理体系的管理评审，应由施工企业的（　　）进行。
    A. 项目经理　　　　　　　　　　B. 技术负责人
    C. 专职安全员　　　　　　　　　D. 最高管理者

48. 根据《建设工程安全生产管理条例》，施工单位应自施工起重机械架设验收合格之日起最多不超过（　　）日内，向建设行政主管部门或者其他有关部门登记。
    A. 30　　　　B. 40　　　　C. 50　　　　D. 60

49. 项目安全管理的第二类危险源控制中，最重要的工作是（　　）。
    A. 改善施工作业环境　　　　　　B. 建立安全生产监控体系
    C. 制定应急救援体系　　　　　　D. 加强员工的安全意识培训和教育

50. 施工安全隐患处理的单项隐患综合处理原则指的是（　　）。
    A. 在处理安全隐患时应考虑设置多道防线
    B. 人、机、料、法、环境任一环节的安全隐患，都要从五者匹配的角度考虑处理

C. 既对人机环境系统进行安全治理，又需治理安全管理措施

D. 既要减少肇发事故的可能性，又要对事故减灾做充分准备

51. 根据《生产安全事故应急预案管理办法》，施工单位应当制定本企业的应急预案演练计划，每年至少组织现场处置方案演练（ ）次。

A. 1　　　　　B. 2　　　　　C. 3　　　　　D. 4

52. 根据《生产安全事故应急预案管理办法》，施工单位应急预案未按照规定备案的，由县级以上安全生产监督管理部门给予（ ）的处罚。

A. 1万元以上3万元以下罚款

B. 责令停产停业整顿并处3万元以下罚款

C. 3万元以上5万元以下罚款

D. 责令停产停业整顿并处5万元以下罚款

53. 根据《生产安全事故报告和调查处理条例》，某工程因提前拆模导致垮塌，造成74人死亡，2人受伤的事故。该事故属于（ ）事故。

A. 特别重大　　　　　　　　　B. 重大

C. 较大　　　　　　　　　　　D. 一般

54. 施工现场文明施工"五牌一图"中，"五牌"是指（ ）。

A. 工程概况牌、管理人员名单及监督电话牌、现场平面布置牌、安全生产牌、文明施工牌

B. 工程概况牌、管理人员名单及监督电话牌、消防保卫牌、安全生产牌、文明施工牌

C. 工程概况牌、现场危险警示牌、现场平面布置牌、安全生产牌、文明施工牌

D. 工程概况牌、现场危险警示牌、消防保卫牌、安全生产牌、文明施工牌

55. 下列施工现场作业行为中，符合环境保护技术措施和要求的是（ ）。

A. 将未经处理的泥浆水直接排入城市排水设施

B. 在施工现场露天熔融沥青或者焚烧油毡

C. 在大门口铺设一定距离的石子路

D. 将有害废弃物用作深层土回填

56. 某施工现场存放水泥、白灰、珍珠岩等易飞扬的细颗粒散体材料，应采取的合理措施是（ ）。

A. 洒水覆膜封闭或表面临时固化或植草

B. 周围采用密目式安全网和草帘搭设屏障

C. 安装除尘器

D. 入库密闭存放或覆盖存放

57. 施工平行发承包模式的特点是（ ）。

A. 对每部分施工任务的发包，都以施工图设计为基础，有利于投资的早期控制

B. 由于要进行多次招标，业主用于招标的时间多，建设工期会加长

C. 业主招标工作量大，对业主不利

D. 业主不直接控制所有工程的发包，但可决定所有工程的承包商

58. 关于建设工程施工招标评标的说法，正确的是（ ）。

A. 投标报价中出现单价与数量的乘积之和与总价不一致时，将作无效标处理

B. 投标书中投标报价正本、副本不一致时，将作无效标处理

C. 初步评审是对标书进行实质性审查，包括技术评审和商务评审

D. 评标委员会推荐的中标候选人应当限定在1~3人，并标明排列顺序

59. 关于施工投标的说法，正确的是（　　）。

A. 投标人在投标截止时间后送达的投标文件，招标人应移交评标委员会处理

B. 投标书需要盖有投标企业公章和企业法人的名章（签字）并进行密封，密封不满足要求的按无效标处理

C. 投标书在招标范围以外提出新的要求，可视为对投标文件的补充，由评标委员会进行评定

D. 投标书中采用不平衡报价时，应视为对招标文件的否定

60. 根据九部委《标准施工招标文件》，工程接收证书颁发后产生的竣工清场费用应由（　　）承担。

A. 发包人　　　　　　　　　　B. 承包人

C. 监理人　　　　　　　　　　D. 主管部门

61. 根据《建设工程施工专业分包合同（示范文本）》GF—2003—0213，关于分包人与项目相关方关系的说法，正确的是（　　）。

A. 须服从承包人转发的监理人与分包工程有关的指令

B. 就分包工程可与发包人发生直接工作联系

C. 就分包工程可与监理人发生直接工作联系

D. 就分包工程可直接致函给发包人或监理人

62. 根据《建设工程施工专业分包合同（示范文本）》GF—2003—0213，关于施工专业分包的说法，正确的是（　　）。

A. 专业分包人应按规定办理有关施工噪声排放的手续，并承担由此发生的费用

B. 专业分包人只有在承包人发出指令后，允许发包人授权的人员在工作时间内进入分包工程施工场地

C. 分包工程合同不能采用固定价格合同

D. 分包工程合同价款与总包合同相应部分价款没有连带关系

63. 根据《建设工程施工劳务分包合同（示范文本）》GF—2003—0214，关于保险的说法，正确的是（　　）。

A. 施工前，劳务分包人应为施工场地内的自有人员及第三人人员生命财产办理保险，并承担相关费用

B. 劳务分包人应为运至施工场地用于劳务施工的材料办理保险，并承担相关保险费用

C. 劳务分包人必须为租赁使用的施工机械设备办理保险，并支付相关保险费用

D. 劳务分包人必须为从事危险作业的职工办理意外伤害险，并支付相关保险费用

64. 关于单价合同的说法，正确的是（　　）。

A. 对于投标书中出现明显数字计算错误时，评标委员会有权力先作修改再评标

B. 单价合同允许随工程量变化而调整工程单价，业主承担工程量方面的风险

C. 单价合同又分为固定单价合同、变动单价合同、成本补偿合同

D. 实际工程款的支付按照估算工程量乘以合同单价进行计算

65. 固定总价合同中，承包商承担的价格风险是（　　）。

A. 工程计量错误　　　　　　　B. 工程范围不确定

C. 工程变更　　　　　　　　　　D. 漏报项目

66. 根据九部委《标准施工招标文件》，关于施工合同变更权和变更程序的说法，正确的是（　　）。

A. 承包人书面报告发包人后，可根据实际情况对工程进行变更
B. 发包人可以直接向承包人发出变更意向书
C. 承包人根据合同约定，可以向监理人提出书面变更建议
D. 监理人应在收到承包人书面建议后30天内做出变更指示

67. 根据九部委《标准施工招标文件》，对于施工合同变更的估价，已标价工程量清单中无适用项目的单价，监理工程师确定承包商提出的变更工作单价时，应按照（　　）原则。

A. 固定总价　　　　　　　　　　B. 固定单价
C. 可调单价　　　　　　　　　　D. 成本加利润

68. 承包商可以向业主提起索赔的情形是（　　）。

A. 监理工程师提出的工程变更造成费用的增加
B. 承包商为确保质量而增加的措施费
C. 分包商因返工造成费用增加、工期顺延
D. 承包商自行采购材料的质量有问题造成费用增加、工期顺延

69. 根据九部委《标准施工招标文件》，关于承包人索赔期限的说法，正确的是（　　）。

A. 按照合同约定接受竣工付款证书后，仍有权提出在合同工程接收证书颁发前发生的索赔
B. 按照合同约定接受竣工验收证书后，无权提出在合同工程接收证书颁发前发生的索赔
C. 按照合同约定提交的最终结清申请单中，只限于提出工程接收证书颁发前发生的索赔
D. 按照合同约定提交的最终结清申请单中，只限于提出工程接收证书颁发后发生的索赔

70. 下列工程管理信息资源中，属于管理类工程信息的是（　　）。

A. 与建筑业有关的专家信息　　　B. 与合同有关的信息
C. 建设物资的市场信息　　　　　D. 与施工有关的技术信息

二、多项选择题（共25题，每题2分。每题的备选项中，有2个或2个以上符合题意，至少有1个错项。错选，本题不得分；少选，所选的每个选项得0.5分）

71. 项目技术组针对施工进度滞后的情况，提出了增加夜班作业、改变施工方法两种加快进度的方案，项目经理通过比较，确定采用增加夜班作业以加快进度，物资组落实了夜间施工照明等条件，安全组对夜间施工安全条件进行了复查。上述管理工作体现在管理职能中"筹划"环节的有（　　）。

A. 确定采用增加夜间施工加快进度的方案
B. 提出两种可能加快进度的方案
C. 两种方案的比较分析
D. 复查夜间施工安全条件

E. 落实夜间施工照明条件

72. 下列施工组织设计的内容中，属于施工部署与施工方案内容的有（　　）。
   A. 安排施工顺序　　　　　　　　B. 计算主要技术经济指标
   C. 编制施工准备计划　　　　　　D. 比选施工方案
   E. 编制资源需求计划

73. 关于施工企业项目经理地位的说法，正确的有（　　）。
   A. 是承包人为实施项目临时聘用的专业人员
   B. 是施工企业法定代表人委托对项目施工过程全面负责的项目管理者
   C. 项目经理经承包人授权后代表承包人负责履行合同
   D. 是施工企业全面履行施工承包合同的法定代表人
   E. 是施工承包合同中的权利、义务和责任主体

74. 根据《建设工程项目管理规范》GB/T 50326—2006，施工企业项目经理的权限有（　　）。
   A. 向外筹集项目建设资金　　　　B. 参与组建项目经理部
   C. 制定项目内部计酬办法　　　　D. 主持项目经理部工作
   E. 自主选择分包人

75. 根据《建设工程工程量清单计价规范》GB 50500—2013，分部分项工程综合单价应包含（　　）。
   A. 企业管理费　　　　　　　　　B. 利润
   C. 税金　　　　　　　　　　　　D. 规费
   E. 措施费

76. 下列工人工作的时间中，属于损失时间的有（　　）。
   A. 多余和偶然工作时间　　　　　B. 材料供应不及时导致的停工时间
   C. 技术工人由于差错导致的工时损失　　D. 工人午休后迟到造成的工时损失
   E. 因施工工艺特点引起的工作中断时间

77. 关于施工成本核算的说法，正确的有（　　）。
   A. 成本核算制和项目经理责任制等共同构成项目管理的运行机制
   B. 定期成本核算是竣工工程全面成本核算的基础
   C. 成本核算时应做到预测、计划、实际成本三同步
   D. 竣工工程完全成本用于考核项目管理绩效
   E. 施工成本一般以单位工程为成本核算对象

78. 某工程主要工作是混凝土浇筑，中标的综合单价是 400 元/m^3，计划工程量是 8000m^3。施工过程中因原材料价格提高使实际单价为 500 元/m^3，实际完成并经监理工程师确认的工程量是 9000m^3。若采用赢得值法进行综合分析，正确的结论有（　　）。
   A. 已完工作预算费用为 360 万元　　B. 已完工作实际费用为 450 万元
   C. 计划工作预算费用为 320 万元　　D. 费用偏差为 90 万元，费用节省
   E. 进度偏差为 40 万元，进度拖延

79. 关于建设工程项目进度计划系统的说法，正确的有（　　）。
   A. 项目进度计划系统的建立和完善是逐步进行的
   B. 在项目进展过程中进度计划需要不断地调整

C. 供货方根据需要和用途可编制不同深度的进度计划系统
D. 业主方只需编制总进度规划和控制性进度规划
E. 业主方与施工方进度控制的目标和时间范畴相同

80. 关于实施性施工进度计划作用的说法，正确的有（   ）。
A. 确定施工总进度目标　　　　　　B. 确定里程碑事件的进度目标
C. 确定施工作业的具体安排　　　　D. 确定一定周期内的人工需求
E. 确定一定周期内的资金需求

81. 某项目分部工程双代号时标网络计划如下图所示，关于该网络计划的说法，正确的有（   ）。

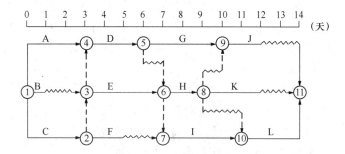

A. 工作 A、C、H、L 是关键工作　　B. 工作 C、E、I、L 组成关键线路
C. 工作 G 的总时差与自由时差相等　D. 工作 H 的总时差为 2 天
E. 工作 D 的总时差为 1 天

82. 下列施工方进度控制的措施中，属于管理措施的有（   ）。
A. 构建施工进度控制的组织体系　　B. 用工程网络计划技术进行进度管理
C. 选择合理的合同结构　　　　　　D. 采取进度风险的管理措施
E. 编制与施工进度相适应的资源需求计划

83. 下列影响施工质量的因素中，属于材料因素的有（   ）。
A. 计量器具　　　　　　　　　　　B. 建筑构配件
C. 工程设备　　　　　　　　　　　D. 新型模板
E. 安全防护设施

84. 施工质量成本中，运行质量成本包括（   ）。
A. 预防成本　　　　　　　　　　　B. 鉴定成本
C. 内部损失成本　　　　　　　　　D. 外部损失成本
E. 外部质量保证成本

85. 下列施工质量事故中，属于指导责任事故的有（   ）。
A. 负责人放松质量标准造成的质量事故
B. 混凝土振捣疏漏造成的质量事故
C. 负责人追求施工进度造成的质量事故
D. 砌筑工人不按操作规程施工导致墙体倒塌
E. 浇筑混凝土时操作者随意加水使强度降低造成的质量事故

86. 政府质量监督机构实施监督检查时，有权采取的措施有（   ）。
A. 要求被检查单位提供相关工程财务台账

B. 进入被检查单位的施工现场进行检查
C. 发现有影响工程质量的问题时，责令改正
D. 降低企业资质等级
E. 吊销企业营业执照

87. 根据《建设工程安全生产管理条例》和《职业健康安全管理体系》GB/T 28000 系列标准，建设工程对施工职业健康安全管理的基本要求包括（　　）。
A. 工程施工阶段，施工企业应制定职业健康安全生产技术措施计划
B. 施工企业在其经营生产的活动中必须对本企业的安全生产负全面责任
C. 工程设计阶段，设计单位应制定职业健康安全生产技术措施计划
D. 实行总承包的建设工程，由总承包单位对施工现场的安全生产负总责
E. 实行总承包的建设工程，分包单位应当接受总承包单位的安全生产管理

88. 根据《建设工程安全生产管理条例》，对达到一定规模的危险性较大的分部分项工程，正确的安全管理做法有（　　）。
A. 施工单位应当编制专项施工方案，并附具安全验算结果
B. 所有专项施工方案均应组织专家进行论证、审查
C. 专项施工方案由专职安全生产管理人员进行现场监督
D. 专项施工方案经现场监理工程师签字后即可实施
E. 专项施工方案应由企业法定代表人审批

89. 根据《生产安全事故报告和调查处理条例》，对事故发生单位处 100 万元以上 500 万元以下罚款的情形有（　　）。
A. 迟报或者漏报事故
B. 谎报或者瞒报事故
C. 伪造事故现场
D. 事故发生后逃匿
E. 在事故调查处理期间擅离职守

90. 与施工总承包模式相比，施工总承包管理模式的优点有（　　）。
A. 整个项目的合同总额确定较有依据
B. 通过招标确定施工承包单位，有利于业主节约投资
C. 施工总承包管理单位只赚取总包与分包之间的差价
D. 业主对分包单位的选择具有控制权
E. 一般在施工图设计全部结束后，才能进行施工总承包管理的招标

91. 关于《标准施工招标文件》中缺陷责任的说法，正确的有（　　）。
A. 发包人提前验收的单位工程，缺陷责任期按全部工程竣工日期起计算
B. 承包人应在缺陷责任期内对已交付使用的工程承担缺陷责任
C. 缺陷责任期内，承包人对已验收使用的工程承担日常维护工作
D. 监理人和承包人应共同查清工程产生缺陷和（或）损坏的原因
E. 承包人不能在合理时间内修复缺陷，发包人自行修复，承包人承担一切费用

92. 根据《建设工程施工合同（示范文本）》GF—2013—0201，采用变动总价合同时，一般可对合同价款进行调整的情形有（　　）。
A. 法律、行政法规和国家有关政策变化影响合同价款
B. 工程造价管理部门公布的价格调整
C. 承包方承担的损失超过其承受能力

D. 一周内非承包商原因停电造成的停工累计达到 7h
E. 外汇汇率变化影响合同价款

93. 下列工程任务或工作中，可作为施工合同跟踪对象的有（   ）。
A. 工程施工质量　　　　　　　　B. 工程施工进度
C. 政府质量监督部门的质量检查　　D. 业主工程款项支付
E. 施工成本的增加和减少

94. 下列信息和资料中，可以作为施工合同索赔证据的有（   ）。
A. 施工合同文件　　　　　　　　B. 监理工程师的口头指示
C. 工程各项会议纪要　　　　　　D. 相关法律法规
E. 施工日记和现场记录

95. 下列施工文件档案中，属于工程质量控制资料的有（   ）。
A. 工程质量事故记录文件　　　　B. 工程项目原材料检验报告
C. 施工试验记录　　　　　　　　D. 隐蔽工程验收记录文件
E. 交接检查记录

2017 年度真题参考答案及解析

一、单项选择题

1. B；	2. D；	3. C；	4. B；	5. D；
6. C；	7. C；	8. B；	9. A；	10. D；
11. D；	12. A；	13. C；	14. B；	15. C；
16. A；	17. B；	18. A；	19. A；	20. C；
21. C；	22. D；	23. C；	24. D；	25. D；
26. A；	27. C；	28. B；	29. B；	30. D；
31. C；	32. B；	33. D；	34. D；	35. D；
36. B；	37. A；	38. D；	39. C；	40. D；
41. D；	42. B；	43. C；	44. B；	45. C；
46. A；	47. D；	48. A；	49. D；	50. B；
51. B；	52. A；	53. C；	54. B；	55. D；
56. D；	57. C；	58. D；	59. B；	60. B；
61. B；	62. D；	63. D；	64. A；	65. D；
66. C；	67. D；	68. A；	69. D；	70. B。

【解析】

1. B。本题考核的是建设工程项目管理的内涵。建设工程项目管理的内涵是：自项目开始至项目完成，通过项目策划和项目控制，以使项目的费用目标、进度目标和质量目标得以实现。"费用目标"对业主而言是投资目标，对施工方而言是成本目标。

2. D。本题考核的是施工总承包方的管理任务。若采用施工总承包或施工总承包管理模式，分包方（不论是一般的分包方，或由业主指定的分包方）必须接受施工总承包方或施工总承包管理方的工作指令，服从其总体的项目管理。

3. C。本题考核的是施工管理的管理职能分工。管理职能的含义：（1）提出问题——通过进度计划值和实际值的比较，发现进度推迟了；（2）筹划——加快进度有多种可能的方案，如改一班工作制为两班工作制，增加夜班作业，增加施工设备或改变施工方法，针对这几个方案进行比较；（3）决策——从上述几个可能的方案中选择一个将被执行的方案，如增加夜班作业；（4）执行——落实夜班施工的条件，组织夜班施工；（5）检查——检查增加夜班施工的决策有否被执行，如已执行，则检查执行的效果如何。

4. B。本题考核的是工作流程组织。工作流程组织包括：（1）管理工作流程组织，如投资控制、进度控制、合同管理、付款和设计变更等流程；（2）信息处理工作流程组织，如与生成月度进度报告有关的数据处理流程；（3）物质流程组织，如钢结构深化设计工作流程，弱电工程物资采购工作流程，外立面施工工作流程等。

5. D。本题考核的是施工组织设计的基本内容。施工平面图是施工方案及施工进度计划在空间上的全面安排。它把投入的各种资源、材料、构件、机械、道路、水电供应网络、生产、生活活动场地及各种临时工程设施合理地布置在施工现场，使整个现场能有组织地进行文明施工。

6. C。本题考核的是动态控制方法。技术措施是指分析由于技术（包括设计和施工的技术）的原因而影响项目目标实现的问题，并采取相应的措施，如调整设计、改进施工方法和改变施工机具等。

7. C。本题考核的是施工成本的计划值和实际值的比较。施工成本的计划值和实际值的比较包括：（1）工程合同价与投标价中的相应成本项的比较；（2）工程合同价与施工成本规划中的相应成本项的比较；（3）施工成本规划与实际施工成本中的相应成本项的比较；（4）工程合同价与实际施工成本中的相应成本项的比较；（5）工程合同价与工程款支付中的相应成本项的比较等。

8. B。本题考核的是项目管理目标责任书的制定。项目管理目标责任书应在项目实施之前，由法定代表人或其授权人与项目经理协商制定。

9. A。本题考核的是项目经理的职责。项目经理应履行下列职责：（1）项目管理目标责任书规定的职责；（2）主持编制项目管理实施规划，并对项目目标进行系统管理；（3）对资源进行动态管理；（4）建立各种专业管理体系，并组织实施；（5）进行授权范围内的利益分配；（6）收集工程资料，准备结算资料，参与工程竣工验收；（7）接受审计，处理项目经理部解体的善后工作；（8）协助组织进行项目的检查、鉴定和评奖申报工作。此知识点已过时。《建设工程项目管理规范》GB/T 50326—2006 现已被《建设工程项目管理规范》GB/T 50326—2017 替代。

10. D。本题考核的是施工风险的类型。经济与管理风险包括：（1）工程资金供应条件；（2）合同风险；（3）现场与公用防火设施的可用性及其数量；（4）事故防范措施和计划；（5）人身安全控制计划；（6）信息安全控制计划等。

11. D。本题考核的是工程建设监理规划。工程建设监理规划应在签订委托监理合同及收到设计文件后开始编制，在召开第一次工地会议前报送建设单位。

12. A。本题考核的是工程监理的工作方法。工程监理人员发现工程设计不符合建筑工程质量标准或者合同约定的质量要求的，应当报告建设单位要求设计单位改正。

13. C。本题考核的是企业管理费的内容。企业管理费的内容包括：管理人员工资、办公费、差旅交通费、固定资产使用费、工具用具使用费、劳动保险和职工福利费、劳动保护费、检验试验费、工会经费、职工教育经费、财产保险费、财务费、税金、其他。检验试验费是指施工企业按照有关标准规定，对建筑以及材料、构件和建筑安装物进行一般鉴定、检查所发生的费用。

14. B。本题考核的是投标价的编制内容。规费和税金应按国家或省级、行业建设主管部门规定计算，不得作为竞争性费用。选项 B 属于规费。

15. C。本题考核的是人工定额的编制。选项 A、B 属于违背劳动纪律造成的工作时间损失，在定额中是不能考虑的。选项 C 属于有效工作时间，应计入定额时间。选项 D 属于损失时间，不应计入定额时间。

16. A。本题考核的是施工机械台班使用定额的编制。本题的计算过程为：

每一次循环时间 = 1+3+1+1 = 6min。

1h 循环次数 = 60/6 = 10 次。

1 台班是 8h，台班产量定额 = 10×0.5×8×0.8 = 32m³/台班。

17. B。本题考核的是单价合同的计量。发包人认为需要进行现场计量核实时，应在计量前24h通知承包人，承包人应为计量提供便利条件并派人参加。双方均同意核实结果时，则双方应在记录上签字确认。承包人收到通知后不派人参加计量，视为认可发包人的计量核实结果。发包人不按照约定时间通知承包人，致使承包人未能派人参加计量，计量核实结果无效。此知识点已删除。

18. A。本题考核的是合同价款调整。招标工程以投标截止日前28天，非招标工程以合同签订前28天为基准日，其后国家的法律、法规、规章和政策发生变化引起工程造价增减变化的，发承包双方应当按照省级或行业建设主管部门或其授权的工程造价管理机构据此发布的规定调整合同价款。因承包人原因导致工期延误，且上述规定的调整时间在合同工程原定竣工时间之后，合同价款调增的不予调整，合同价款调减的予以调整。

19. A。本题考核的是合同价款的调整。因发包人原因导致工期延误的，则计划进度日期后续工程的价格，采用计划进度日期与实际进度日期两者的较高者。延误责任由发包人承担。此知识点已删除。

20. C。本题考核的是监理人重新检查。承包人按规定覆盖工程隐蔽部位后，监理人对质量有疑问的，可要求承包人对已覆盖的部位进行钻孔探测或揭开重新检验，承包人应遵照执行，并在检验后重新覆盖恢复原状。经检验证明工程质量符合合同要求的，由发包人承担由此增加的费用和（或）工期延误，并支付承包人合理利润。

21. C。本题考核的是施工成本核算。对竣工工程的成本核算，应区分为竣工工程现场成本和竣工工程完全成本，分别由项目经理部和企业财务部门进行核算分析，其目的在于分别考核项目管理绩效和企业经营效益。

22. D。本题考核的是施工成本管理的措施。施工过程中降低成本的技术措施，包括进行技术经济分析，确定最佳的施工方案。结合施工方法，进行材料使用的比选，在满足功能要求的前提下，通过代用、改变配合比、使用外加剂等方法降低材料消耗的费用，确定最合适的施工机械、设备使用方案。

23. C。本题考核的是按工程进度编制施工成本计划的方法。项目经理可根据编制的成本支出计划来合理安排资金，同时项目经理也可以根据筹措的资金来调整S形曲线，即通过调整非关键路线上的工序项目的最早或最迟开工时间，力争将实际的成本支出控制在计划的范围内，故选项C正确、选项D错误。一般而言，所有工作都按最迟开始时间开始，对节约资金贷款利息是有利的，但同时，也降低了项目按期竣工的保证率，故选项A、B错误。

24. A。本题考核的是材料费控制。对于没有消耗定额的材料，则实行计划管理和按指标控制的办法，故选项B错误。对于有消耗定额的材料，以消耗定额为依据，实行限额发料制度。在规定限额内分期分批领用，超过限额领用的材料，必须先查明原因，经过一定审批手续方可领料，故选项A正确、选项D错误。在材料使用过程中，对部分小型及零星材料（如钢钉、钢丝等）根据工程量计算出所需材料量，将其折算成费用，由作业者包干控制，故选项C错误。此知识点已删除。

25. B。本题考核的是费用偏差的原因。产生费用偏差的原因有以下几种：

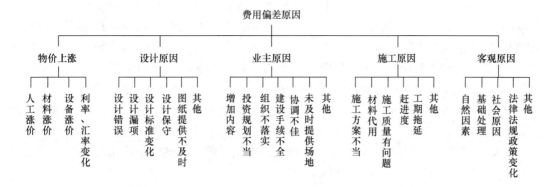

26. A。本题考核的是赢得值法。t_1 时点,已完工作实际费用>已完工作预算费用>计划工作预算费用。费用偏差=已完工作预算费用-已完工作实际费用<0,表示项目运行超出预算费用;进度偏差=已完工作预算费用-计划工作预算费用>0,表示实际进度快于计划进度。

27. C。本题考核的是建设工程项目总进度目标的相关内容。建设工程项目总进度目标的控制是业主方项目管理的任务,故选项 A 错误。建设工程项目的总进度目标指的是整个项目的进度目标,故选项 B 错误。在进行建设工程项目总进度目标控制前,首先应分析和论证目标实现的可能性,故选项 C 正确。总进度目标论证并不是单纯的总进度规划的编制工作,它涉及许多工程实施的条件分析和工程实施策划方面的问题,故选项 D 错误。

28. C。本题考核的是建设工程项目总进度目标论证的工作步骤。建设工程项目总进度目标论证的工作步骤如下:(1)调查研究和收集资料;(2)进行项目结构分析;(3)进行进度计划系统的结构分析;(4)确定项目的工作编码;(5)编制各层(各级)进度计划;(6)协调各层进度计划的关系和编制总进度计划;(7)若所编制的总进度计划不符合项目的进度目标,则设法调整;(8)若经过多次调整,进度目标无法实现,则报告项目决策者。

29. B。本题考核的是总进度目标。建设工程项目总进度目标的控制是业主方项目管理的任务。

30. D。本题考核的是双代号网络计划图的绘图规则。双代号网络图必须正确表达已定的逻辑关系。本题中的逻辑关系均正确。双代号网络图中应只有一个起点节点和一个终点节点。本题中存在⑧、⑨两个终点节点。

31. C。本题考核的是总时差的计算。单代号网络计划中,有紧后工作时,其总时差等于该工作的各个紧后工作的总时差加该工作与其紧后工作之间的时间间隔之和的最小值,总时差等于其最迟开始时间减去最早开始时间,或等于最迟完成时间减去最早完成时间。则 F 工作的总时差=min{(12-8)+4,(14-12)+5}=7 天。

32. B。本题考核的是双代号网络计划时间参数的计算。当工作有紧后工作时,其自由时差等于紧后工作的最早开始时间减去本工作的最早开始时间再减去本工作的持续时间的最小值,则工作 M 的自由时差=min{(21-12-5),(24-12-5),(28-12-5)}=4 天。

33. D。本题考核的是双代号网络计划中关键线路的确定。自始至终全部由关键工作组成的线路为关键线路,或线路上总的工作持续时间最长的线路为关键线路。本题的关键线路包括:①→②→③→⑤→⑥→⑦→⑧、①→②→③→⑤→⑦→⑧、①→②→④→⑤→⑥→⑦→⑧、①→②→④→⑤→⑦→⑧。

34. A。本题考核的是施工方进度控制的措施。施工方进度控制的组织措施包括：(1) 应充分重视健全项目管理的组织体系。(2) 在项目组织结构中应有专门的工作部门和符合进度控制岗位资格的专人负责进度控制工作。(3) 进度控制的主要工作环节包括进度目标的分析和论证、编制进度计划、定期跟踪进度计划的执行情况、采取纠偏措施以及调整进度计划。这些工作任务和相应的管理职能应在项目管理组织设计的任务分工表和管理职能分工表中标示并落实。(4) 应编制施工进度控制的工作流程。(5) 进行有关进度控制会议的组织设计。选项B、C、D属于技术措施。

35. C。本题考核的是施工进度控制的措施。施工进度控制的经济措施涉及工程资金需求计划和加快施工进度的经济激励措施等。

36. B。本题考核的是施工质量控制的特点。选项A错误，需要控制的因素多，这些因素包括地质、水文、气象和周边环境等自然条件因素，勘察、设计、材料、机械、施工工艺、操作方法、技术措施，以及管理制度、办法等人为技术管理因素。选项C错误，工程项目的施工过程中，工序衔接多、中间交接多、隐蔽工程多，施工质量具有一定的过程性和隐蔽性。因此，在施工质量控制工作中，必须强调过程控制，加强对施工过程的质量检查，及时发现和整改存在的质量问题，并及时做好检查、签证记录，为证明施工质量提供必要的证据。选项D错误，工程项目的终检（竣工验收）只能从表面进行检查，难以发现在施工过程中产生又被隐蔽了的质量隐患，存在较大的局限性。

37. A。本题考核的是对造成一般质量事故的相关注册执业人员的处罚规定。根据《建设工程质量管理条例》，注册建筑师、注册结构工程师、监理工程师等注册执业人员因过错造成质量事故的，责令停止执业1年；造成重大质量事故的，吊销执业资格证书，5年内不予注册；情节特别恶劣的，终身不予注册。此知识点已删除。

38. D。本题考核的是建立工程项目施工质量保证体系的目标。工程项目的施工质量保证体系以控制和保证施工产品质量为目标，从施工准备、施工生产到竣工投产的全过程，运用系统的概念和方法，在全体人员的参与下，建立一套严密、协调、高效的全方位的管理体系，从而实现工程项目施工质量管理的制度化、标准化。

39. C。本题考核的是企业质量管理体系文件的构成。质量手册是阐明一个企业的质量政策、质量体系和质量实践的文件，是实施和保持质量体系过程中长期遵循的纲领性文件。质量计划是为了确保过程的有效运行和控制，在程序文件的指导下，针对特定的产品、过程、合同或项目，而制定出的专门质量措施和活动顺序的文件。质量记录是产品质量水平和质量体系中各项质量活动进行及结果的客观反映，是证明各阶段产品质量达到要求和质量体系运行有效的证据。

40. D。本题考核的是企业质量管理体系认证与监督。质量管理体系由公正的第三方认证机构，故选项A错误。企业获准认证的有效期为3年，故选项B错误。企业获准认证后，应经常性的进行内部审核，保持质量管理体系的有效性，并每年一次接受认证机构对企业质量管理体系实施的监督管理，故选项C错误，选项D正确。

41. D。本题考核的是技术准备的质量控制。技术准备的质量控制，包括对技术准备工作成果的复核审查，检查这些成果有无错漏，是否符合相关技术规范、规程的要求和对施工质量的保证程度；制定施工质量控制计划，设置质量控制点，明确关键部位的质量管理点等。

42. B。本题考核的是材料的质量控制。材料供货商对下列材料必须提供《生产许可证》：钢筋混凝土用热轧带肋钢筋、冷轧带肋钢筋、预应力混凝土用钢材（钢丝、钢棒和钢绞线）、建筑防水卷材、水泥、建筑外窗、建筑幕墙、建筑钢管脚手架扣件、人造板、铜及铜合金管材、混凝土输水管、电力电缆等材料产品。此知识点已删除。

43. C。本题考核的是技术交底。项目开工前应由项目技术负责人向承担施工的负责人或分包人进行书面技术交底，技术交底资料应办理签字手续并归档保存。

44. B。本题考核的是施工质量缺陷和质量事故处理的基本方法。当工程质量缺陷按修补方法处理后无法保证达到规定的使用要求和安全要求，而又无法返工处理的情况下，不得已时可做出诸如结构卸荷或减荷以及限制使用的决定。

45. C。本题考核的是政府质量监督的性质与权限。选项 A 错误，政府质量监督机构无权颁发施工企业资质证书。选项 B 错误，政府质量监督的性质属于行政执法行为。选项 C 正确，政府质量监督是对工程实体质量和工程建设、勘察、设计、施工、监理单位（此五类单位简称为工程质量责任主体）和质量检测等单位的工程质量行为实施监督。选项 D 错误，工程质量监督管理的具体工作可以由县级以上地方人民政府建设主管部门委托所属的工程质量监督机构实施。

46. A。本题考核的是政府对施工质量监督的实施。在工程项目开工前，监督机构接受建设单位有关建设工程质量监督的申报手续，并对建设单位提供的有关文件进行审查，审查合格签发有关质量监督文件。

47. D。本题考核的是职业健康安全管理体系与环境管理体系的维持。管理评审是由施工企业的最高管理者对管理体系的系统评价，判断企业的管理体系面对内部情况的变化和外部环境是否充分适应有效，由此决定是否对管理体系做出调整，包括方针、目标、机构和程序等。

48. A。本题考核的是施工起重机械使用登记制度。《建设工程安全生产管理条例》规定，施工单位应当自施工起重机械和整体提升脚手架、模板等自升式架设设施验收合格之日起 30 日内，向建设行政主管部门或者其他有关部门登记。登记标志应当置于或者附着于该设备的显著位置。

49. D。本题考核的是第二类危险源控制方法。第二类危险源控制方法包括：提高各类设施的可靠性以消除或减少故障、增加安全系数、设置安全监控系统、改善作业环境等。最重要的是加强员工的安全意识培训和教育，克服不良的操作习惯，严格按章办事，并在生产过程保持良好的生理和心理状态。

50. B。本题考核的是施工安全隐患处理原则。单项隐患综合处理原则是指人、机、料、法、环境五者任一环节产生安全隐患，都要从五者安全匹配的角度考虑，调整匹配的方法，提高匹配的可靠性。一件单项隐患问题的整改需综合（多角度）处理。人的隐患，既要治人也要治机具及生产环境等各环节。选项 A 属于冗余安全度处理原则；选项 C 属于直接隐患与间接隐患并治原则；选项 D 属于预防与减灾并重处理原则。

51. B。本题考核的是生产安全事故应急预案的实施。施工单位应当制定本单位的应急预案演练计划，根据本单位的事故预防重点，每年至少组织一次综合应急预案演练或者专项应急预案演练，每半年至少组织一次现场处置方案演练。

52. A。本题考核的是生产安全事故应急预案有关奖惩。施工单位应急预案未按照《生产安全事故应急预案管理办法》规定备案的，由县级以上安全生产监督管理部门责令限期改正，可以处 1 万元以上 3 万元以下罚款。此知识点已删除。

53. A。本题考核的是生产安全事故按照生产安全事故造成的人员伤亡或直接经济损失分类。特别重大事故，是指造成 30 人以上死亡，或者 100 人以上重伤（包括急性工业中毒），或者 1 亿元以上直接经济损失的事故。

54. B。本题考核的是"五牌一图"的内容。"五牌一图"，即工程概况牌、管理人员名单及监督电话牌、消防保卫（防火责任）牌、安全生产牌、文明施工牌和施工现场平面图。

55. C。本题考核的是环境保护技术措施和要求。施工单位应当采取下列防止环境污染的技术措施：（1）妥善处理泥浆水，未经处理不得直接排入城市排水设施和河流；（2）除设有符合规定的装置外，不得在施工现场熔融沥青或者焚烧油毡、油漆以及其他会产生有毒有害烟尘和恶臭气体的物质；（3）使用密封式的圈筒或者采取其他措施处理高空废弃物；（4）采取有效措施控制施工过程中的扬尘；（5）禁止将有毒有害废弃物用作土方回填；（6）对产生噪声、振动的施工机械，应采取有效控制措施，减轻噪声扰民。

56. D。本题考核的是大气污染的处理。易飞扬材料入库密闭存放或覆盖存放。如水泥、白灰、珍珠岩等易飞扬的细颗粒散体材料，应入库存放。若室外临时露天存放时，必须下垫上盖，严密遮盖防止扬尘。运输水泥、白灰、珍珠岩粉等易飞扬的细颗粒粉状材料时，要采取遮盖措施，防止沿途遗撒、扬尘。卸货时，应采取措施，以减少扬尘。

57. C。本题考核的是施工平行发承包模式的特点。对业主来说，要等最后一份合同签订后才知道整个工程的总造价，对投资的早期控制不利，故选项 A 错误。由于要进行多次招标，业主用于招标的时间较多；某一部分施工图完成后，即可开始这部分工程的招标，开工日期提前，可以边设计边施工，缩短建设周期，故选项 B 错误。业主直接控制所有工程的发包，可决定所有工程的承包商的选择，故选项 D 错误。业主要负责所有施工承包合同的招标、合同谈判、签约，招标工作量大，对业主不利，故选项 C 正确。

58. D。本题考核的是建设工程施工招标评标。选项 A 错误，单价与数量的乘积之和与所报的总价不一致的应以单价为准。选项 B 错误，标书正本和副本不一致的，则以正本为准。选项 D 正确，评标结束应该推荐中标候选人。评标委员会推荐的中标候选人应当限定在 1~3 人，并标明排列顺序。选项 C 错误，详细评审是评标的核心，是对标书进行实质性审查，包括技术评审和商务评审。

59. B。本题考核的是施工投标。选项 A 错误，在招标文件要求提交投标文件的截止时间后送达的投标文件，招标人可以拒收。选项 B 正确，标书的提交要有固定的要求，基本内容是：签章、密封。如果不密封或密封不满足要求，投标是无效的。投标书还需要按照要求签章，投标书需要盖有投标企业公章以及企业法人的名章（或签字）。选项 C 错误，投标不完备或投标没有达到招标人的要求，在招标范围以外提出新的要求，均被视为对于招标文件的否定，不会被招标人所接受。选项 D 错误，投标书中采用不平衡报价时，不视为对招标文件的否定。

60. B。本题考核的是竣工清场。除合同另有约定外，工程接收证书颁发后，承包人应按要求对施工场地进行清理，直至监理人检验合格为止。竣工清场费用由承包人承担。

61. A。本题考核的是分包人与发包人的关系。分包人须服从承包人转发的发包人或工程师（监理人）与分包工程有关的指令。未经承包人允许，分包人不得以任何理由与发包人或工程师（监理人）发生直接工作联系，分包人不得直接致函发包人或工程师（监理人），也不得直接接受发包人或工程师（监理人）的指令。如分包人与发包人或工程师（监理人）发生直接工作联系，将被视为违约，并承担违约责任。

62. D。本题考核的是施工专业分包合同的内容。专业分包人应遵守政府有关主管部门对施工场地交通、施工噪声以及环境保护和安全文明生产等的管理规定，按规定办理有关手续，并以书面形式通知承包人，承包人承担由此发生的费用，因分包人责任造成的罚款除外，故选项 A 错误。分包人应允许承包人、发包人、工程师（监理人）及其三方中任何一方授权的人员在工作时间内，合理进入分包工程施工场地或材料存放的地点，以及施工场地以外与分包合同有关的分包人的任何工作或准备的地点，分包人应提供方便，故选项 B 错误。分包工程合同价款可以采用固定价格、可调价格、成本加酬金三种中的一种，故选项 C 错误。分包合同价款与总包合同相应部分价款无任何连带关系，故选项 D 正确。

63. D。本题考核的是劳务分包合同中对保险的规定。劳务分包人施工开始前，工程承包人应获得发包人为施工场地内的自有人员及第三人人员生命财产办理的保险，且不需劳务分包人支付保险费用，故选项 A 错误。运至施工场地用于劳务施工的材料和待安装设备，由工程承包人办理或获得保险，且不需劳务分包人支付保险费用，故选项 B 错误。工程承包人必须为租赁或提供给劳务分包人使用的施工机械设备办理保险，并支付保险费用，故选项 C 错误。劳务分包人必须为从事危险作业的职工办理意外伤害保险，并为施工场地内自有人员生命财产和施工机械设备办理保险，支付保险费用，故选项 D 正确。

64. A。本题考核的是单价合同。在工程款结算中单价优先，对于投标书中明显的数字计算错误，业主有权力先作修改再评标，当总价和单价的计算结果不一致时，以单价为准调整总价，故选项 A 正确。固定单价合同条件下，无论发生哪些影响价格的因素都不对单价进行调整，因而对承包商而言就存在一定的风险，故选项 B 错误。单价合同又分为固定单价合同和变动单价合同，故选项 C 错误。实际工程款的支付也将以实际完成工程量乘以合同单价进行计算，故选项 D 错误。

65. D。本题考核的是固定总价合同中的价格风险。价格风险有报价计算错误、漏报项目、物价和人工费上涨等。选项 A、B、C 均属于工程量风险。

66. C。本题考核的是施工合同变更管理。在履行合同过程中，经发包人同意，监理人可按合同约定的变更程序向承包人作出变更指示，承包人应遵照执行。没有监理人的变更指示，承包人不得擅自变更，故选项 A 错误。在合同履行过程中，可能发生通用合同条款约定情形的变更，监理人可向承包人发出变更意向书，故选项 B 错误。承包人收到监理人按合同约定发出的图纸和文件，经检查认为其中存在约定情形的，可向监理人提出书面变更建议，故选项 C 正确。监理人收到承包人书面建议后，应与发包人共同研究，确认存在变更的，应在收到承包人书面建议后的 14 天内作出变更指示，故选项 D 错误。

67. D。本题考核的是变更的估价原则。除专用合同条款另有约定外，因变更引起的价格调整按照本款约定处理。（1）已标价工程量清单中有适用于变更工作的子目的，采用该子目的单价。（2）已标价工程量清单中无适用于变更工作的子目，但有类似子目的，可在合理范围内参照类似子目的单价，由监理人按规定商定或确定变更工作的单价。（3）已标价工程量清单中无适用或类似子目的单价，可按照成本加利润的原则，由监理人按规定商定或确定变更工作的单价。

68. A。本题考核的是构成施工项目索赔条件的事件。承包商可以提起索赔的事件有：（1）发包人违反合同给承包人造成时间、费用的损失；（2）因工程变更（含设计变更、发包人提出的工程变更、监理工程师提出的工程变更，以及承包人提出并经监理工程师批准的变更）造成的时间、费用损失；（3）由于监理工程师对合同文件的歧义解释、技术资料不确切,或由于不可抗力导致施工条件的改变,造成了时间、费用的增加;(4)发包人提出提前完成项目或缩短工期而造成承包人的费用增加;(5)发包人延误支付期限造成承包人的损失;(6)合同规定以外的项目进行检验,且检验合格,或非承包人的原因导致项目缺陷的修复所发生的损失或费用;(7)非承包人的原因导致工程暂时停工;(8)物价上涨,法规变化及其他。

69. D。本题考核的是承包人提出索赔的期限。承包人按合同约定接受了竣工付款证书后,应被认为已无权再提出在合同工程接收证书颁发前所发生的任何索赔。承包人按合同约定提交的最终结清申请单中,只限于提出工程接收证书颁发后发生的索赔。提出索赔的期限自接受最终结清证书时终止。

70. B。本题考核的是管理类工程信息。管理类工程信息包括与投资控制、进度控制、质量控制、合同管理和信息管理有关的信息等。选项A属于组织类工程信息;选项C属于经济类工程信息;选项D属于技术类工程信息。

二、多项选择题

71. B、C;　　　　72. A、D;　　　　73. B、C;
74. B、C、D;　　　75. A、B;　　　　76. A、B、C、D;
77. A、B、E;　　　78. A、B、C;　　　79. A、B、C;
80. C、D、E;　　　81. B、D、E;　　　82. B、C、D;
83. B、D;　　　　84. A、B、C、D;　　85. A、C;
86. B、C;　　　　87. A、B、D、E;　　88. B、C;
89. C、D;　　　　90. A、D;　　　　91. B、D;
92. A、B、E;　　　93. A、D、E;　　　94. A、C、E;
95. B、C、D、E。

【解析】

71. B、C。本题考核的是施工管理的管理职能分工。管理职能的含义:(1)提出问题——通过进度计划值和实际值的比较,发现进度推迟了;(2)筹划——加快进度有多种可能的方案,如改一班工作制为两班工作制,增加夜班作业,增加施工设备或改变施工方法,针对这几个方案进行比较;(3)决策——从上述几个可能的方案中选择一个将被执行的方案,如增加夜班作业;(4)执行——落实夜班施工的条件,组织夜班施工;(5)检查——检查增加夜班施工的决策有否被执行,如已执行,则检查执行的效果如何。本题中体现在管理职能"筹划"环节的管理工作有:提出两种可能加快进度的方案;两者方案的比较分析。

72. A、D。本题考核的是施工组织设计的内容。施工部署及施工方案内容包括:(1)根据工程情况,结合人力、材料、机械设备、资金、施工方法等条件,全面部署施工任务,合理安排施工顺序,确定主要工程的施工方案;(2)对拟建工程可能采用的几个施工方案进行定性、定量的分析,通过技术经济评价,选择最佳方案。

73. B、C。本题考核的是施工企业项目经理的地位。建筑施工企业项目经理(以下简称项目经理),是指受企业法定代表人委托对工程项目施工过程全面负责的项目管理者,是建筑施工企业法定代表人在工程项目上的代表人。项目经理在承担工程项目施工的管理过程中,应当按照建筑施工企业与建设单位签订的工程承包合同,与本企业法定代表人签订项目承包合同，并在企业法定代表人授权范围内，行使管理权力。

74. B、C、D。本题考核的是项目经理的权限。项目经理应具有下列权限：（1）参与项目招标、投标和合同签订；（2）参与组建项目经理部；（3）主持项目经理部工作；（4）决定授权范围内的项目资金的投入和使用；（5）制定内部计酬办法；（6）参与选择并使用具有相应资质的分包人；（7）参与选择物资供应单位；（8）在授权范围内协调与项目有关的内、外部关系；（9）法定代表人授予的其他权力。此知识点已过时。

75. A、B。本题考核的是分部分项工程综合单价的内容。《建设工程工程量清单计价规范》中的工程量清单综合单价是指完成一个规定清单项目所需的人工费、材料和工程设备费、施工机具使用费和企业管理费与利润，以及一定范围内的风险费用。

76. A、B、C、D。本题考核的是人工定额中的损失时间。损失时间中包括多余和偶然工作、停工、违背劳动纪律所引起的损失时间。与施工过程、工艺特点有关的工作中断时间，应包括在定额时间内。此知识点已删除。

77. A、B、E。本题考核的是施工成本核算。选项 A 正确，项目管理必须实行施工成本核算制，它和项目经理责任制等共同构成了项目管理的运行机制。选项 B 正确，定期的成本核算是竣工工程全面成本核算的基础。选项 C 错误，应做到形象进度、产值统计、实际成本归集三同步，即三者的取值范围应是一致的。选项 D 错误，对竣工工程的成本核算，应区分为竣工工程现场成本和竣工工程完全成本，分别由项目经理部和企业财务部门进行核算分析，其目的在于分别考核项目管理绩效和企业经营效益。选项 E 正确，施工成本一般以单位工程为成本核算对象，但也可以按照承包工程项目的规模、工期、结构类型、施工组织和施工现场等情况，结合成本管理要求，灵活划分成本核算对象。

78. A、B、C。本题考核的是赢得值法。已完工作预算费用＝已完成工作量×预算单价＝9000×400 ＝3600000 元＝360 万元；计划工作预算费用＝计划工作量×预算单价＝8000×400 ＝3200000 元＝320 万元；已完工作实际费用＝已完成工作量×实际单价＝9000×500 ＝4500000元＝450 万元，由此可知选项 A、B、C 正确。费用偏差＝已完工作预算费用－已完工作实际费用＝360－450 ＝－90 万元，项目运行超出预算费用。进度偏差＝已完工作预算费用－计划工作预算费用＝360－320 ＝40 万元，进度提前，由此可知选项 D、E 错误。

79. A、B、C。本题考核的是建设工程项目进度计划系统。项目进度计划系统的建立和完善也有一个过程，它也是逐步完善的，故选项 A 正确。进度控制的过程是在确保进度目标的前提下，在项目进展的过程中不断调整进度计划的过程，故选项 B 正确。由于项目进度控制不同的需要和不同的用途，业主方和项目各参与方可以编制多个不同的建设工程项目进度计划系统，故选项 C 正确。由不同项目参与方的计划构成的进度计划系统包括：（1）业主方编制的整个项目实施的进度计划；（2）设计进度计划；（3）施工和设备安装进度计划；（4）采购和供货进度计划等，故选项 D 错误。建设工程项目管理有多种类型，代表不同方利益的项目管理（业主方和项目参与各方）都有进度控制的任务，但是，其控制的目标和时间范畴是不相同的，故选项 E 错误。

80. C、D、E。本题考核的是实施性施工进度计划的作用。实施性施工进度计划的主要作用如下：（1）确定施工作业的具体安排；（2）确定（或据此可计算）一个月度或旬的人工需求（工种和相应的数量）；（3）确定（或据此可计算）一个月度或旬的施工机械的需求（机械名称和数量）；（4）确定（或据此可计算）一个月度或旬的建筑材料（包括成品、半成品和辅助材料等）的需求（建筑材料的名称和数量）；（5）确定（或据此可计算）一个月度或旬的资金的需求等。

81. B、D、E。本题考核的是时标网络计划中时间参数的计算。选项 A 错误，工作 A 为非关键工作。选项 B 正确，时标网络计划中，无波形线的线路即为关键线路，本题中的关键线路是①→②→③→⑥→⑦→⑩→⑪（C→E→I→L），关键工作包括工作 C、E、I、L。选项 C 错误，工作 G 的总时差＝2 天，工作 G 的自由时差＝0 天。选项 D 正确，工作 H 的总时差＝min{(1+2)，(0+2)，(2+0)}＝2 天。选项 E 正确，工作 D 的总时差＝min{(1+2)，(1+0)，(0+2)}＝1 天。

82. B、C、D。本题考核的是施工进度控制的措施。施工方进度控制的管理措施包括：(1) 施工进度控制的管理措施涉及管理的思想、管理的方法、管理的手段、承发包模式、合同管理和风险管理等。(2) 用工程网络计划的方法编制进度计划必须很严谨地分析和考虑工作之间的逻辑关系，通过工程网络的计算可发现关键工作和关键路线，也可知道非关键工作可使用的时差，工程网络计划的方法有利于实现进度控制的科学化。(3) 为了实现进度目标，应选择合理的合同结构，以避免过多的合同交界面而影响工程的进展。工程物资的采购模式对进度也有直接的影响，对此应作比较分析。(4) 为实现进度目标，不但应进行进度控制，还应注意分析影响工程进度的风险，并在分析的基础上采取风险管理措施，以减少进度失控的风险量。(5) 应重视信息技术在进度控制中的应用。选项 A 属于组织措施，选项 E 属于经济措施。

83. B、D。本题考核的是影响施工质量的因素。材料包括工程材料和施工用料，又包括原材料、半成品、成品、构配件和周转材料等。各类材料是工程施工的物质条件，材料质量是工程质量的基础，材料质量不符合要求，工程质量就不可能达到标准。选项 A、C 属于机械的因素，选项 E 属于施工作业环境因素。

84. A、B、C、D。本题考核的是运行质量成本的内容。运行质量成本是指为运行质量体系达到和保持规定的质量水平所支付的费用，包括预防成本、鉴定成本、内部损失成本和外部损失成本。此知识点已删除。

85. A、C。本题考核的是指导责任事故。指导责任事故指由于工程指导或领导失误而造成的质量事故。例如，由于工程负责人不按规范指导施工，强令他人违章作业，或片面追求施工进度，放松或不按质量标准进行控制和检验，降低施工质量标准等而造成的质量事故。

86. B、C。本题考核的是政府质量监督的权限。主管部门实施监督检查时，有权采取下列措施：(1) 要求被检查的单位提供有关工程质量的文件和资料；(2) 进入被检查单位的施工现场进行检查；(3) 发现有影响工程质量的问题时，责令改正。

87. A、B、D、E。本题考核的是施工职业健康安全管理的基本要求。在工程施工阶段，施工企业应根据风险预防要求和项目的特点，制定职业健康安全生产技术措施计划；在进行施工平面图设计和安排施工计划时，应充分考虑安全、防火、防爆和职业健康等因素；施工企业应制定安全生产应急救援预案，建立相关组织，完善应急准备措施；发生事故时，应按国家有关规定，向有关部门报告；处理事故时，应防止二次伤害，故选项 A 正确。施工企业在其经营生产的活动中必须对本企业的安全生产负全面责任，故选项 B 正确。在工程设计阶段，设计单位应按照有关建设工程法律法规的规定和强制性标准的要求，进行安全保护设施的设计；对涉及施工安全的重点部分和环节在设计文件中应进行注明，并对防范生产安全事故提出指导意见，防止因设计考虑不周而导致生产安全事故的发生；对于采用新结构、新材料、新工艺的建设工程和特殊结构的建设工程,设计文件中提出保障施工作业人员安全和预防生产安全事故的措施和建议,故选项 C 错误。建设工程实行总承包的,由总承包单位对施工现场的安全生产负总责并自行完成工程主体结构的施工,故选项 D 正确。分包单位应当接受总承包单位的安全生产管理,分包合同中应当明确各自的安全生产方面的权利、义务,故选项 E 正确。

88. A、C。本题考核的是专项施工方案专家论证制度。依据《建设工程安全生产管理条例》规定,施工单位应当在施工组织设计中编制安全技术措施和施工现场临时用电方案,对下列达到一定规模的危险性较大的分部分项工程编制专项施工方案,并附具安全验算结果,经施工单位技术负责人、总监理工程师签字后实施,由专职安全生产管理人员进行现场监督,包括基坑支护与降水工程;土方开挖工程;模板工程;起重吊装工程;脚手架工程;拆除、爆破工程;国务院建设行政主管部门或者其他有关部门规定的其他危险性较大的工程。对前面所列工程中涉及深基坑、地下暗挖工程、高大模板工程的专项施工方案,施工单位还应当组织专家进行论证、审查。

89. B、C、D。本题考核的是事故报告和调查处理的违法行为及法律责任。事故发生单位及其有关人员有下列违法行为之一的,对事故发生单位处 100 万元以上 500 万元以下的罚款:(1)谎报或者瞒报事故;(2)伪造或者故意破坏事故现场;(3)转移、隐匿资金、财产,或者销毁有关证据、资料;(4)拒绝接受调查或者拒绝提供有关情况和资料;(5)在事故调查中作伪证或者指使他人作伪证;(6)事故发生后逃匿。

90. A、B、D。本题考核的是施工总承包管理模式的特点。施工总承包管理模式与施工总承包模式相比具有以下优点:(1)合同总价不是一次确定,某一部分施工图设计完成以后,再进行该部分工程的施工招标,确定该部分工程的合同价,因此整个项目的合同总额的确定较有依据;(2)所有分包合同和分供货合同的发包,都通过招标获得有竞争力的投标报价,对业主方节约投资有利;(3)施工总承包管理单位只收取总包管理费,不赚总包与分包之间的差价;(4)业主对分包单位的选择具有控制权;(5)每完成一部分施工图设计,就可以进行该部分工程的施工招标,可以边设计边施工,可以提前开工,缩短建设周期,有利于进度控制。

91. B、D。本题考核的是缺陷责任。在全部工程竣工验收前,已经发包人提前验收的单位工程,其缺陷责任期的起算日期相应提前,故选项 A 错误。承包人应在缺陷责任期内对已交付使用的工程承担缺陷责任,故选项 B 正确。缺陷责任期内,发包人对已接收使用的工程负责日常维护工作,故选项 C 错误。监理人和承包人应共同查清缺陷和(或)损坏的原因,故选项 D 正确。承包人不能在合理时间内修复缺陷的,发包人可自行修复或委托其他人修复,所需费用和利润的承担,根据缺陷和(或)损坏原因处理,故选项 E 错误。

92. A、B、E。本题考核的是变动总价合同中对合同价款进行调整的情形。根据《建设工程施工合同(示范文本)》GF—2013—0201,合同双方可约定,在以下条件下可对合同价款进行调整:(1)法律、行政法规和国家有关政策变化影响合同价款;(2)工程造价管理部门公布的价格调整;(3)一周内非承包人原因停水、停电、停气造成的停工累计超过 8h;(4)双方约定的其他因素。对建设周期一年半以上的工程项目,则应考虑下列因素引起的价格变化问题:(1)劳务工资以及材料费用的上涨;(2)其他影响工程造价的因素,如运输费、燃料费、电力等价格的变化;(3)外汇汇率的不稳定;(4)国家或者省、市立法的改变引起的工程费用的上涨。《建设工程施工合同(示范文本)》GF—2013—

0201 现已被《建设工程施工合同（示范文本）》GF—2017—0201 替代。

93. A、B、D、E。本题考核的是施工合同跟踪对象。施工合同跟踪对象包括：（1）承包的任务：①工程施工的质量；②工程进度；③工程数量；④成本的增加和减少。（2）工程小组或分包人的工程和工作。（3）业主和其委托的工程师（监理人）的工作：①业主是否及时、完整地提供了工程施工的实施条件，如场地、图纸、资料等；②业主和工程师（监理人）是否及时给予了指令、答复和确认等；③业主是否及时并足额地支付了应付的工程款项。

94. A、C、E。本题考核的是施工合同索赔证据。常见的索赔证据主要有：各种合同文件；经过发包人或者工程师（监理人）批准的承包人的施工进度计划、施工方案、施工组织设计和现场实施情况记录；施工日记和现场记录；工程有关照片和录像等；备忘录，对工程师（监理人）或业主的口头指示和电话应随时用书面记录，并请给予书面确认；发包人或者工程师（监理人）签认的签证；工程各种往来函件、通知、答复等；工程各项会议纪要；发包人或者工程师（监理人）发布的各种书面指令和确认书，以及承包人的要求、请求、通知书等；气象报告和资料，如有关温度、风力、雨雪的资料；投标前发包人提供的参考资料和现场资料；各种验收报告和技术鉴定等；工程核算资料、财务报告、财务凭证等；其他，如官方发布的物价指数、汇率、规定等。

95. B、C、D、E。本题考核的是工程质量控制资料。工程质量控制资料包括工程项目原材料、构配件、成品、半成品和设备的出厂合格证及进场检（试）验报告；施工试验记录和见证检测报告；隐蔽工程验收记录文件；交接检查记录。

《建设工程施工管理》

考前冲刺试卷（一）及解析

《建设工程施工管理》考前冲刺试卷（一）

一、**单项选择题**（共70题，每题1分。每题的备选项中，只有1个最符合题意）

1. 建设工程项目管理就是自项目开始到项目完成，通过（　　），使项目目标得以实现。

   A. 项目组织和项目控制　　　　　　B. 项目策划和项目组织

   C. 项目策划和项目控制　　　　　　D. 项目控制和项目协调

2. 某建设项目采用施工总承包模式，监理公司甲承担施工监理任务，施工企业乙承担主要的施工任务，业主将其中的幕墙工程发包给丙公司，则丙公司在施工中应接受（　　）的施工管理。

   A. 业主　　　　　　　　　　　　　B. 监理公司甲

   C. 施工企业乙　　　　　　　　　　D. 施工总承包方

3. 下图所示组织结构中，项目施工方的指令源是（　　）。

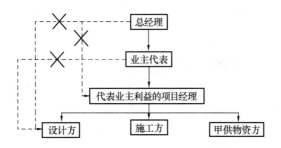

   A. 总经理　　　　　　　　　　　　B. 项目经理

   C. 业主代表　　　　　　　　　　　D. 建设单位

4. 建设工程项目设计阶段的工作内容包括（　　）。

   A. 编制项目技术设计　　　　　　　B. 编制项目建议书

   C. 编制可行性研究报告　　　　　　D. 编制设计任务书

5. 在施工成本动态控制过程中，相对于实际施工成本，计划值是（　　）。

   A. 投标价中的成本值　　　　　　　B. 工程款支付中的成本值

   C. 工程合同价　　　　　　　　　　D. 施工成本规划的成本值

6. 运用动态控制原理进行建设工程项目成本控制，首先进行的工作是（　　）。

   A. 分析并确定影响成本控制的因素

   B. 分析成本构成，确定成本控制的重点

   C. 进行成本目标分解，确定成本控制的计划值

   D. 收集经验数据，为成本控制提供参考值

7. 建筑施工企业项目经理在承担工程项目施工管理工作中，行使的管理权力有（　　）。

A. 调配并管理进入工程项目的各种生产要素
B. 负责组建项目经理部
C. 执行项目承包合同约定的应由项目经理负责履行的各项条款
D. 负责选择并使用具有相应资质的分包人

8. 某施工企业承接了某一工程项目，但缺乏具备工程施工经验的管理人员，这类风险属于施工风险类型中的（　　）。
A. 组织风险　　　　　　　　　　B. 经济与管理风险
C. 工程环境风险　　　　　　　　D. 技术风险

9. 根据《建设工程质量管理条例》，监理工程师应当按照（　　）的要求，采取旁站、巡视和平行检验等形式，对建设工程实施监理。
A. 委托监理合同　　　　　　　　B. 建设工程强制性标准条文
C. 工程监理规范　　　　　　　　D. 工程技术标准

10. 旁站监理人员实施旁站监理时，如发现施工单位存在违反工程建设强制性标准的行为，首先应（　　）。
A. 责令施工单位立即整改　　　　B. 立即下达工程暂停令
C. 立即报告政府主管部门　　　　D. 立即报告业主代表和总监理工程师

11. 根据《建筑安装工程费用项目组成》，施工现场起重机的驾驶员工资应计入（　　）。
A. 企业管理费　　　　　　　　　B. 措施费
C. 人工费　　　　　　　　　　　D. 施工机械使用费

12. 根据《建筑安装工程费用项目组成》，工程施工中所使用的仪器仪表维修费应计入（　　）。
A. 施工机具使用费　　　　　　　B. 工具用具使用费
C. 固定资产使用费　　　　　　　D. 企业管理费

13. 建设工程定额中周转材料消耗量指标中，应当用（　　）两个指标表示。
A. 一次使用量和消耗量　　　　　B. 一次使用量和摊销量
C. 一次消耗量和计划使用量　　　D. 一次消耗量和摊销量

14. 关于建筑安装工程费用中建筑业增值税的计算，下列说法中正确的是（　　）。
A. 小规模纳税人发生应税行为宜采用一般计税方法
B. 采用简易计税法时，税前造价不包含增值税的进项税额
C. 简易计税方法中的建筑业增值税税率为9%
D. 采用一般计税方法时，增值税销项税额=税前造价×9%

15. 根据《建设工程工程量清单计价规范》GB 50500—2013，编制的分部分项工程量清单，其工程数量是按照（　　）计算的。
A. 设计文件结合不同施工方案确定的工程量平均值
B. 施工图图示尺寸和工程量清单计算规则计算的工程净量
C. 工程实体量和损耗量之和
D. 实际施工完成的全部工程量

16. 某工程施工合同约定采用造价信息进行价格调整。施工期间，项目所在地省级造价管理机构发布了工人工资指导价上调10%的通知并即时生效，该工程在颁布通知当月完成

的合同价款为300万元,其中人工费为60万元(已知该人工费单价比发布的指导价高出30%)。则该工程当月人工费结算的做法是( )。

A. 按照通知要求上调10%　　　　B. 由总监理工程师确定新的单价

C. 由发承包双方协商后适当调整　　D. 不予上调

17. 由于法律法规变化,发承包双方应当按照合同约定调整合同价款。对于实行招标的建设工程,一般以( )前28天作为基准日。

A. 投标截止日　　　　　　　　　B. 中标通知书发出

C. 合同签订　　　　　　　　　　D. 招标截止日

18. 下列定额中,属于企业定额性质的是( )。

A. 施工定额　　　　　　　　　　B. 预算定额

C. 概算定额　　　　　　　　　　D. 概算指标

19. 某施工企业编制砌砖墙人工定额,该企业有近3年同类工程的施工工时消耗资料,则制定人工定额适合选用的方法是( )。

A. 技术测定法　　　　　　　　　B. 比较类推法

C. 统计分析法　　　　　　　　　D. 经验估计法

20. 单价合同模式下,对测量设备保养宜采用的计量方法是( )。

A. 分解计量法　　B. 估价法　　C. 凭据法　　D. 均摊法

21. 施工成本管理是指在保证工期和质量要求的情况下,采取相应措施( )。

A. 全面分析实际成本的变动状态　　B. 把成本控制在计划范围内

C. 严格控制计划成本的变动范围　　D. 把计划成本控制在目标范围内

22. 施工成本指标控制的工作包括:①采集成本数据,监测成本形成过程;②制定对策,纠正偏差;③找出偏差,分析原因;④确定成本管理分层次目标。其正确的工作程序是( )。

A. ①—②—③—④　　　　　　　B. ①—③—②—④

C. ②—④—③—①　　　　　　　D. ④—①—③—②

23. 施工项目年度成本分析的重点是( )。

A. 通过实际成本与目标成本的对比,分析目标成本落实情况

B. 通过对技术组织措施执行效果的分析,寻求更加有效的节约途径

C. 通过实际成本与计划成本的对比,分析成本降低水平

D. 针对下一年度进展情况,规划切实可行的成本管理措施

24. 关于施工项目成本核算的说法,正确的是( )。

A. 成本核算应坚持形象进度、产值统计、成本分析同步的原则

B. 施工单位在项目部设成本会计进行成本核算

C. 工程项目内各岗位成本责任核算一般采用业务核算法

D. 会计核算法人为控制因素较多、精度不高

25. 在编制施工成本计划时,通常需要进行"两算"对比分析,"两算"指的是( )。

A. 成本核算和施工预算　　　　　B. 施工预算和施工图预算

C. 施工图预算和成本核算　　　　D. 施工预算和施工决算

26. 某工程施工成本计划采用时间—成本累计曲线(S形曲线)表示,因进度计划中存

在有时差的工作，S形曲线必然被包络在由全部工作都按（　　）的曲线所组成的"香蕉图"内。

A. 最早开始时间开始和最迟开始时间开始
B. 最早开始时间开始和最早完成时间开始
C. 最迟开始时间开始和最迟完成时间开始
D. 最早开始时间开始和最迟完成时间开始

27. 在进行施工进度控制时，必须树立和坚持的最基本的工程管理原则是（　　）。

A. 在确保工程质量的前提下，控制工程的进度
B. 在确保投资的前提下，达到进度、成本的平衡
C. 在确保工程投资的前提下，控制工程的进度
D. 在满足各项目参与方利益最大化的前提下，控制工程的进度

28. 建设项目设计方进度控制的任务是依据（　　）对设计工作进度的要求，控制设计工作进度。

A. 设计大纲　　　　　　　　　　B. 设计任务委托合同
C. 设计总进度纲要　　　　　　　D. 可行性研究报告

29. 根据《建设工程工程量清单计价规范》GB 50500—2013，签约合同中的暂估材料在确定单价以后，其相应项目综合单价的处理方式是（　　）。

A. 在综合单价中用确定单价代替原暂估价，并调整企业管理费，不调整利润
B. 在综合单价中用确定单价代替原暂估价，并调整企业管理费和利润
C. 在综合单价中用确定单价代替原暂估价，不再调整企业管理费和利润
D. 综合单价不做调整

30. 合同履行期间，由于招标工程量清单中缺项，新增分部分项工程清单项目的，应（　　）。

A. 按照变更价款确定方法确定单价，调整合同价款
B. 不予调整
C. 按照计价规范的规定自行调整合同价款
D. 按照计价规范的规定，在承包人提交的实施方案被发包人批准后调整合同价款

31. 工程竣工结算书编制与核对的责任分工是（　　）。

A. 发包人编制，承包人核对　　　B. 监理机构编制，发包人核对
C. 造价咨询人编制，承包人核对　D. 承包人编制，发包人核对

32. 某工程施工班组的相关经济指标见下表，按照成本分析的比率法，人均效益最好的班组是（　　）。

项目	班组甲	班组乙	班组丙	班组丁
工程量（m²）	4600	4200	4000	4400
班组人数（人）	48	45	42	40
班组人工数（元）	140000	135000	148000	126000

A. 甲　　　　B. 乙　　　　C. 丙　　　　D. 丁

33. 某地下工程，计划到5月份累计开挖土方1.2万 m^3，预算单价为90元/m^3。经确认，到5月份实际累计开挖土方1万 m^3，实际单价为95元/m^3，该工程此时的成本偏差为（　　）万元。
   A. -18　　　　　　　　　　B. -5
   C. 5　　　　　　　　　　　D. 18

34. 下列成本计划中，用于确定责任总成本目标的是（　　）。
   A. 指导性成本计划　　　　　B. 竞争性成本计划
   C. 响应性成本计划　　　　　D. 实施性成本计划

35. 建设工程项目的业主和参与方都有进度控制的任务，各方（　　）。
   A. 控制的目标和时间范畴各不相同
   B. 控制的目标和时间范畴均相同
   C. 控制的目标不同、但控制的时间范畴相同
   D. 控制的目标相同、但控制的时间范畴不同

36. 关于实施性施工进度计划及其作用的说法，正确的是（　　）。
   A. 可以确定项目的年度资金需求
   B. 可以确定施工作业的具体安排
   C. 可以论证项目进度目标
   D. 可以确定里程碑事件的进度目标

37. 关于建设工程项目总进度目标论证工作顺序的说法，正确的是（　　）。
   A. 先进行计划系统结构分析，后进行项目工作编码
   B. 先进行项目工作编码，后进行项目结构分析
   C. 先编制总进度计划，后编制各层进度计划
   D. 先进行项目结构分析，后进行资料收集

38. 单代号网络计划中，关键线路是指（　　）的线路。
   A. 由关键工作组成　　　　　B. 相邻两项工作之间时间间隔均为零
   C. 由关键节点组成　　　　　D. 相邻两项工作之间间歇时间均相等

39. 某建设工程项目承包合同的计价方式是单价合同，在评标过程中，发现某一个投标者其总价和单价的计算结果不一致，原因是投标者在计算时，将混凝土500元/m^3，误作为50元/m^3的结果。为此，业主有权（　　）。
   A. 以总价为准调整单价　　　B. 重新计算
   C. 以单价为准调整总价　　　D. 作为废标处理

40. 某工程双代号网络计划如下图所示，工作E最早完成时间和最迟完成时间分别是（　　）。

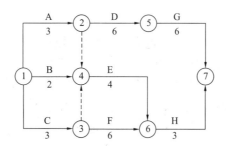

A. 6 和 8 B. 6 和 12
C. 7 和 8 D. 7 和 12

41. 某双代号网络计划如下图所示（单位：天），则工作 E 的自由时差为（　　）天。

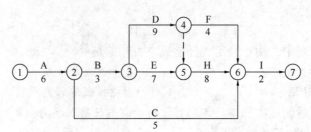

A. 0 B. 4 C. 2 D. 15

42. 某工程单代号网络计划中，工作 E 的最早完成和最晚完成时间分别是 6 和 8，紧后工作 F 的最早开始时间和最晚开始时间分别是 7 和 10，工作 E 和 F 之间的时间间隔是（　　）。

A. 1 B. 2
C. 3 D. 4

43. 下列进度控制措施中，属于管理措施的是（　　）。

A. 分析影响项目工程进度的风险 B. 制订项目进度控制的工作流程
C. 选用有利的设计和施工技术 D. 建立进度控制的会议制度

44. 施工质量影响因素主要有"4M1E"，其中"1E"指的是（　　）。

A. 人 B. 环境
C. 方法 D. 材料

45. 建筑施工企业进行质量管理体系认证的程序不包括（　　）。

A. 培训 B. 申请和受理
C. 审批与注册发证 D. 审核

46. 根据事故造成损失的程度，下列工程质量事故中，属于重大事故的是（　　）。

A. 造成 1 亿元以上直接经济损失的事故
B. 造成 1000 万元以上 5000 万元以下直接经济损失的事故
C. 造成 100 万元以上 1000 万元以下直接经济损失的事故
D. 造成 5000 万元以上 1 亿元以下直接经济损失的事故

47. 目测法用于施工现场的质量检查，可以概括为"看、摸、敲、照"。对浆活是否牢固、不掉粉的检查，通常采用的手段是（　　）。

A. 看 B. 摸
C. 敲 D. 照

48. 某工程在施工过程中，由于发包人设计变更导致停工，承包人的工人窝工 10 个工日，每个工日单价为 250 元；承包人租赁的一台挖土机窝工 3 个台班，挖土机台班租赁费为 800 元；承包人自有的一台自卸汽车窝工 3 个台班，该自卸汽车台班折旧费为 400 元，台班单价为 700 元。则承包人可以向发包人索赔的费用为（　　）元。

A. 4900 B. 5500
C. 6100 D. 7000

49. 质量事故的处理是否达到预期的目的，是否依然存在隐患，应当通过（　　）和验收做出确认。
   A. 专家论证　　　　　　　　　　B. 检查鉴定
   C. 定期评估　　　　　　　　　　D. 定期观测

50. 下列工程质量问题中，可不作专门处理的是（　　）。
   A. 某防洪堤坝填筑压实后，压实土的干密度未达到规定值
   B. 某工程主体结构混凝土表面裂缝大于 0.5mm
   C. 某检验批混凝土试块强度不满足规范要求，但混凝土实体强度检测后满足设计要求
   D. 某高层住宅施工中，底部二层的混凝土结构误用安定性不合格的水泥

51. 某工程主体结构的钢筋分项已通过质量验收，共 20 个检验批。验收过程曾出现 1 个检验批的一般项目抽检不合格、2 个检验批的质量记录不完整的情况，该分项工程所含的检验批合格率为（　　）。
   A. 85%　　　　　　　　　　　　B. 90%
   C. 95%　　　　　　　　　　　　D. 100%

52. 职业健康与安全管理体系内部审核是（　　）。
   A. 最高管理者对管理体系的系统评价
   B. 按照上级要求对体系进行的检查和评价
   C. 管理体系自我保证和自我监督的一种机制
   D. 管理体系接受外部监督的一种机制

53. 甲公司是某项目的总承包单位，乙公司是该项目的建设单位指定的分包单位。在施工过程中，乙公司拒不服从甲公司的安全生产管理，最终造成安全生产事故，则（　　）。
   A. 甲公司负主要责任　　　　　　B. 监理公司负主要责任
   C. 乙公司负全部责任　　　　　　D. 乙公司负主要责任

54. 职业健康安全管理体系与环境管理体系的作业文件包括（　　）。
   A. 管理手册、作业指导书、管理规定
   B. 管理规定、程序文件引用的表格、绩效报告
   C. 作业指导书、管理规定、程序文件引用的表格
   D. 程序文件引用的表格、绩效报告、管理手册

55. 某事故发生单位主要负责人在发生事故后逃匿，在对该事故报告和调查处理时，需要对主要负责人员处一年年收入的（　　）的罚款。
   A. 40%~90%　　　　　　　　　　B. 60%~100%
   C. 60%~90%　　　　　　　　　　D. 70%~100%

56. 根据《建设工程施工专业分包合同（示范文本）》GF—2003—0213，承包人提供总包合同供分包人查阅的内容不包括（　　）。
   A. 承包工程的价格内容　　　　　B. 质量条款
   C. 违约责任条款　　　　　　　　D. 承包工程的进度要求

57. 根据《标准施工招标文件》，在索赔事件影响结束后的 28 天内，承包人应向监理人递交（　　）。
   A. 索赔意向通知　　　　　　　　B. 中间索赔报告
   C. 最终索赔通知书　　　　　　　D. 索赔证据

58. 建筑施工企业与物资供应企业就某建筑材料的供应签订合同，如该建筑材料不属于国家定价的产品，则其价格应（　　）。
   A. 报请物价主管部门确定
   B. 由供需双方协商确定
   C. 参考国家定价确定
   D. 按当地工程造价管理部门公布的指导价确定

59. 下列建设工程施工合同跟踪的对象中，属于对业主跟踪的是（　　）。
   A. 成本的增减   B. 图纸的提供
   C. 施工的质量   D. 分包人失误

60. 关于专业工程分包人责任和义务的说法，正确的是（　　）。
   A. 分包人必须服从发包人直接发出的指令
   B. 分包人应履行总包合同中与分包工程有关的承包人的义务，另有约定除外
   C. 必须完成规定的设计内容，并承担由此发生的费用
   D. 在合同约定的时间内，向监理人提交施工组织设计，并在批准后执行

61. 根据《建设工程施工劳务分包合同（示范文本）》GF—2003—0214，某工程承包人租赁一台起重机提供给劳务分包人使用，则该起重机的保险应由（　　）。
   A. 工程承包人办理并支付保险费用
   B. 劳务分包人办理并支付保险费用
   C. 工程承包人办理，但由劳务分包人支付保险费用
   D. 劳务分包人办理，但由承包人支付保险费用

62. 某建设工程项目以单价合同形式发包，在签订合同时根据估算的工程量和单价确定一个合同总价。工程完成后，实际完成的工程量乘以各项单价之和小于合同总价。根据单价合同的规定，工程款的支付应以（　　）。
   A. 双方重新协商
   B. 实际完成的工程量乘以合同总价
   C. 实际完成的工程量乘以合同单价
   D. 实际完成的工程量乘以重新协商单价

63. 一般而言，采用固定总价合同时，承包商的投标报价较高的原因是（　　）。
   A. 承包商丧失了今后一切的索赔权利
   B. 业主因今后工程款结算的工作量减少而给予承包商的费用补偿
   C. 业主今后可以增加工程范围和内容而不给予承包商另外的费用补偿
   D. 承包商会将工程量及一切不可预见因素的风险补偿加到投标报价之中

64. 某项目招标时，因工程初期很难描述工作范围和性质，无法按常规编制招标文件，则适宜采用的合同形式是（　　）。
   A. 成本加奖金合同   B. 成本加固定费用合同
   C. 最大成本加费用合同   D. 成本加固定比例费用合同

65. 根据《标准施工招标文件》的通用条款，承包人应在收到监理人的变更指示后14天内，向监理人提交（　　）。
   A. 变更建议书   B. 变更报价书
   C. 变更实施方案   D. 变更工作计划

66. 根据我国保险制度，工程一切险通常由（　　）办理。
    A. 项目法人　　　　　　　　　　B. 承包人
    C. 监理人　　　　　　　　　　　D. 设计人

67. 预付款担保的主要作用是（　　）。
    A. 确保工程费用及时支付到位
    B. 促使承包商履行合同约定，保护业主的合法权益
    C. 保护招标人不因中标人不签约而蒙受经济损失
    D. 保证承包人能够按合同规定进行施工，偿还发包人已支付的全部预付金额

68. 下列工程担保中，以保护承包人合法权益为目的的有（　　）。
    A. 支付担保　　　　　　　　　　B. 投标担保
    C. 履约担保　　　　　　　　　　D. 预付款担保

69. 下列建设工程施工合同的风险中，属于项目组织成员资信和能力风险的是（　　）。
    A. 工资和物价上涨　　　　　　　B. 合同条款不严密
    C. 政府机关工作人员干预　　　　D. 环境调查不深入

70. 某建设工程于5月21日进行了图纸会审，并形成了图纸会审纪要，各参加单位签字盖章。该文件属于施工文件档案中的（　　）。
    A. 工程质量控制资料　　　　　　B. 工程施工技术管理资料
    C. 工程准备阶段资料　　　　　　D. 工程设计变更记录资料

二、多项选择题（共25题，每题2分。每题的备选项中，有2个或2个以上符合题意，至少有1个错项。错选，本题不得分；少选，所选的每个选项得0.5分）

71. 项目组织结构图反映的是（　　）之间的组织关系。
    A. 各工作单位　　　　　　　　　B. 各工作部门
    C. 各工作　　　　　　　　　　　D. 各工作人员
    E. 各工作指令

72. 根据《建设工程施工合同（示范文本）》GF—2017—0201，施工单位任命项目经理需要向建设单位提供（　　）证明。
    A. 劳动合同　　　　　　　　　　B. 缴纳的社会保险
    C. 项目经理持有的注册执业证书　D. 职称证书
    E. 授权范围

73. 施工风险管理过程中，风险识别工作包括（　　）。
    A. 分析风险因素发生的概率　　　B. 确定风险因素
    C. 编制项目风险识别报告　　　　D. 分析各风险的损失量
    E. 收集与项目风险有关的信息

74. 下列费用按照费用构成要素划分，属于企业管理费的有（　　）。
    A. 管理人员工资　　　　　　　　B. 检验试验费
    C. 固定资产使用费　　　　　　　D. 工具使用费
    E. 材料费

75. 工程量清单计价中，措施项目费的计算方法一般有（　　）。
    A. 工料单价法　　　　　　　　　B. 综合单价法
    C. 参数计价法　　　　　　　　　D. 分包法计价

E. 费用分析法

76. 工程施工的下列情形中,发包人不予计量的有（　　）。
   A. 监理人抽检不合格返工增加的工程量
   B. 承包人自检不合格返工增加的工程量
   C. 承包人修复因不可抗力损坏工程增加的工程量
   D. 承包人在合同范围之外按发包人要求增建的临时工程的工程量
   E. 承包人超出施工图纸范围的工程量

77. 施工项目竞争性成本计划是（　　）的估算成本计划。
   A. 选派项目经理阶段　　　　　　B. 投标阶段
   C. 施工准备阶段　　　　　　　　D. 签订合同阶段
   E. 制定企业年度计划阶段

78. 进行分部分项施工成本分析,其资料来源包括（　　）。
   A. 工程合同总价　　　　　　　　B. 实耗人工和材料
   C. 施工预算　　　　　　　　　　D. 实际工程量
   E. 工程概算

79. 关于施工图预算和施工预算对比的说法,正确的有（　　）。
   A. 施工预算的编制以预算定额为依据,施工图预算的编制以施工定额为依据
   B. "两算"对比的方法包括实物对比法
   C. 一般情况下,施工图预算的人工数量及人工费比施工预算低
   D. 一般情况下,施工图预算的材料消耗量及材料费比施工预算低
   E. 施工预算中的脚手架是根据施工方案确定的搭设方式和材料计算的

80. 针对与成本有关的特定事项的分析包括（　　）。
   A. 年度成本分析　　　　　　　　B. 资金成本分析
   C. 成本盈亏异常分析　　　　　　D. 工期成本分析
   E. 管理费分析

81. 下列双代号网络图中,存在的绘图错误有（　　）。

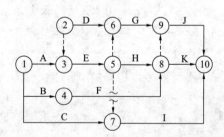

   A. 存在多个起点节点　　　　　　B. 箭线交叉的方式错误
   C. 存在相同节点编号的工作　　　D. 存在没有箭尾节点的箭线
   E. 存在多余的虚工作

82. 在施工方进度控制的组织措施中,属于进度控制主要工作环节的有（　　）。
   A. 进度目标的控制　　　　　　　B. 编制进度计划
   C. 不定期跟踪进度计划的执行情况　D. 采取纠偏措施
   E. 调整进度计划

83. 根据《建设工程安全生产管理条例》，施工单位应当组织专家进行专项施工方案论证的有（　　）。
   A. 脚手架工程　　　　　　　　　B. 拆除爆破工程
   C. 深基坑工程　　　　　　　　　D. 地下暗挖工程
   E. 高大模板工程

84. 下列影响施工质量的环境因素中，属于施工作业环境因素的有（　　）。
   A. 风力等级　　　　　　　　　　B. 地下水位
   C. 施工照明设施　　　　　　　　D. 围挡设施
   E. 验收程序

85. 关于工程施工质量事故处理基本要求的说法，正确的有（　　）。
   A. 确保技术先进、经济合理　　　B. 消除造成事故的原因
   C. 正确确定技术处理的范围　　　D. 加强事故处理的检查验收工作
   E. 确保事故处理期间的安全

86. 单位工程质量验收合格应符合的规定包括（　　）。
   A. 所含分部工程的质量均应验收合格
   B. 质量控制资料应完整
   C. 观感质量应符合要求
   D. 所含分部工程有关安全、节能、环境保护和主要使用功能的检验资料应完整
   E. 工程监理质量评估记录应符合各项要求

87. 关于从事危险化学品特种作业人员条件的说法，正确的有（　　）。
   A. 年满18周岁，且不超过国家法定退休年龄
   B. 具备高中或者相当于高中及以上文化程度
   C. 必须为男性
   D. 连续从事本工种8年以上
   E. 具备必要的安全技术知识与技能

88. 下列风险控制方法中，适用于第二类危险源控制的有（　　）。
   A. 个体防护　　　　　　　　　　B. 消除或减少故障
   C. 设置安全监控系统　　　　　　D. 改善作业环境
   E. 消除危险源、限制能量

89. 施工现场水污染的处理的措施符合规定的有（　　）。
   A. 施工现场化学药品、外加剂等要妥善入库保存
   B. 施工现场50人以上的临时食堂，污水排放时可设置简易、有效的隔油池
   C. 对于现场气焊用的乙炔发生罐产生的污水，要求专用容器集中存放，并倒入沉淀池处理
   D. 施工现场存放油料、化学溶剂等设有专门的库房，必须对库房地面和高250mm的墙面进行防渗处理
   E. 施工现场搅拌站的污水、水磨石的污水等须经排水沟排放和沉淀池沉淀后，再排入城市污水管道或河流

90. 下列建设工程施工现场的防治措施中，属于空气污染防治措施的有（　　）。
   A. 清理高层建筑物的施工垃圾时使用封闭式容器

B. 施工现场道路指定专人定期洒水清扫
C. 机动车安装减少尾气排放的装置
D. 化学用品妥善保管，库内存放避免污染
E. 拆除旧建筑时，适当洒水

91. 施工总承包管理与施工总承包相比，其在工作开展程序方面的不同主要表现在（　　）。
A. 施工总承包管理单位的招标可以不依赖完整的施工图
B. 施工总承包管理单位的招标与设计无关
C. 工程实体不得由施工总承包管理单位化整为零，分别进行分包
D. 施工总承包管理模式可以在很大程度上缩短建设周期
E. 施工总承包管理模式下，每完成一部分施工图就可以分包招标一部分

92. 投标人须知是招标人向投标人传递的基础信息文件，投标人应特别注意其中的（　　）。
A. 施工技术说明　　　　　　　　B. 投标文件的组成
C. 重要的时间安排　　　　　　　D. 招标工程的范围和详细内容
E. 招标人的责任权利

93. 合同实施偏差处理的调整措施包括（　　）。
A. 组织措施　　　　　　　　　　B. 技术措施
C. 法律措施　　　　　　　　　　D. 监管措施
E. 经济措施

94. 履约担保的形式包括（　　）。
A. 保兑支票　　　　　　　　　　B. 信用证明
C. 银行保函　　　　　　　　　　D. 履约担保书
E. 履约保证金

95. 关于建设工程信息管理内涵的说法，正确的有（　　）。
A. 信息管理是指信息的收集和整理
B. 建设工程项目的信息管理的目的是有效反映工程项目管理的实际情况
C. 建设工程项目的信息包括在项目决策过程、实施过程和运行各阶段产生的信息
D. 建设工程项目信息交流的问题会不同程度地影响项目目标实现
E. 信息管理仅对产生的信息进行归档和一般的信息领域的行政事务管理

考前冲刺试卷（一）参考答案及解析

一、单项选择题

1. C;	2. D;	3. B;	4. A;	5. D;
6. C;	7. A;	8. A;	9. C;	10. A;
11. D;	12. A;	13. B;	14. D;	15. B;
16. D;	17. A;	18. A;	19. C;	20. D;
21. B;	22. D;	23. D;	24. B;	25. D;
26. A;	27. A;	28. B;	29. C;	30. A;
31. D;	32. A;	33. B;	34. A;	35. A;
36. B;	37. A;	38. B;	39. C;	40. D;
41. C;	42. A;	43. A;	44. B;	45. A;
46. D;	47. B;	48. C;	49. C;	50. C;
51. D;	52. C;	53. D;	54. C;	55. B;
56. A;	57. C;	58. B;	59. C;	60. B;
61. A;	62. C;	63. D;	64. D;	65. B;
66. A;	67. D;	68. A;	69. C;	70. B。

【解析】

1. C。本题考核的是建设工程项目管理的内涵。建设工程项目管理的内涵是：自项目开始至项目完成，通过项目策划和项目控制，以使项目的费用目标、进度目标和质量目标得以实现。

2. D。本题考核的是施工总承包方的主要任务。施工总承包方负责组织和指挥它自行分包的分包施工单位和业主指定的分包单位的施工。

3. B。本题考核的是线性组织结构的应用。在线性组织结构中，每一个工作部门只能对其直接的下属部门下达工作指令，每一个工作部门也只有一个直接的上级部门，因此，每一个工作部门只有唯一的一个指令源。本题中，总经理不允许对项目经理、设计方直接下达指令，总经理必须通过业主代表下达指令；而业主代表也不允许对设计方等直接下达指令，必须通过项目经理下达指令，否则就会出现矛盾的指令。项目的设计方、施工方和甲供物资方的唯一指令来源是业主方的项目经理。

4. A。本题考核的是建设工程项目的实施阶段。建设工程项目的实施阶段包括：设计准备阶段、设计阶段、施工阶段、动用前准备阶段和保修阶段。其中设计阶段包括初步设计、技术设计和施工图设计。选项B、C属于决策阶段的工作内容。选项D属于设计准备阶段的工作内容。

5. D。本题考核的是运用动态控制原理控制施工成本。施工成本的计划值和实际值的比较包括：（1）工程合同价与投标价中的相应成本项的比较；（2）工程合同价与施工成本规划中的相应成本项的比较；（3）施工成本规划与实际施工成本中的相应成本项的比较；

(4) 工程合同价与实际施工成本中的相应成本项的比较；(5) 工程合同价与工程款支付中的相应成本项的比较等。施工成本的计划值和实际值也是相对的，相对于工程合同价而言，施工成本规划的成本值是实际值；而相对于实际施工成本，则施工成本规划的成本值是计划值等。

6. C。本题考核的是运用动态控制原理控制施工成本。运用动态控制原理控制施工成本的步骤如下：(1) 施工成本目标的逐层分解。(2) 在施工过程中对施工成本目标进行动态跟踪和控制；①按照成本控制的要求，收集施工成本的实际值；②定期对施工成本的计划值和实际值进行比较；③通过施工成本计划值和实际值的比较，如发现进度的偏差，则必须采取相应的纠偏措施进行纠偏。(3) 如有必要（即发现原定的施工成本目标不合理，或原定的施工成本目标无法实现等），则调整施工成本目标。

7. A。本题考核的是项目经理的管理权力。项目经理的管理权力包括：(1) 组织项目管理班子；(2) 以企业法定代表人的代表身份处理与所承担的工程项目有关的外部关系，受托签署有关合同；(3) 指挥工程项目建设的生产经营活动，调配并管理进入工程项目的人力、资金、物资、机械设备等生产要素；(4) 选择施工作业队伍；(5) 进行合理的经济分配；(6) 企业法定代表人授予的其他管理权力。

8. A。本题考核的是施工风险类型。施工组织风险包括：(1) 承包商管理人员和一般技工的知识、经验和能力；(2) 施工机械操作人员的知识、经验和能力；(3) 损失控制和安全管理人员的知识、经验和能力。

9. C。本题考核的是《建设工程质量管理条例》关于实施监理的规定。监理工程师应当按照工程监理规范的要求，采取旁站、巡视和平行检验等形式，对建设工程实施监理。

10. A。本题考核的是旁站监理人员的责任。旁站监理人员实施旁站监理时，发现施工企业有违反工程建设强制性标准行为的，有权责令施工企业立即整改；发现其施工活动已经或者可能危及工程质量的，应当及时向监理工程师或者总监理工程师报告，由总监理工程师下达局部暂停施工指令或者采取其他应急措施。

11. D。本题考核的是施工机械使用费的组成。施工机械使用费以施工机械台班耗用量乘以施工机械台班单价表示，施工机械台班单价由折旧费、大修理费、经常修理费、安拆费及场外运费、人工费组成。其中，人工费是指机上司机（司炉）和其他操作人员的人工费。

12. A。本题考核的是施工机具使用费的组成。施工机具使用费包括施工机械使用费和仪器仪表使用费。仪器仪表使用费是指工程施工所需使用的仪器仪表的摊销及维修费用。

13. B。本题考核的是周转性材料消耗定额的编制。定额中周转材料消耗量指标，应当用一次使用量和摊销量两个指标表示。一次使用量是指周转材料在不重复使用时的一次使用量，供施工企业组织施工用；摊销量是指周转材料退出使用，应分摊到每一计量单位的结构构件的周转材料消耗量，供施工企业成本核算或投标报价使用。

14. D。本题考核的是建筑业增值税的计算。选项A错误，适用简易计税方法计税。选项B错误，包含增值税进项税额。选项C错误，应为3%。

15. B。本题考核的是分部分项工程量的确定。招标文件中的工程量清单标明的工程量是工程量清单编制人按施工图图示尺寸和工程量清单计算规则计算得到的工程净量。

16. D。本题考核的是合同价款的调整。人工单价发生变化且符合省级或行业建设主管部门发布的人工费调整规定，合同当事人应按省级或行业建设主管部门或其授权的工程造价管理机构发布的人工费等文件调整合同价格,但承包人对人工费或人工单价的报价高于发布价格的除外。

17. A。本题考核的是法律法规变化的合同价款调整。标工程以投标截止日前28天,非招标工程以合同签订前28天为基准日。基准日期后,因法律变化造成工期延误时,工期应予以顺延。因承包人原因造成工期延误,在工期延误期间出现法律变化的,由此增加的费用和(或)延误的工期由承包人承担。但因承包人原因导致工期延误的,且在规定的调整时间在合同工程原定竣工时间之后,合同价款调增的不予调整,合同价款调减的予以调整。

18. A。本题考核的是建设工程定额。施工定额是施工企业(建筑安装企业)组织生产和加强管理在企业内部使用的一种定额,属于企业定额的性质。

19. C。本题考核的是人工定额的制定方法。统计分析法是把过去施工生产中的同类工程或同类产品的工时消耗的统计资料,与当前生产技术和施工组织条件的变化因素结合起来,进行统计分析的方法。

20. D。本题考核的是工程计量的方法。均摊法是对清单中某些项目的合同价款,按合同工期平均计量。保养测量设备,保养气象记录设备,维护工地清洁和整洁采用均摊法。

21. B。本题考核的是施工成本管理的含义。施工成本管理要在保证工期和质量要求的情况下,采取相应管理措施,包括组织措施、经济措施、技术措施和合同措施,把成本控制在计划范围内,并进一步寻求最大限度的成本节约。

22. D。本题考核的是施工成本控制的程序。成本的过程控制中,有两类控制程序,一是管理行为控制程序,二是指标控制程序。项目成本指标控制程序如下:(1)确定成本管理分层次目标;(2)采集成本数据,监测成本形成过程;(3)找出偏差,分析原因;(4)制定对策,纠正偏差;(5)调整改进成本管理方法。

23. D。本题考核的是施工项目年度成本分析的重点。年度成本分析的重点是针对下一年度的施工进展情况规划切实可行的成本管理措施,以保证施工项目成本目标的实现。

24. B。本题考核的是施工成本核算。选项A错误,施工成本核算应坚持形象进度、产值统计、成本归集同步的原则。选项C错误,用表格核算法进行工程项目施工各岗位成本的责任核算和控制,用会计核算法进行工程项目成本核算,两者互补,相得益彰,确保工程项目成本核算工作的开展。选项D错误,会计核算方法的优点是科学严密,人为控制的因素较小而且核算的覆盖面较大;缺点是对核算工作人员的专业水平和工作经验都要求较高。

25. B。本题考核的是"两算"对比的内容。"两算"是指施工预算与施工图预算。

26. A。本题考核的是时间—成本累计曲线(S形曲线)的相关内容。每一条S形曲线都对应某一特定的工程进度计划。因为在进度计划的非关键路线中存在许多有时差的工序或工作,因而S形曲线必然包络在由全部工作都按最早开始时间开始和全部工作都按最迟必须开始时间开始的曲线所组成的"香蕉图"内。

27. A。本题考核的是工程管理的原则。在工程施工实践中,必须树立和坚持一个最基本的工程管理原则,即在确保工程质量的前提下,控制工程的进度。

28. B。本题考核的是设计方进度控制的任务。设计方进度控制的任务是依据设计任务委托合同对设计工作进度的要求控制设计工作进度,这是设计方履行合同的义务。

29. C。本题考核的是合同价款的调整。暂估材料或工程设备的单价确定后,在综合单价中只应取代原暂估单价，不应再在综合单价中涉及企业管理费或利润等其他费的变动。

30. A。本题考核的是合同价款调整。合同履行期间，由于招标工程量清单中缺项，新增分部分项工程量清单项目的，应按照变更价款确定方法确定单价，调整合同价款。

31. D。本题考核的是竣工结算书的编制与核对。工程竣工结算由承包人或受其委托具有相应资质的工程造价咨询人编制，由发包人或受其委托具有相应资质的工程造价咨询人核对。

32. A。本题考核的是施工成本分析的基本方法。常用的比率法有相关比率法、构成比率法、动态比率法。在一般情况下，都希望以最少的工资支出完成最大的产值。因此，用产值工资率指标来考核人工费的支出水平，可以很好地分析人工成本。

班组甲人均效益：140000/4600/48＝0.634。
班组乙人均效益：135000/4200/45＝0.714。
班组丙人均效益：148000/4000/42＝0.881。
班组丁人均效益：126000/4400/40＝0.716。

上述数值越小越好，所以班组甲人均效益最好。

33. B。本题考核的是赢得值法。投资偏差＝已完工程预算费用－已完工程实际费用＝已完成工作量×预算单价－已完成工作量×实际单价＝1×90－1×95＝－5万元。

34. A。本题考核的是施工成本计划的类型。指导性成本计划是选派项目经理阶段的预算成本计划，是项目经理的责任成本目标。它是以合同价为依据，按照企业的预算定额标准制定的设计预算成本计划，且一般情况下以此确定责任总成本目标。

35. A。本题考核的是建设工程项目进度计划系统。建设工程项目管理有多种类型，代表不同方利益的项目管理（业主方和项目参与各方）都有进度控制的任务。但是，其控制的目标和时间范畴是不相同的。

36. B。本题考核的是实施性进度计划的作用。实施性施工进度计划的主要作用如下：（1）确定施工作业的具体安排；（2）确定（或据此可计算）一个月度或旬的人工需求（工种和相应的数量）；（3）确定（或据此可计算）一个月度或旬的施工机械的需求（机械名称和数量）；（4）确定（或据此可计算）一个月度或旬的建筑材料（包括成品、半成品和辅助材料等）的需求（建筑材料的名称和数量）；（5）确定（或据此可计算）一个月度或旬的资金的需求等。

37. A。本题考核的是建设工程项目总进度目标论证的工作步骤。建设工程项目总进度目标论证的工作步骤：（1）调查研究和收集资料；（2）项目结构分析；（3）进度计划系统的结构分析；（4）项目的工作编码；（5）编制各层进度计划；（6）协调各层进度计划的关系，编制总进度计划；（7）若所编制的总进度计划不符合项目的进度目标，则设法调整；（8）若经过多次调整，进度目标无法实现，则报告项目决策者。

38. B。本题考核的是单代号网络计划中关键线路的确定。单代号网络计划中，关键工作相连，并保证相邻两项关键工作之间的时间间隔为零而构成的线路就是关键线路。

39. C。本题考核的是单价合同的特点。单价合同的特点是单价优先，在工程款结算中单价优先，对于投标书中明显的数字计算错误，业主有权先作修改再评标。当总价和单价的计算结果不一致时，以单价为准调整总价。

40. D。本题考核的是双代号网络计划时间参数的计算。本题的关键线路：①→②→⑤→⑦，最早开始时间＝max｛(3+4)，(2+4)，(3+4)｝＝7，最迟完成时间＝15－3＝12。

41. C。本题考核的是双代号网络自由时差的计算。自由时差等于紧后工作的最早开始时间减去本工作的最早完成时间。本题的关键线路为：A→B→D→H→I（或①→②→③→④→⑤→⑥→⑦）。H 的最早开始时间为 6+3+9=18。E 工作的最早完成时间等于 6+3+7=16，则工作 E 的自由时差 18-16=2 天。

42. A。本题考核的是单代号网络计划时间参数的计算。相邻两项工作之间的时间间隔是指本工作的最早完成时间与其紧后工作最早开始时间之间可能存在的差值。工作 E 和 F 之间的时间间隔=7-6=1 天。

43. A。本题考核的是建设工程项目进度控制的管理措施。建设工程项目进度控制的管理措施涉及管理的思想、管理的方法、管理的手段、承发包模式、合同管理和风险管理等。另外，为实现进度目标，不但应进行进度控制，还应注意分析影响工程进度的风险，并在分析的基础上采取风险管理措施，以减少进度失控的风险量。选项 B、D 属于项目进度控制的组织措施。选项 C 属于项目进度控制的技术措施。

44. B。本题考核的是施工质量的影响因素。施工质量的影响因素主要有"人（Man）、材料（Material）、机械（Machine）、方法（Method）及环境（Environment）"五大方面，即 4M1E。

45. A。本题考核的是质量管理体系认证的程序。质量管理体系认证应按申请、审核、审批与注册发证等程序进行。

46. D。本题考核的是质量事故的认定。重大事故是指造成 10 人以上 30 人以下死亡，或者 50 人以上 100 人以下重伤，或者 5000 万元以上 1 亿元以下直接经济损失的事故。

47. B。本题考核的是现场质量检查方法。目测法的手段可概括为"看、摸、敲、照"四个字。所谓看，就是根据质量标准要求进行外观检查。例如，清水墙面是否洁净，喷涂的密实度和颜色是否良好、均匀，工人的操作是否正常，内墙抹灰的大面及口角是否平直，混凝土外观是否符合要求等；摸，就是通过触摸手感进行检查、鉴别。如油漆的光滑度，浆活是否牢固、不掉粉等；敲，就是运用敲击工具进行音感检查。如对地面工程、装饰工程中的水磨石、面砖、石材饰面等，均应进行敲击检查；照，就是通过人工光源或反射光照射，检查难以看到或光线较暗的部位。如管道井、电梯井等内的管线、设备安装质量，装饰吊顶内连接及设备安装质量等。

48. C。本题考核的是索赔费用的计算。增加工作内容的人工费应按照计日工费计算，而停工损失费和工作效率降低的损失费按窝工费计算，窝工费的标准双方应在合同中约定。当工作内容增加引起设备费索赔时，设备费的标准按照机械台班费计算。因窝工引起的设备费索赔，当施工机械属于施工企业自有时，按照机械折旧费计算索赔费用；当施工机械是施工企业从外部租赁时，索赔费用的标准按照设备租赁费计算，则承包人可以向发包人索赔的费用为：10×250+3×800 +3×400=6100 元。

49. B。本题考核的是工程质量事故处理的鉴定验收。质量事故的处理是否达到预期的目的，是否依然存在隐患，应当通过检查鉴定和验收做出确认。

50. C。本题考核的是施工质量缺陷处理的基本方法。一般可不作专门处理的情况有以下几种：不影响结构安全和使用功能的；后道工序可以弥补的质量缺陷；法定检测单位鉴定合格的；出现的质量缺陷，经检测鉴定达不到设计要求，但经原设计单位核算，仍能满足结构安全和使用功能的。某检验批混凝土试块强度值不满足规范要求，强度不足，但经法定检测单位对混凝土实体强度进行实际检测后，其实际强度达到规范允许和设计要求值时，可不作处理。选项C属于法定检测单位鉴定合格的情形。

51. D。本题考核的是检验批质量验收合格要求。分项工程质量验收合格的规定：（1）分项工程所含检验批的质量均应验收合格；（2）分项工程所含检验批的质量验收记录应完整。检验批的合格质量主要取决于对主控项目和一般项目的检验结果。主控项目是对检验批的基本质量起决定性影响的检验项目，因此，必须全部符合有关专业工程验收规范的规定。因为该钢筋分项工程已通过验收，所以该分项工程所含的检验批合格率为100%。

52. C。本题考核的是内部审核的概念。内部审核是施工企业对其自身的管理体系进行的审核，是对体系是否正常进行以及是否达到了规定的目标所作的独立的检查和评价，是管理体系自我保证和自我监督的一种机制。

53. D。本题考核的是施工职业健康安全管理的基本要求。建设工程实行总承包的，由总承包单位对施工现场的安全生产负总责并自行完成工程主体结构的施工。分包单位应当接受总承包单位的安全生产管理，分包合同中应当明确各自的安全生产方面的权利、义务。分包单位不服从管理导致生产安全事故的，由分包单位承担主要责任，总承包和分包单位对分包工程的安全生产承担连带责任。

54. C。本题考核的是作业文件的内容。作业文件是指管理手册、程序文件之外的文件，一般包括作业指导书（操作规程）、管理规定、监测活动准则及程序文件引用的表格。

55. B。本题考核的是事故报告的法律责任。下列情形需要对主要负责人、直接负责的主管人员和其他直接责任人员处一年年收入的60%~100%的罚款：（1）谎报或者瞒报事故；（2）伪造或者故意破坏事故现场；（3）转移、隐匿资金、财产，或者销毁有关证据、资料；（4）拒绝接受调查或者拒绝提供有关情况和资料；（5）在事故调查中作伪证或者指使他人作伪证；（6）事故发生后逃匿。

56. A。本题考核的是工程承包人的主要责任和义务。查阅内容不包括承包工程的价格内容。

57. C。本题考核的是索赔通知。在索赔事件影响结束后的28天内，承包人应向监理人递交最终索赔通知书。

58. B。本题考核的是建筑材料采购合同中关于价格的规定。建筑材料采购合同中关于价格的规定：（1）有国家定价的材料，应按国家定价执行；（2）按规定应由国家定价的但国家尚无定价的材料，其价格应报请物价主管部门的批准；（3）不属于国家定价的产品，可由供需双方协商确定价格。

59. B。本题考核的是合同跟踪的对象。业主和其委托的工程师（监理人）的工作：（1）业主是否及时、完整地提供了工程施工的实施条件，如场地、图纸、资料等；（2）业主和工程师（监理人）是否及时给予了指令、答复和确认等；（3）业主是否及时并足额地支付了应付的工程款项。选项A、C属于承包的任务，选项D属于工程小组或分包人的工程和工作。

60. B。本题考核的是专业工程分包人的主要责任和义务。分包人不得直接致函发包人或工程师，也不得直接接受发包人或工程师的指令，故选项A错误。分包人应按照分包合同的约定，对分包工程进行设计（分包合同有约定时）、施工、竣工和保修，选项C表达过于绝对。分包人应在合同约定的时间内，向承包人提交详细的施工组织设计，承包人应在专用条款约定的时间内批准，分包人方可执行，故选项D错误。

61. A。本题考核的是施工劳务分包合同中关于保险的规定。劳务分包人施工开始前，工程承包人应获得发包人为施工场地内的自有人员及第三人人员生命财产办理的保险，且不需劳务分包人支付保险费用。运至施工场地用于劳务施工的材料和待安装设备，由工程承包人办理或获得保险，且不需劳务分包人支付保险费用。工程承包人必须为租赁或提供给劳务分包人使用的施工机械设备办理保险，并支付保险费用。

62. C。本题考核的是单价合同的运用。初步的合同总价与各项单价乘以实际完成的工程量之和发生矛盾时，以后者为准，实际工程款的支付也将以实际完成工程量乘以合同单价进行计算。

63. D。本题考核的是固定总价合同的应用。采用固定总价合同，双方结算比较简单，但是由于承包商承担了较大的风险，因此报价中不可避免地要增加一笔较高的不可预见风险费。

64. D。本题考核的是成本加酬金合同的形式。成本加固定比例费用合同的报酬费用总额随成本加大而增加，不利于缩短工期和降低成本。一般在工程初期很难描述工作范围和性质，或工期紧迫，无法按常规编制招标文件招标时采用。

65. B。本题考核的是变更估价。除专用合同条款对期限另有约定外，承包人应在收到变更指示或变更意向书后的14天内，向监理人提交变更报价书，报价内容应根据合同约定的估价原则，详细开列变更工作的价格组成及其依据，并附必要的施工方法说明和有关图纸。

66. A。本题考核的是工程保险的办理。国内工程通常由项目法人办理工程一切险，国际工程一般要求承包人办理保险。注意本题中是根据我国保险制度，所以选项A正确。

67. D。本题考核的是预付款担保的作用。选项A是支付担保的作用，选项B是履约担保的作用，选项C是投标担保的作用。

68. A。本题考核的是工程担保的作用。支付担保是中标人要求招标人提供的保证履行合同中约定的工程款支付义务的担保。工程款支付担保的作用在于，通过对业主资信状况进行严格审查并落实各项担保措施，确保工程费用及时支付到位；一旦业主违约，付款担保人将代为履约。投标担保的主要目的是保护招标人不因中标人不签约而蒙受经济损失。履约担保是指招标人在招标文件中规定的要求中标的投标人提交的保证履行合同义务和责任的担保。预付款担保的主要作用在于保证承包人能够按合同规定进行施工，偿还发包人已支付的全部预付金额。

69. C。本题考核的是施工合同风险的类型。选项A属于项目外界环境风险，选项B、D属于管理风险，注意选项D，属于管理风险中对环境调查和预测的风险，可能会被认为是项目外界环境风险。

70. B。本题考核的是工程施工技术管理资料的内容。工程施工技术管理资料包括：图纸会审记录文件；工程开工报告相关资料（开工报审表、开工报告）；技术、安全交底记录文件；施工组织设计（项目管理规划）文件；施工日志记录文件；设计变更文件；工程洽商记录文件；工程测量记录文件；施工记录文件；工程质量事故记录文件；工程竣工文件。

二、多项选择题

71. A、B、D；　　72. A、B；　　73. B、C、E；
74. A、B、C、D；　75. B、C、D；　76. A、B、E；
77. B、D；　　　78. B、C、D；　79. B、E；

80. B、C、D; 81. A、E; 82. B、D、E;
83. C、D、E; 84. C、D; 85. B、C、D、E;
86. A、B、C、D; 87. A、B、E; 88. B、C、D;
89. A、C、D、E; 90. A、B、C、E; 91. A、D、E;
92. B、C、D; 93. A、B、E; 94. C、D、E;
95. C、D。

【解析】

71. A、B、D。本题考核的是项目组织结构图。项目组织结构图反映的是各工作单位、各工作部门和各工作人员之间的组织关系。

72. A、B。本题考核的是施工企业项目经理的工作性质。项目经理应是承包人正式聘用的员工，承包人应向发包人提交项目经理与承包人之间的劳动合同，以及承包人为项目经理缴纳社会保险的有效证明。

73. B、C、E。本题考核的是风险识别工作内容。风险识别的任务是识别施工全过程存在哪些风险，其工作程序包括：（1）收集与施工风险有关的信息；（2）确定风险因素；（3）编制施工风险识别报告。

74. A、B、C、D。本题考核的是企业管理费的内容。按费用构成要素划分，企业管理费包括：管理人员工资、办公费、差旅交通费、固定资产使用费、工具用具使用费、劳动保险和职工福利费、劳动保护费、检验试验费、工会经费、职工教育经费、财产保险费、财务费、税金、城市维护建设税、教育费附加、地方教育附加、其他。

75. B、C、D。本题考核的是措施项目费的计算方法。措施项目费的计算方法有：综合单价法、参数计价法、分包计价法。

76. A、B、E。本题考核的是工程计量。工程量计量按照合同约定的工程量计算规则、图纸及变更指示等进行计量。工程量计算规则应以相关的国家标准、行业标准等为依据，由合同当事人在专用合同条款中约定。对于不符合合同文件要求的工程，承包人超出施工图纸范围或因承包人原因造成返工的工程量，不予计量。若发现工程量清单中出现漏项、工程量计算偏差，以及工程变更引起工程量的增减变化，应据实调整，正确计量。

77. B、D。本题考核的是成本计划的类型。竞争性成本计划是施工项目投标及签订合同阶段的估算成本计划。

78. B、C、D。本题考核的是分部分项施工成本分析的资料来源。分部分项工程成本分析的资料来源是：预算成本来自投标报价成本，目标成本来自施工预算，实际成本来自施工任务单的实际工程量、实耗人工和限额领料单的实耗材料。

79. B、E。本题考核的是施工图预算和施工预算的对比。选项A错误，施工预算的编制以施工定额为依据，施工图预算的编制以预算定额为依据。选项B，除了实物对比法，还包括金额对比法。选项C错误，施工预算的人工数量及人工费比施工图预算低6%左右。选项D错误，施工预算的材料消耗量及材料费比施工图预算低。

80. B、C、D。本题考核的是专项成本分析方法。选项A属于综合成本的分析方法，选项E属于成本项目的分析方法。

81. A、E。本题考核的是双代号网络计划绘图规则。选项A错误，有①、②两个起点节点。选项E错误，存在多余虚工作。

82. B、D、E。本题考核的是进度控制的主要工作环节。进度控制的主要工作环节包括进度目标的分析和论证、编制进度计划、定期跟踪进度计划的执行情况、采取纠偏措施以及调整进度计划。

83. C、D、E。本题考核的是专项施工方案专家论证制度。涉及深基坑、地下暗挖工程、高大模板工程的专项施工方案，施工单位还应当组织专家进行论证、审查。

84. C、D。本题考核的是影响施工质量的环境因素。环境的因素主要包括施工现场自然环境因素、施工质量管理环境因素和施工作业环境因素。施工作业环境因素：主要指施工现场平面和空间环境条件，各种能源介质供应，施工照明、通风、安全防护设施，施工场地给水排水，以及交通运输和道路条件等因素。

85. B、C、D、E。本题考核的是施工质量事故处理的基本要求。施工质量事故处理的基本要求：(1) 质量事故的处理应达到安全可靠、不留隐患、满足生产和使用要求、施工方便、经济合理的目的；(2) 消除造成事故的原因，注意综合治理，防止事故再次发生；(3) 正确确定技术处理的范围和正确选择处理的时间和方法；(4) 切实做好事故处理的检查验收工作，认真落实防范措施；(5) 确保事故处理期间的安全。

86. A、B、C、D。本题考核的是单位工程质量验收合格的规定。单位工程质量验收合格应符合下列规定：(1) 所含分部工程的质量均应验收合格；(2) 质量控制资料应完整；(3) 所含分部工程有关安全、节能、环境保护和主要使用功能的检验资料应完整；(4) 主要使用功能的抽查结果应符合相关专业质量验收规范的规定；(5) 观感质量应符合要求。

87. A、B、E。本题考核的是从事危险化学品特种作业人员的条件。特种作业人员应具备的条件是：(1) 年满18周岁，且不超过国家法定退休年龄；(2) 经社区或者县级以上医疗机构体检健康合格，并无妨碍从事相应特种作业的器质性心脏病、癫痫病、美尼尔氏症、眩晕症、癔症、震颤麻痹症、精神病、痴呆症以及其他疾病和生理缺陷；(3) 具有初中及以上文化程度；(4) 具备必要的安全技术知识与技能；(5) 相应特种作业规定的其他条件。危险化学品特种作业人员除符合第 (1) 项、第 (2) 项、第 (4) 项和第 (5) 项规定的条件外，应当具备高中或者相当于高中及以上文化程度。

88. B、C、D。本题考核的第二类危险源控制的方法。第二类危险源控制的方法包括：提高各类设施的可靠性以消除或减少故障、增加安全系数、设置安全监控系统、改善作业环境等。最重要的是加强员工的安全意识培训和教育，克服不良的操作习惯，严格按章办事，并在生产过程保持良好的生理和心理状态。选项A、E属于第一类危险源控制的方法。

89. A、C、D、E。本题考核的是施工现场水污染的处理措施。施工现场水污染的处理措施包括：(1) 施工现场搅拌站的污水、水磨石的污水等须经排水沟排放和沉淀池沉淀后再排入城市污水管道或河流，污水未经处理不得直接排入城市污水管道或河流；(2) 禁止将有毒有害废弃物作土方回填，避免污染水源；(3) 施工现场存放油料、化学溶剂等设有专门的库房，必须对库房地面和高250mm墙面进行防渗处理，如采用防渗混凝土或刷防渗漏涂料等；(4) 对于现场气焊用的乙炔发生罐产生的污水严禁随地倾倒，要求专用容器集中存放，并倒入沉淀池处理，以免污染环境；(5) 施工现场100人以上的临时食堂，污水排放时可设置简易、有效的隔油池，定期掏油、清理杂物，防止污染水体；(6) 施工现场临时厕所的化粪池应采取防渗漏措施，防止污染水体；(7) 施工现场化学药品、外加剂等要妥善入库保存，防止污染水体。

90. A、B、C、E。本题考核的是施工现场环境保护的措施。化学用品妥善保管，库内存放避免污染属于施工过程水污染防治的措施。

考前冲刺试卷（一）参考答案及解析

91. A、D、E。本题考核的是施工总承包管理模式与施工总承包模式的比较。施工总承包管理模式与施工总承包模式的工作开展程序不同。施工总承包模式的一般工作程序是：先完成工程项目的设计，即待施工图设计结束后再进行施工总承包的招投标，然后再进行工程施工。如果采用施工总承包管理模式，对施工总承包管理单位的招标可以不依赖完整的施工图，换句话说，施工总承包管理模式的招投标可以提前到项目尚处于设计阶段进行。另外，工程实体可以化整为零，分别进行分包单位的招标，即每完成一部分工程的施工图就招标一部分，从而使该部分工程的施工提前到整个项目设计阶段尚未完全结束之前进行。施工总承包管理模式可以在很大程度上缩短建设周期。

92. B、C、D。本题考核的是投标人须知应重点注意的问题。投标人须知是招标人向投标人传递基础信息的文件，包括工程概况、招标内容、招标文件的组成、投标文件的组成、报价的原则、招标投标时间安排等关键的信息。首先，投标人需要注意招标工程的详细内容和范围，避免遗漏或多报；其次，还要特别注意投标文件的组成，避免因提供的资料不全而被作为废标处理；还要注意招标答疑时间、投标截止时间等重要时间安排，避免因遗忘或迟到等原因而失去竞争机会。

93. A、B、E。本题考核的是合同实施偏差处理的调整措施。合同实施偏差处理的调整措施包括：组织措施、技术措施、经济措施、合同措施。

94. C、D、E。本题考核的是履约担保的形式。履约担保可以采用银行保函、履约担保书和履约保证金的形式，也可以采用同业担保的方式。

95. C、D。本题考核的是建设工程信息管理的内涵。选项 A 错误，信息管理指的是信息传输的合理的组织和控制。选项 B 错误，建设工程项目的信息管理的目的旨在通过有效的项目信息传输的组织和控制为项目建设的增值服务。选项 E 错误，信息管理不能简单理解为仅对产生的信息进行归档和一般的信息领域的行政事务管理。

《建设工程施工管理》

考前冲刺试卷（二）及解析

《建设工程施工管理》考前冲刺试卷（二）

一、单项选择题（共70题，每题1分。每题的备选项中，只有1个最符合题意）

1. 某学校拟新建一科教综合楼，经设计招标，由甲设计公司承担该项目设计任务。下列不属于该设计院项目管理目标的是（　　）。
   A. 项目的投资目标　　　　　　B. 设计的成本目标
   C. 设计的进度目标　　　　　　D. 项目的进度目标

2. 线性组织结构的特点是（　　）。
   A. 每一个工作部门只有一个直接的下级部门
   B. 每一个工作部门只有一个直接的上级部门
   C. 谁的级别高，就听谁的指令
   D. 可以越级指挥或请示

3. 组织分工反映的是一个组织系统中各子系统或各元素的工作任务分工和（　　）。
   A. 管理职能分工　　　　　　B. 管理责任分工
   C. 管理权限分工　　　　　　D. 管理目标分工

4. 工程项目施工组织设计中，全面部署施工任务，合理安排施工顺序属于（　　）中的工作内容。
   A. 工程概况　　　　　　　　B. 施工总平面图
   C. 施工进度计划　　　　　　D. 施工部署及施工方案

5. 下列项目目标控制工作中，属于主动控制的是（　　）。
   A. 进行目标的实际值与计划值比较
   B. 目标出现偏离时采取纠偏措施
   C. 事前分析可能导致目标偏离的各种影响因素
   D. 分析目标的实际值与计划值之间存在偏差的原因

6. 在项目目标动态控制的纠偏措施中，调整项目组织结构、任务分工、管理职能分工、工作流程组织、项目管理班子人员等，属于（　　）。
   A. 管理措施　　　　　　　　B. 组织措施
   C. 经济措施　　　　　　　　D. 技术措施

7. 根据《建设工程项目管理规范》GB/T 50326—2017，项目经理的权限包括（　　）等。
   A. 参与组建项目管理机构
   B. 参与评价项目管理绩效
   C. 制定安全、文明和环境保护措施并组织实施
   D. 主持制定并落实质量、安全技术措施和专项方案

8. 下列影响建设工程项目实施的风险因素中，属于技术风险的是（　　）。
   A. 工程设计文件　　　　　　B. 气象条件

C. 公用防火设施的数量 D. 人身安全控制计划

9. 工程监理人员认为工程施工不符合工程设计要求时，其正确的做法是（   ）。
   A. 要求建筑施工企业改正 B. 报告建设单位要求设计单位改正
   C. 下达设计整改通知单 D. 报告设计单位要求建设单位改正

10. 根据《建设工程监理规范》GB/T 50319—2013，对专业性比较强、危险性较大的分部分项工程项目，项目监理机构应编制工程建设监理实施细则，并必须经（   ）批准后执行。
    A. 监理单位技术负责人 B. 总监理工程师
    C. 专业监理工程师 D. 业主代表

11. 下列费用中，属于建筑安装工程费中检验试验费的是（   ）。
    A. 新材料的试验费
    B. 对构件进行破坏性试验的费用
    C. 建设单位委托检测机构进行检验的费用
    D. 对构件进行一般鉴定、检查所发生的费用

12. 社会保险费应以（   ）为计算基础，根据工程所在地省、自治区、直辖市或行业建设主管部门规定费率计算。
    A. 定额管理费 B. 定额人工费
    C. 定额人工费和机械费 D. 定额人工费和材料费

13. 在进行施工作业时间研究时，下列方法中，属于计时测定方法的是（   ）。
    A. 写实记录法 B. 图纸分析法
    C. 比较类推法 D. 经验估计法

14. 关于分部分项工程量清单和定额子目工程量的说法，正确的是（   ）。
    A. 一个清单项目只对应一个定额子目时，清单工程量的定额工程量完全相同
    B. 清单工程量计算的主项，工程量应与定额子目的工程量一致
    C. 清单工程量通常可以用于直接计价
    D. 定额子目工程量，应严格按照与所采用的定额相对应的工程量计算规则计算

15. 某工程，招标人提供的工程量清单中挖土方的工程量为3000m³，投标人根据其施工方案计算出的挖土方作业量为3500m³，完成该分项工程的人工、材料、机械费为70000元，管理费为15000元，利润为4000元，其他因素均不考虑，则根据已知条件，投标人应报的综合单价为（   ）元/m³。
    A. 24.29 B. 25.43
    C. 28.33 D. 29.67

16. 工程量清单中的各分部分项工程量并不十分准确，若设计深度不够则可能有较大的误差，而工程量的多少不会影响（   ）。
    A. 施工方法选择 B. 劳动力和机具安排
    C. 投标综合单价报价 D. 结算工程量的确定

17. 若施工企业所能依据的定额齐全，则在编制施工作业计划时宜采用的定额是（   ）。
    A. 概算指标 B. 概算定额
    C. 预算定额 D. 施工定额

18. 人工定额的制定方法中，简单易行，适用于施工条件正常、产品稳定、工序重复量大和统计工作制度健全施工过程的方法，是（　　）。
   A. 统计分析法　　　　　　　　B. 比较类推法
   C. 经验估计法　　　　　　　　D. 技术测定法

19. 下列文件和资料中，可作为建设工程工程量计量依据的是（　　）。
   A. 造价管理机构发布的调价文件　　B. 造价管理机构发布的价格信息
   C. 质量合格证书　　　　　　　　D. 各种预付款支付凭证

20. 下列适宜用参数法计价的措施项目费是（　　）。
   A. 脚手架工程费　　　　　　　　B. 混凝土模板费
   C. 夜间施工费　　　　　　　　　D. 垂直运输费

21. 建设工程项目施工成本控制涉及的时间范围是（　　）。
   A. 从施工准备开始至项目交付使用为止
   B. 从工程投标开始至项目竣工结算完成为止
   C. 从工程投标开始至项目保证金返还为止
   D. 从施工准备开始至项目竣工结算完成为止

22. 下列施工成本分析依据中，属于既可对已发生的，又可对尚未发生或正在发生的经济活动进行核算的是（　　）。
   A. 会计核算　　　　　　　　　　B. 成本计划
   C. 业务核算　　　　　　　　　　D. 统计核算

23. 施工项目成本核算的程序中，将每个月应计入工程成本的生产费用，在各个成本对象之间进行分配和归集，计算各工程成本后需进行的工作是（　　）。
   A. 对所发生的费用进行审核，确定应计入成本的费用和期间费用
   B. 将应计入工程成本的各项费用，区分计入本月或其他月份的工程成本
   C. 对未完工程进行盘点，确定本期已完工程实际成本
   D. 将已完工程成本转入工程结算成本

24. 某施工项目进行月（季）度成本分析时，发现属于预算定额规定的"政策性"亏损，则应采取的措施是（　　）。
   A. 从控制支出着手，把超支额压缩到最低限度
   B. 增加变更收入，弥补政策亏损
   C. 将亏损成本转入下一月（季）度
   D. 停止施工生产，并报告业主方

25. 下列施工成本计划指标中，属于质量指标的是（　　）。
   A. 项目计划总成本指标　　　　　B. 单位工程计划成本指标
   C. 责任目标成本计划降低率　　　D. 设计预算总成本计划降低额

26. 某施工项目某月的成本数据见下表，应用差额计算法得到预算成本增加对成本的影响是（　　）万元。

项目	单位	计划	实际
预算成本	万元	600	640
成本降低率	%	4	5

A. 12.0　　　　　　　　　　　　B. 8.0
C. 6.4　　　　　　　　　　　　 D. 1.6

27. 对建设工程项目整个实施阶段的进度进行控制是（　　）的任务。
A. 投资方　　　　　　　　　　B. 总承包方
C. 施工总承包管理方　　　　　D. 项目使用方

28. 投标人编制分部分项工程综合单价的主要工作有：①计算清单项目的管理费和利润；②测算人、料、机消耗量；③确定组合定额子目并计算各子目工程量；④确定人、料、机单价。正确的顺序是（　　）。
A. ③①②④　　　　　　　　　B. ②①③④
C. ③②④①　　　　　　　　　D. ③②①④

29. 关于质量保证金的处理，下列说法正确的是（　　）。
A. 质量保证金的扣留原则上采用工程竣工结算时一次性扣留
B. 承包人在发包人签发竣工付款证书后14天内提交质量保证金保函的，发包人应同时退还扣留的作为质量保证金的工程价款
C. 发包人累计扣留的质量保证金不得超过工程价款结算总额的8%
D. 项目竣工前，承包人已经提供履约担保的，发包人不得同时预留工程质量保证金

30. 根据《建设工程工程量清单计价规范》GB 50500—2013，关于措施项目费调整的规定，说法正确的是（　　）。
A. 措施项目费按照实际发生变化的措施项目调整，不得浮动
B. 采用综合单价计算的措施项目费，按照实际发生变化的措施项目按照已标价工程量清单项目的规定确定单价
C. 按单价计算的措施项目费，按照实际发生变化的措施项目调整
D. 安全文明施工费按照实际发生变化的措施项目调整，不得浮动

31. 下列关于费用（进度）偏差和费用（进度）绩效指数的说法，正确的是（　　）。
A. 费用（进度）偏差反映的是相对偏差
B. 费用（进度）绩效指数反映的是绝对偏差
C. 费用（进度）偏差仅适合于对同一项目作偏差分析
D. 费用（进度）绩效指数受项目层次和项目实施时间的限制

32. 根据《建设工程工程量清单计价规范》GB 50500—2013，关于合同工期的说法正确的是（　　）。
A. 发包人要求合同工程提前竣工的，应承担承包人由此增加的提前竣工费用
B. 招标人压缩的工期天数不得超过定额工期的30%
C. 招标人压缩的工期天数超过定额工期的20%但不超过30%时，不额外支付赶工费用
D. 工程实施过程中，发包人要求合同工程提前竣工的，承包人必须采取加快工程进度的措施

33. 施工项目的专项成本分析中，"成本支出率"指标用于分析（　　）。
A. 工期成本　　　　　　　　　B. 成本盈亏
C. 分部分项工程成本　　　　　D. 资金成本

34. 作为建设工程项目进度控制的依据，建设工程项目进度计划系统应（　　）。
A. 在项目的前期决策阶段建立　B. 在项目的初步设计阶段完善

C. 在项目的进展过程中逐步形成　　　D. 在项目的施工准备阶段建立

35. 某建设工程项目按施工总进度计划、各单位工程进度计划及相应分部工程进度计划组成了计划系统，该计划系统是由多个相互关联的不同（　　）的进度计划组成。

A. 深度　　　　　　　　　　　　　B. 功能
C. 项目参与方　　　　　　　　　　D. 周期

36. 下列属于施工企业的施工生产计划的是（　　）。

A. 施工总进度计划　　　　　　　　B. 月度生产计划
C. 项目施工的季度施工计划　　　　D. 旬施工作业计划

37. 某双代号网络计划中，工作 M 的最早开始时间和最迟开始时间分别为第 12 天和第 15 天，其持续时间为 5 天。工作 M 有 3 项紧后工作，它们的最早开始时间分别为第 21 天、第 24 天和第 28 天，则工作 M 的自由时差为（　　）天。

A. 1　　　　　　　　　　　　　　B. 3
C. 4　　　　　　　　　　　　　　D. 5

38. 关于双代号网络计划中线路的说法，正确的是（　　）。

A. 长度最短的线路称为非关键线路
B. 线路中各节点应从小到大连续编号
C. 一个网络图中可能有一条或多条关键线路
D. 没有虚工作的线路称为关键线路

39. 某网络计划如下图所示，逻辑关系正确的是（　　）。

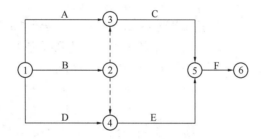

A. A 完成后同时进行 C、F　　　　B. A、B 均完成后进行 E
C. F 的紧前工作是 D、E　　　　　D. E 的紧前工作是 B、D

40. 某工程双代号网络计划如下图所示，工作 G 的自由时差和总时差分别是（　　）。

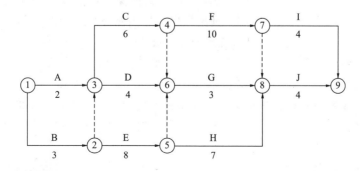

A. 0 和 4　　　　　　　　　　　　B. 4 和 4
C. 5 和 5　　　　　　　　　　　　D. 5 和 6

41. 双代号网络计划中，某工作最早第 3 天开始，工作持续时间 2 天，有且仅有 2 个紧后工作，紧后工作最早开始时间分别是第 5 天和第 6 天，对应总时差是 4 天和 2 天。该工作的总时差和自由时差分别是（　　）。
   A. 3 天，0 天 B. 0 天，0 天
   C. 4 天，1 天 D. 2 天，2 天

42. 工程网络计划中，工作的最迟开始时间是指在不影响（　　）的前提下，必须开始的最迟时刻。
   A. 紧后工作最早开始 B. 紧前工作最迟开始
   C. 整个任务按期完成 D. 所有后续工作机动时间

43. 施工进度计划调整的内容，不包括（　　）的调整。
   A. 工作关系 B. 工程量
   C. 资源提供条件 D. 工程质量

44. 工程项目质量保证体系中，工作保证体系的目的是（　　）。
   A. 建立质量信息系统和明确工作任务 B. 建立健全各级组织和工作制度
   C. 明确工作任务和建立工作制度 D. 建立健全各级组织和明确工作任务

45. 下列导致施工质量事故发生的原因中，属于违背基本建设程序的是（　　）。
   A. 勘察报告不准不细 B. 边勘察、边设计、边施工
   C. 非法承包，偷工减料 D. 施工组织、施工工艺技术措施不当

46. 施工质量事故的处理程序中，事故处理阶段的主要工作有（　　）。
   A. 事故报告和事故调查 B. 事故调查和事故的责任认定
   C. 事故的技术处理和事故的责任处罚 D. 恢复施工和检查验收

47. 某防洪堤坝填筑压实后，其压实土的干密度未达到规定值，经核算将影响土体的稳定且不满足抗渗能力的要求，可采取的质量事故处理方法是（　　）。
   A. 不作处理 B. 加固处理
   C. 返修处理 D. 返工处理

48. 某工程施工过程中，由于对进场材料的检验不严密而引发质量事故。如按质量事故产生的原因划分，该质量事故是由（　　）原因引发的。
   A. 技术 B. 社会
   C. 管理 D. 经济

49. 某建设工程项目中，承包人按合同约定，由担保公司向发包人提供了履约担保书。在合同履行过程中，如果承包人违约，开出担保书的担保公司（　　）。
   A. 必须向发包人支付履约担保书规定的保证金
   B. 必须用履约担保书规定的保证金去完成施工任务
   C. 应完成施工任务，并向发包人支付履约担保书规定的保证金
   D. 用履约担保书规定的担保金去完成施工任务或向发包人支付该项保证金

50. 根据《建筑工程施工质量验收统一标准》GB 50300—2013，分项工程的划分依据包括（　　）。
   A. 专业性质、工程部位 B. 主要工种、材料、施工工艺
   C. 工程量、设备类别 D. 施工特点、施工段

51. 在施工过程的工程质量验收中发现质量不符合要求时，如经检测鉴定达不到设计要

求，但经原设计单位核算，仍能满足结构安全和使用功能的情况，该检验批（　　）。

A. 应返工重做后重新验收　　　　B. 需与建设单位协商一致方可验收

C. 可予以验收　　　　　　　　　D. 由监督机构决定是否予以验收

52. 根据《职业健康安全管理体系 要求及使用指南》GB/T 45001—2020 的总体结构，属于绩效评价的内容是（　　）。

A. 应急准备和响应　　　　　　　B. 持续改进

C. 事件、不符合的纠正和预防　　D. 管理评审

53. "对现有有效文件进行整理编号，对适用的表格要及时发放"的活动，属于职业健康安全管理体系运行中的（　　）活动。

A. 信息交流　　　　　　　　　　B. 执行控制程序

C. 文件管理　　　　　　　　　　D. 预防措施

54. 根据《生产安全事故报告和调查处理条例》的规定，致使 150 名操作工人急性工业中毒的生产安全事故属于（　　）。

A. 特别重大事故　　　　　　　　B. 较大事故

C. 重大事故　　　　　　　　　　D. 一般事故

55. 招标人对已发出的招标文件进行必要的澄清或者修改时，应当在招标文件要求提交投标文件截止时间至少（　　）日前发出。

A. 14　　　　　　　　　　　　　B. 15

C. 7　　　　　　　　　　　　　　D. 3

56. 根据《标准施工招标文件》，工程开工后应由（　　）制定应对突发治安事件的紧急预案。

A. 监理人　　　　　　　　　　　B. 承包人

C. 发包人　　　　　　　　　　　D. 承包人和发包人共同

57. 下列情形中，承包人不可以提起索赔的事件是（　　）。

A. 不可抗力导致承包人的设备损坏

B. 合同规定以外的项目进行检验，且检验合格

C. 物价上涨，法规变化

D. 发包人提出提前完成项目

58. 在制造时期，由采购方派人在供应的生产厂家进行材质检验。该验收方式属于（　　）。

A. 驻厂验收　　　　　　　　　　B. 提运验收

C. 接运验收　　　　　　　　　　D. 入库验收

59. 根据《标准施工招标文件》，承包人按合同约定提交的最终结清申请单中，只限于提出工程接收证书颁发后发生的索赔。提出索赔的期限自接受（　　）时终止。

A. 竣工付款证书　　　　　　　　B. 工程验收证书

C. 最终结清证书　　　　　　　　D. 临时付款证书

60. 根据《建设工程施工劳务分包合同（示范文本）》GF—2003—0214，应由劳务分包人完成的工作是（　　）。

A. 收集技术资料　　　　　　　　B. 搭建生活设施

C. 编制施工计划　　　　　　　　D. 加强安全教育

61. 在建筑材料采购合同中，委托运输部门运输、送货或代运的产品，其交货期限一般以（　　）的日期为准。
   A. 需方收货戳记　　　　　　　　B. 承运单位签发
   C. 供方向承运单位提出申请　　　D. 货物送达交货地点

62. 固定单价合同适用于（　　）的项目。
   A. 工期长、工程量变化幅度很大　　B. 工期长、工程量变化幅度不太大
   C. 工期短、工程量变化幅度不太大　D. 工期短、工程量变化幅度很大

63. 关于成本加酬金合同的说法，正确的是（　　）。
   A. 成本加固定比例费用的合同，有利于缩短工期
   B. 成本加固定费用的合同，承包商的酬金不可调整
   C. 当实行风险型CM模式时，适宜采用最大成本加费用合同
   D. 当设计深度达到可以报总价的深度时，适宜采用成本加奖金合同

64. 施工承包合同订立后发生了下列情况，其中不会导致合同变更的是（　　）。
   A. 施工单位技术负责人发生变化　　B. 改变部分工作的计价方式
   C. 增加一项合同范围以外的工作　　D. 要求将工程竣工时间提前

65. 根据《建设工程施工合同（示范文本）》GF—2017—0201，下列可能引起合同解除的事件中，属于发包人违约的情形是（　　）。
   A. 因发包人所在国发生动乱导致合同无法履行连续超过100天
   B. 因罕见暴雨导致合同无法履行连续超过了20天
   C. 承包人未按进度计划及时完成合同约定工作
   D. 因发包人原因未能在计划开工日期前7天下达开工通知

66. 关于工程合同风险分配的说法，正确的是（　　）。
   A. 业主、承包商谁能更有效地降低风险损失，则应由谁承担相应的风险责任
   B. 承包商在工程合同风险分配中起主导作用
   C. 业主、承包商谁承担管理风险的成本最高，则应由谁来承担相应的风险责任
   D. 合同定义的风险没有发生，业主不用支付承包商投标中的不可预见风险费

67. 下列财产损失和人身伤害事件中，属于第三者责任险赔偿范围的是（　　）。
   A. 项目承包商在施工工地的财产损失
   B. 项目承包商职工在施工工地的人身伤害
   C. 项目法人外聘员工在施工工地的人身伤害
   D. 项目法人、承包商以外的第三人因施工原因造成的财产损失

68. 我国建设工程常用的担保方式中，担保金额最大的工程担保是（　　）。
   A. 投标担保　　　　　　　　　　B. 履约担保
   C. 支付担保　　　　　　　　　　D. 预付款担保

69. 下列担保中，担保金额在担保有效期内逐步减少的是（　　）。
   A. 投标担保　　　　　　　　　　B. 履约担保
   C. 支付担保　　　　　　　　　　D. 预付款担保

70. 各项新建、扩建、改建、技术改造、技术引进等建筑工程项目的竣工图，应由（　　）编制。
   A. 建设单位　　　　　　　　　　B. 设计单位

C. 监理单位 D. 施工单位

二、**多项选择题**（共25题，每题2分。每题的备选项中，有2个或2个以上符合题意，至少有1个错项。错选，本题不得分；少选，所选的每个选项得0.5分）

71. 下列工作流程组织中，属于管理工作流程组织的有（　　）。
A. 基坑开挖施工流程 B. 设计变更工作流程
C. 投资控制工作流程 D. 房屋装修施工流程
E. 装配式构件深化设计流程

72. 分部（分项）工程施工组织设计的主要内容包括（　　）。
A. 施工准备工作计划 B. 施工进度计划
C. 作业区施工平面布置图设计 D. 施工总平面图设计
E. 施工方案的选择

73. 下列建设工程施工风险因素中，属于经济与管理风险的有（　　）。
A. 事故防范措施和计划 B. 工程施工方案
C. 现场与公用防火设施的可用性 D. 承包方管理人员的能力
E. 引起火灾和爆炸的因素

74. 下列各项工作任务，属于施工准备阶段建设监理工作任务的有（　　）。
A. 审查分包单位资质条件
B. 参与设计单位向施工单位的设计交底
C. 审查施工组织设计
D. 签署单位工程质量评定表
E. 审查施工单位提交的施工进度计划

75. 根据《建设工程工程量清单计价规范》GB 50500—2013，下列费用不得作为竞争性费用的有（　　）。
A. 安全文明施工费 B. 夜间施工增加费
C. 规费 D. 施工管理费
E. 税金

76. 按定额的编制程序和用途，建设工程定额可划分为（　　）。
A. 施工定额 B. 企业定额
C. 预算定额 D. 补充定额
E. 投资估算指标

77. 关于分部分项工程成本分析，下列说法正确的有（　　）。
A. 分部分项成本分析是施工项目成本分析的基础
B. 必须对施工项目所有的分部分项进行成本分析
C. 分部分项成本分析的方法是实际成本与目标成本比较
D. 分部分项成本分析的对象为已完分部分项工程
E. 对主要的分部分项工程要做到从开工到竣工进行系统的成本分析

78. 单位工程竣工成本综合分析的内容包括（　　）。
A. 竣工成本分析 B. 主要资源节超对比分析
C. 差额计算分析 D. 年度成本分析
E. 主要技术节约措施及经济效果分析

79. 关于按工程实施阶段编制施工成本计划的说法，正确的有（　　）。

A. 可在网络图的基础上进一步扩充得到

B. 可以用成本计划直方图的方式表示

C. 按最早时间安排工作可节约资金贷款利息

D. 可以用时间—成本累积曲线表示

E. 可根据资金筹措情况在"香蕉图"内调整 S 形曲线

80. 横道图进度计划法存在的问题包括（　　）。

A. 工序之间的逻辑关系不易表达清楚

B. 适用于手工编制计划

C. 可以确定计划的关键工作和时差，但不能确定关键线路

D. 调整工作量较大

E. 难以适应较大的进度计划系统

81. 某工程单代号网络计划如下图所示，时间参数正确的有（　　）。

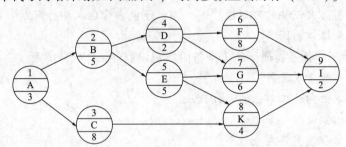

A. 工作 G 的最早开始时间为 10

B. 工作 G 的最迟开始时间为 13

C. 工作 E 的最早完成时间为 13

D. 工作 E 的最迟完成时间为 15

E. 工作 D 的总时差为 1

82. 下列施工方进度控制措施中，属于技术措施的有（　　）。

A. 分析装配式混凝土结构和现浇混凝土结构对施工进度的影响

B. 采用网络计划技术优化工程施工工期

C. 分析无粘结预应力混凝土结构的技术风险

D. 通过比较钢网架高空散装法和高空滑移法的优缺点选择施工方案

E. 通过变更落地钢管脚手架为外爬式脚手架缩短工期

83. 下列施工现场质量检查的内容中，属于"三检"制度范围的有（　　）。

A. 自检
B. 平行检查
C. 互检
D. 巡视检查
E. 专检

84. 下列现场质量检查方法中，运用实测法检查的有（　　）。

A. 断面尺寸的偏差
B. 油漆的光滑度
C. 浆活是否牢固
D. 踢脚线的垂直度
E. 墙面、地面的平整度

85. 分部工程质量验收合格应符合的规定有（　　）。

A. 所含分项工程的质量均应验收合格

B. 质量控制资料应完整

C. 主控项目和一般项目的质量经抽样检验合格
D. 观感质量验收应符合要求
E. 有关安全、节能、环境保护的主要使用功能的检验结果应符合相应规定

86. 关于政府主管部门质量监督的说法，正确的有（ ）。
A. 监督机构对在施工过程中发生的质量问题、质量事故进行查处
B. 监督机构检查内容中不包含企业的工程经营资质证书和人员的执业资格证书检查
C. 竣工验收时，参加竣工验收的会议，对验收的组织形式、程序等进行监督
D. 建设工程质量监督档案归档前，应由项目业主代表签字
E. 对工程质量行为应日常检查和抽查抽测相结合，采取"双随机、一公开"检查方式和"互联网+监管"模式

87. 事故发生单位及其有关人员有（ ）行为的，对事故发生单位处 100 万元以上 500 万元以下的罚款。
A. 事故发生后逃匿
B. 谎报或者瞒报事故
C. 不立即组织事故抢救
D. 故意拖延批复的对事故责任人的处理意见
E. 转移、隐匿资金、财产，或者销毁有关证据、资料

88. 建设工程生产安全事故应急预案的管理包括应急预案的（ ）。
A. 评审   B. 落实
C. 备案   D. 实施
E. 监督

89. 下列施工现场噪声控制措施中，属于控制传播途径的有（ ）。
A. 选用吸声材料搭设防护棚
B. 使用耳塞、耳罩等防护用品
C. 改变振动源与其他刚性结构的连接方式
D. 限制高音喇叭的使用
E. 进行强噪声作业时严格控制作业时间

90. 关于施工总承包模式特点的说法，正确的有（ ）。
A. 业主择优选择承包方范围小
B. 项目质量好坏取决于总承包单位的管理水平和技术水平
C. 开工日期不可能太早，建设周期会较长
D. 有利于业主方的总投资控制
E. 与平行发包模式相比，业主组织协调工作量大大减少

91. 关于正式投标及投标文件的说法，正确的有（ ）。
A. 标书密封不满足要求，经建设单位同意投标是有效的
B. 项目经理部组织投标时不需要企业法人对于投标项目经理的授权书
C. 通常情况下，投标不需要提交投标担保
D. 在招标文件要求提交的截止时间后送达的投标文件，招标人可以拒收
E. 标书提交的基本要求是签章、密封

92. 根据《建设工程施工劳务分包合同（示范文本）》GF—2003—0214，劳务分包人

施工前期，工程承包人应完成的工作包括（   ）。

A. 向劳务分包人交付具备本合同项下劳务作业开工条件的施工场地
B. 严格按照设计图纸、施工验收规范、有关技术要求及施工组织设计精心组织施工
C. 满足劳务作业所需的能源供应、通信及施工道路畅通
D. 向劳务分包人提供相应的工程资料
E. 向劳务分包人提供生产、生活临时设施

93. 根据九部委《标准施工招标文件》，关于承包人向发包人的索赔，下列说法正确的有（   ）。

A. 承包人未在28天内发出索赔意向通知书的，丧失要求追加付款和（或）延长工期的权利
B. 承包人应在发出索赔意向通知书后42天内，向监理人正式递交索赔通知书
C. 承包人应在知道或应当知道索赔事件发生后28天内，向监理人递交索赔意向通知书，并说明发生索赔事件的事由
D. 索赔通知书应简要说明索赔事件的经过和索赔理由，并附必要的记录和证明材料
E. 在索赔事件影响结束后的28天内，承包人应向监理人递交最终索赔通知书

94. 工程质量控制资料包括原材料、构配件、器具及设备等的质量证明、合格证明以及（   ）。

A. 进场材料试验报告　　　　　　B. 工程质量记录
C. 施工试验记录　　　　　　　　D. 实施记录
E. 隐蔽工程检查记录

95. 下列关于施工文件立卷的表述，正确的有（   ）。

A. 保管期限为永久的工程档案，其保存期限等于该工程的使用寿命
B. 案卷内不应有重份文件，不同载体的文件应分别组卷
C. 卷内图纸应按专业排列，同专业图纸按图号顺序排列
D. 案卷题名应包括工程名称、专业名称、卷内文件的内容
E. 卷内备考表排列在卷内文件的尾页之前

考前冲刺试卷（二）参考答案及解析

一、单项选择题

1. D;	2. B;	3. A;	4. D;	5. C;
6. B;	7. A;	8. A;	9. A;	10. B;
11. D;	12. B;	13. A;	14. D;	15. D;
16. D;	17. D;	18. A;	19. C;	20. A;
21. C;	22. C;	23. C;	24. A;	25. C;
26. D;	27. A;	28. C;	29. D;	30. A;
31. C;	32. A;	33. D;	34. C;	35. A;
36. B;	37. C;	38. B;	39. B;	40. C;
41. A;	42. B;	43. D;	44. C;	45. B;
46. C;	47. D;	48. D;	49. D;	50. D;
51. C;	52. D;	53. C;	54. A;	55. B;
56. D;	57. A;	58. A;	59. C;	60. A;
61. B;	62. C;	63. C;	64. A;	65. D;
66. A;	67. D;	68. B;	69. D;	70. D。

【解析】

1. D。本题考核的是设计方项目管理的目标。设计方项目管理的目标包括设计的成本目标、设计的进度目标和设计的质量目标，以及项目的投资目标。

2. B。本题考核的是线性组织结构的特点。在线性组织结构中，每一个工作部门只能对其直接的下属部门下达工作指令，每一个工作部门也只有一个直接的上级部门，因此，每一个工作部门只有唯一的指令源，避免了由于矛盾的指令而影响组织系统的运行。

3. A。本题考核的是组织分工。组织分工反映一个组织系统中各子系统或各元素的工作任务分工和管理职能分工。

4. D。本题考核的是施工组织设计的基本内容。施工组织设计的基本内容之一是施工部署及施工方案。其工作内容是：（1）根据工程情况，结合人力、材料、机械设备、资金、施工方法等条件，全面部署施工任务，合理安排施工顺序，确定主要工程的施工方案；（2）对拟建工程可能采用的几个施工方案进行定性、定量的分析，通过技术经济评价选择最佳方案。

5. C。本题考核的是项目目标的主动控制。项目目标的主动控制，即事前分析可能导致项目目标偏离的各种影响因素，并针对这些影响因素采取有效的预防措施。

6. B。本题考核的是项目目标动态控制的纠偏措施。组织措施是分析由于组织的原因而影响项目目标实现的问题，并采取相应的措施，如调整项目组织结构、任务分工、管理职能分工、工作流程组织和项目管理班子人员等。

7. A。本题考核的是项目经理的权限。项目经理应具有下列权限：（1）参与项目招标、投标和合同签订；(2) 参与组建项目管理机构；(3) 参与组织对项目各阶段的重大决策；(4) 主持项目管理机构工作；(5) 决定授权范围内的项目资源使用；(6) 在组织制度的框架下制定项目管理机构管理制度；(7) 参与选择并直接管理具有相应资质的分包人；(8) 参与选择大宗资源的供应单位；(9) 在授权范围内与项目相关方进行直接沟通；(10) 法定代表人和组织授予的其他权利。

8. A。本题考核的是建设工程项目的技术风险。技术风险包括：(1) 工程设计文件；(2) 工程施工方案；(3) 工程物资；(4) 工程机械等。

9. A。本题考核的是工程监理的工作方法。工程监理人员认为工程施工不符合工程设计要求、施工技术标准和合同约定的，有权要求建筑施工企业改正。工程监理人员发现工程设计不符合建筑工程质量标准或者合同约定的质量要求的，应当报告建设单位要求设计单位改正。

10. B。本题考核的是监理实施细则的编制。监理实施细则应在相应工程施工开始前由专业监理工程师编制，并报总监理工程师审批。

11. D。本题考核的是检验试验费的内容。检验试验费是指施工企业按照有关标准规定，对建筑以及材料、构件和建筑安装物进行一般鉴定、检查所发生的费用，包括自设试验室进行试验所耗用的材料等费用。不包括新结构、新材料的试验费，对构件做破坏性试验及其他特殊要求检验试验的费用和建设单位委托检测机构进行检测的费用。

12. B。本题考核的是社会保险费和住房公积金的计算基础。社会保险费和住房公积金应以定额人工费为计算基础，根据工程所在地省、自治区、直辖市或行业建设主管部门规定费率计算。

13. A。本题考核的是计时测定的方法。计时测定的方法有许多种，如测时法、写实记录法、工作日写实法等。选项B、C、D属于人工定额的制定方法。

14. D。本题考核的是工程量清单计价的方法。选项A错误，即便一个清单项目对应一个定额子目，也可能由于清单工程量计算规则与所采用的定额工程量计算规则之间的差异，而导致两者的计价单位和计算出来的工程量不一致。选项B错误，由于一个清单项目可能对应几个定额子目，而清单工程量计算的是主项工程量，与各定额子目的工程量可能并不一致。选项C错误，清单工程量不能直接用于计价，在计价时必须考虑施工方案等各种影响因素，根据所采用的计价定额及相应的工程量计算规则重新计算各定额子目的施工工程量。

15. D。本题考核的是综合单价的计算。综合单价 = (人、料、机费+管理费+利润) / 清单工程量 = (70000+15000+4000) /3000 = 29.67 元/m^3。

16. D。本题考核的是工程量的复核。在编制投标报价之前，需要先对清单工程量进行复核。因为工程量清单中的各分部分项工程量并不十分准确，若设计深度不够则可能有较大的误差，而工程量的多少是选择施工方法、安排人力和机械、准备材料必须考虑的因素，自然也影响分项工程的单价，因此一定要对工程量进行复核。

17. D。本题考核的是施工定额的作用。施工定额直接应用于施工项目的施工管理，用来编制施工作业计划、签发施工任务单、签发限额领料单，以及结算计件工资或计量奖励工资等。施工定额和施工生产结合紧密，施工定额的定额水平反映施工企业生产与组织的技术水平和管理水平。

18. A。本题考核的是人工定额的制定方法。统计分析法简单易行，适用于施工条件正常、产品稳定、工序重复量大和统计工作制度健全的施工过程。但是，过去的记录只是实耗工时，不反映生产组织和技术的状况。

19. C。本题考核的是建设工程工程量计量依据。工程计量的依据包括：质量合格证书、《计量规范》、技术规范中的"计量支付"条款和设计图纸等。

20. C。本题考核的是措施项目费的计算方法。参数法计价主要适用于施工过程中必须发生，但在投标时很难具体分项预测，又无法单独列出项目内容的措施项目。如夜间施工费、二次搬运费、冬雨期施工的计价均可以采用该方法。选项A、B、D适用于综合单价法。

21. C。本题考核的是成本控制。建设工程项目施工成本控制应贯穿于项目从投标阶段开始直至保证金返还的全过程，它是企业全面成本管理的重要环节。

22. C。本题考核的是成本分析的依据。成本分析的依据包括项目成本计划；项目成本核算资料；项目的会计核算、统计核算和业务核算。业务核算不但可以核算对已完成的项目是否达到原定的目的、取得预期的效果，而且可以对尚未发生或正在发生的经济活动进行核算，以确定该项经济活动是否有经济效果，是否有执行的必要。

23. C。本题考核的是成本核算的程序。根据会计核算程序，结合工程成本发生的特点和核算的要求，工程成本的核算的程序为：(1)对所发生的费用进行审核，以确定应计入工程成本的费用和计入各项期间费用的数额。(2)将应计入工程成本的各项费用，区分为哪些应当计入本月的工程成本，哪些应由其他月份的工程成本负担。(3)将每个月应计入工程成本的生产费用，在各个成本对象之间进行分配和归集，计算各工程成本。(4)对未完工程进行盘点，以确定本期已完工程实际成本。(5)将已完工程成本转入工程结算成本；核算竣工工程实际成本。

24. A。本题考核的是月（季）度成本分析。在成本分析中，若发现人工费、机械费等项目大幅度超支，则应该对这些费用的收支配比关系进行研究，并采取应对措施，防止今后再超支。如果是属于规定的"政策性"亏损，则应从控制支出着手，把超支额压缩到最低限度。

25. C。本题考核的是施工成本计划的质量指标。选项A、B属于数量指标，选项D属于效益指标。

26. D。本题考核的是差额计算法的运用。差额计算法是因素分析法的一种简化形式，它利用各个因素的目标值与实际值的差额来计算其对成本的影响程度。预算成本增加对成本降低额的影响程度：$(640-600)\times 4\% = 1.6$万元。

27. A。本题考核的是业主方进度控制的任务。业主方进度控制的任务是控制整个项目实施阶段的进度，包括控制设计准备阶段的工作进度、设计工作进度、施工进度、物资采购工作进度，以及项目动用前准备阶段的工作进度。

28. C。本题考核的是综合单价的计算步骤。综合单价的计算可以概括为以下步骤：确定组合定额子目→计算定额子目工程量→测算人、料、机消耗量→确定人、料、机单价→计算清单项目的人、料、机费→计算清单项目的管理费和利润→计算清单项目的综合单价。

29. D。本题考核的是质量保证金的处理。选项A错误，原则上采用在支付工程进度款时逐次扣留。选项B错误，28天内。选项C错误，不得超过3%。

30. D。本题考核的是措施项目费的调整。拟实施的方案经发承包双方确认后执行，并应按照下列规定调整措施项目费：(1)安全文明施工费按照实际发生变化的措施项目调整，不得浮动；（2）采用单价计算的措施项目费，按照实际发生变化的措施项目按照已标价工程量清单项目的规定确定单价；（3）按总价（或系数）计算的措施项目费，按照实际发生变化的措施项目调整，但应考虑承包人报价浮动因素。

31. C。本题考核的是赢得值法的四个评价指标。费用（进度）偏差反映的是绝对偏差，费用（进度）偏差仅适合于对同一项目作偏差分析。费用（进度）绩效指数反映的是相对偏差，它不受项目层次的限制，也不受项目实施时间的限制，因而在同一项目和不同项目比较中均可采用。

32. A。本题考核的是提前竣工（赶工补偿）的合同价款调整。发包人要求合同工程提前竣工，应征得承包人同意后与承包人商定采取加快工程进度的措施，并修订合同工程进度计划。发包人应承担承包人由此增加的提前竣工（赶工补偿）费。

33. D。本题考核的是资金成本分析。进行资金成本分析通常应用"成本支出率"指标，即成本支出占工程款收入的比例。

34. C。本题考核的是建设工程项目进度计划系统的内涵。建设工程项目进度计划系统是由多个相互关联的进度计划组成的系统，它是项目进度控制的依据。由于各种进度计划编制所需要的必要资料是在项目进展过程中逐步形成的，因此项目进度计划系统的建立和完善也有一个过程，它也是逐步完善的。

35. A。本题考核的是建设工程项目进度计划系统。由不同深度的计划构成的进度计划系统包括：（1）总进度规划（计划）；（2）项目子系统进度规划（计划）；（3）项目子系统中的单项工程进度计划等。

36. B。本题考核的是与施工进度有关的计划。与施工进度有关的计划如下图所示。

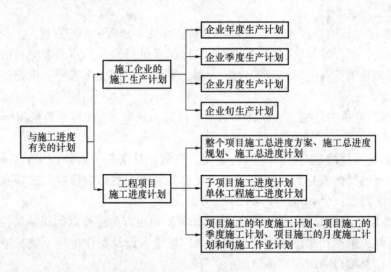

37. C。本题考核的是双代号网络计划中自由时差的计算。对于有紧后工作的工作，其自由时差等于本工作之紧后工作最早开始时间减本工作最早完成时间所得之差的最小值。工作 M 的最早完成时间=12+5=17 天。自由时差= min ｛21-17，24-17，28-17｝=4 天。

38. C。本题考核的是双代号网络计划。选项 A 错误较为明显。网络图节点的编号顺序应从小到大，可不连续，故选项 B 错误。关键路线上可以有虚工作存在，故选项 D 错误。

39. D。本题考核的是双代号网络计划的逻辑关系。选项 A 错误，A 完成进行 C、C、E

完成后进行 F。选项 C 错误，F 的紧前工作是 C、E。E 的紧前工作是 B、D，所以选项 B 错误，选项 D 正确。

40. C。本题考核的是双代号网络计划时间参数的计算。关键线路是①→②→③→④→⑦→⑧→⑨和①→②→③→④→⑦→⑨，工作 G 的完成节点为关键节点，所以其自由时差=总时差=6+10-8-3=5 天。

41. A。本题考核的是双代号网络计划中总时差和自由时差的计算。总时差等于其最迟开始时间减去最早开始时间，或等于最迟完成时间减去最早完成时间。最迟完成时间各紧后工作的最迟开始间的最小值，则本工作的最迟完成时间=min{(3+5),(3+6)}=8。工作的最早完成时间等于最早开始时间加上其持续时间，则本工作的最早完成时间=3+2=5。所以本工作的总时差=8-5=3 天。当有紧后工作时，自由时差等于紧后工作最早开始时间减本工作的最早完成时间，所以本工作的自由时差=5-5=0 天。

42. B。本题考核的是操作责任事故。操作责任事故指在施工过程中，由于操作者不按规程和标准实施操作而造成的质量事故。如浇筑混凝土时随意加水，或振捣疏漏造成混凝土质量事故等。

43. D。本题考核的是施工进度计划的调整。施工进度计划的调整应包括下列内容：（1）工程量的调整；（2）工作（工序）起止时间的调整；（3）工作关系的调整；（4）资源提供条件的调整；（5）必要目标的调整。

44. C。本题考核的是工程项目质量保证体系。工程项目质量保证体系中的工作保证体系主要是明确工作任务和建立工作制度。

45. B。本题考核的是施工质量事故发生的原因。施工质量事故发生的原因大致有：（1）非法承包，偷工减料；（2）违背基本建设程序；（3）勘察设计的失误；（4）施工的失误；（5）自然条件的影响。《建设工程质量管理条例》规定，从事建设工程活动，必须严格执行基本建设程序，坚持先勘察、后设计、再施工的原则。选项 A 属于勘察设计的失误，选项 D 属于施工的失误。

46. C。本题考核的是事故处理阶段的工作内容。事故处理的内容主要包括：事故的技术处理，事故的责任处罚。

47. D。本题考核的是施工质量事故处理的基本方法。当工程质量缺陷经过修补处理后仍不能满足规定的质量标准要求，或不具备补救可能性，则必须实行返工处理。如某防洪堤坝填筑压实后，其压实土的干密度未达到规定值，经核算将影响土体的稳定且不满足抗渗能力的要求，须挖除不合格土重新填筑，进行返工处理。

48. C。本题考核的是管理原因引发的质量事故。管理原因引发的质量事故是指管理上的不完善或失误引发的质量事故。管理原因包括：施工单位或监理单位的质量管理体系不完善，检验制度不严密，质量控制不严格，质量管理措施落实不力，检测仪器设备管理不善而失准，材料检验不严。

49. D。本题考核的是履约担保书。由担保公司或者保险公司开具履约担保书，当承包人在执行合同过程中违约时，开出担保书的担保公司或者保险公司用该项担保金去完成施工任务或者向发包人支付完成该项目所实际花费的金额，但该金额必须在保证金的担保金额之内。

50. B。本题考核的是建筑工程施工质量验收的项目划分。分项工程应按主要工种、材料、施工工艺、设备类别等进行划分。

51. C。本题考核的是在施工过程的工程质量验收中发现质量不符合要求的处理办法。经检测鉴定达不到设计要求，但经原设计单位核算，仍能满足结构安全和使用功能的情况，该检验批可以予以验收。

52. D。本题考核的是《职业健康安全管理体系 要求及使用指南》GB/T 45001—2020 的总体结构。选项 A 属于运行要求的内容，选项 B、C 属于改进的工作内容。

53. C。本题考核的是职业健康安全管理体系与环境管理体系文件管理的内容。职业健康安全管理体系与环境管理体系文件管理的内容包括对现有有效文件进行整理编号，方便查询索引；对适用的规范、规程等行业标准应及时购买补充，对适用的表格要及时发放；对在内容上有抵触的文件和过期的文件要及时作废并妥善处理。

54. A。本题考核的是职业健康安全事故的分类。特别重大事故，是指造成 30 人以上死亡，或者 100 人以上重伤（包括急性工业中毒，下同），或者 1 亿元以上直接经济损失的事故；重大事故，是指造成 10 人以上 30 人以下死亡，或者 50 人以上 100 人以下重伤，或者 5000 万元以上 1 亿元以下直接经济损失的事故；较大事故，是指造成 3 人以上 10 人以下死亡，或者 10 人以上 50 人以下重伤，或者 1000 万元以上 5000 万元以下直接经济损失的事故；一般事故，是指造成 3 人以下死亡，或者 10 人以下重伤，或者 100 万元以上 1000 万元以下直接经济损失的事故。

55. B。本题考核的是招标信息的修正原则。招标人对已发出的招标文件进行必要的澄清或者修改，应当在招标文件要求提交投标文件截止时间至少 15 日前发出。

56. D。本题考核的是发包人和承包人的责任与义务。除合同另有约定外，发包人和承包人应在工程开工后，共同编制施工场地治安管理计划，并制定应对突发治安事件的紧急预案。

57. A。本题考核的是构成施工项目索赔条件的事件。通常，承包商可以提起索赔的事件有：（1）发包人违反合同给承包人造成时间、费用的损失；（2）因工程变更（含设计变更、发包人提出的工程变更、监理工程师提出的工程变更，以及承包人提出并经监理工程师批准的变更）造成的时间、费用损失；（3）由于监理工程师对合同文件的歧义解释、技术资料不确切，或由于不可抗力导致施工条件的改变，造成了时间、费用的增加；（4）发包人提出提前完成项目或缩短工期而造成承包人的费用增加；（5）发包人延误支付期限造成承包人的损失；（6）合同规定以外的项目进行检验，且检验合格，或非承包人的原因导致项目缺陷的修复所发生的损失或费用；（7）非承包人的原因导致工程暂时停工；（8）物价上涨，法规变化及其他。

58. A。本题考核的是建筑材料采购合同的验收方式。验收方式有驻厂验收、提运验收、接运验收和入库验收等方式。驻厂验收是指在制造时期，由采购方派人在供应的生产厂家进行材质检验。

59. C。本题考核的是承包人提出索赔的期限。承包人按合同约定提交的最终结清申请单中，只限于提出工程接收证书颁发后发生的索赔。提出索赔的期限自接受最终结清证书时终止。

60. D。本题考核的是劳务分包人的主要义务。加强安全教育，认真执行安全技术规范，严格遵守安全制度，落实安全措施，确保施工安全是劳务分包人的主要义务之一。

61. B。本题考核的是建筑材料采购合同中的交货期限。建筑材料采购合同中的交货日期可以按照下列方式确定：（1）供货方负责送货的，以采购方收货戳记的日期为准；（2）采购方提货的，以供货方按合同规定通知的提货日期为准；（3）凡委托运输部门或单位运输、送货或代运的产品，一般以供货方发运产品时承运单位签发的日期为准，不是以向承运单位提出申请的日期为准。

62. C。本题考核的是固定单价合同的适用情况。固定单价合同适用于工期较短、工程量变化幅度不会太大的项目。

63. C。本题考核的是成本加酬金合同的运用。选项 A 错误，成本加固定比例费用合同方式的报酬费用总额随成本加大而增加，不利于缩短工期和降低成本。选项 B 错误，如果设计变更或增加新项目，当直接费超过原估算成本的一定比例（如 10%）时，固定的报酬也要增加。选项 D 错误，在招标时，当图纸、规范等准备不充分，不能据以确定合同价格，而仅能制定一个估算指标时可采用成本加奖金合同。

64. A。本题考核的是变更的范围和内容。除专用合同条款另有约定外，在履行合同中发生以下情形之一，应按照规定进行变更。（1）取消合同中任何一项工作，但被取消的工作不能转由发包人或其他人实施；（2）改变合同中任何一项工作的质量或其他特性；（3）改变合同工程的基线、标高、位置或尺寸；（4）改变合同中任何一项工作的施工时间或改变已批准的施工工艺或顺序；（5）为完成工程需要追加的额外工作。

65. D。本题考核的是发包人违约解除合同的规定。在合同履行过程中发生的下列情形，属于发包人违约：（1）因发包人原因未能在计划开工日期前 7 天内下达开工通知的；（2）因发包人原因未能按合同约定支付合同价款的；（3）发包人违反约定，自行实施被取消的工作或转由他人实施的；（4）发包人提供的材料、工程设备的规格、数量或质量不符合合同约定，或因发包人原因导致交货日期延误或交货地点变更等情况的；（5）因发包人违反合同约定造成暂停施工的；（6）发包人无正当理由没有在约定期限内发出复工指示，导致承包人无法复工的；（7）发包人明确表示或者以其行为表明不履行合同主要义务的；（8）发包人未能按照合同约定履行其他义务的。选项 A 属于因不可抗力违约解除合同；选项 B 中罕见暴雨也属于不可抗力，但是天数不够；选项 C 属于因承包人违约解除合同。

66. A。本题考核的是工程合同风险分配。谁能最有效地（有能力和经验）预测、防止和控制风险，或能有效地降低风险损失，或能将风险转移给其他方面，则应由他承担相应的风险责任，故 A 选项正确，C 选项错误。业主起草招标文件和合同条件，确定合同类型，对风险的分配起主导作用，故 B 选项错误。如果合同所定义的风险没有发生，则业主多支付了报价中的不可预见风险费，承包商取得了超额利润，故 D 选项错误。

67. D。本题考核的是第三者责任险的赔偿范围。第三者责任险是指由于施工的原因导致项目法人和承包人以外的第三人受到财产损失或人身伤害的赔偿。

68. B。本题考核的是工程担保。建设工程中经常采用的担保种类有：投标担保、履约担保、支付担保、预付款担保、工程保修担保。其中履约担保是工程担保中最重要也是担保金额最大的工程担保。

69. D。本题考核的是预付款担保。预付款一般逐月从工程付款中扣除，预付款担保的担保金额也相应逐月减少。

70. D。本题考核的是竣工图的编制。各项新建、扩建、改建、技术改造、技术引进项目，在项目竣工时要编制竣工图。项目竣工图应由施工单位负责编制。

二、多项选择题

71. B、C;	72. A、B、C;	73. A、C;
74. A、B、C;	75. A、C、E;	76. A、C、E;
77. A、D、E;	78. A、B、E;	79. A、B、D、E;
80. A、B、D、E;	81. B、C、E;	82. A、D、E;
83. A、B、E;	84. A、D、E;	85. A、D、E;
86. A、C、E;	87. A、B、E;	88. A、C、D、E;
89. A、C;	90. B、C、D、E;	91. D、E;
92. A、C、D、E;	93. A、C、D、E;	94. A、C、E;
95. B、C、D。		

【解析】

71. B、C。本题考核的是管理工作流程组织。管理工作流程组织包括投资控制、进度控制、合同管理、付款和设计变更等流程。

72. A、B、C。本题考核的是分部（分项）工程施工组织设计的主要内容。分部（分项）工程施工组织设计的主要内容如下：(1) 工程概况及施工特点分析；(2) 施工方法和施工机械的选择；(3) 分部（分项）工程的施工准备工作计划；(4) 分部（分项）工程的施工进度计划；(5) 各项资源需求量计划；(6) 技术组织措施、质量保证措施和安全施工措施；(7) 作业区施工平面布置图设计。

73. A、C。本题考核的是建设工程项目的风险类型。经济与管理风险包括：(1) 工程资金供应条件；(2) 合同风险；(3) 现场与公用防火设施的可用性及其数量；(4) 事故防范措施和计划；(5) 人身安全控制计划；(6) 信息安全控制计划等。选项 B 属于技术风险；选项 D 属于组织风险；选项 E 属于工程环境风险。

74. A、B、C。本题考核的是施工准备阶段建设监理工作任务。施工准备阶段建设监理工作的主要任务：(1) 审查施工单位选择的分包单位的资质；(2) 监督检查施工单位质量保证体系及安全技术措施，完善质量管理程序与制度；(3) 参与设计单位向施工单位的设计交底；(4) 审查施工组织设计；(5) 在单位工程开工前检查施工单位的复测资料；(6) 对重点工程部位的中线和水平控制进行复查；(7) 审批一般单项工程和单位工程的开工报告。选项 D、E 属于施工阶段建设监理工作的主要任务。

75. A、C、E。本题考核的是不得作为竞争性的费用。措施项目中的安全文明施工费必须按国家或省级、行业建设主管部门的规定计算，不得作为竞争性费用。规费和税金必须按国家或省级、行业建设主管部门的规定计算，不得作为竞争性费用。

76. A、C、E。本题考核的是建设工程定额的分类。按定额的编制程序和用途可以把工程定额分为施工定额、预算定额、概算定额、概算指标、投资估算指标等五种。

77. A、D、E。本题考核的是综合成本的分析方法。分部分项工程成本分析是施工项目成本分析的基础。分部分项工程成本分析的对象为已完成分部分项工程。选项 C 错误，分析的方法是：进行预算成本、目标成本和实际成本的"三算"对比。选项 B 错误，没有必要对每一个分部分项工程都进行成本分析。特别是一些工程量小、成本费用少的零星工程。但是，对于那些主要分部分项工程必须进行成本分析，而且要做到从开工到竣工进行系统的成本分析。

78. A、B、E。本题考核的是单位工程竣工成本分析。单位工程竣工成本分析，应包括以下三方面内容：(1) 竣工成本分析；(2) 主要资源节超对比分析；(3) 主要技术节约措施及经济效果分析。

79. A、B、D、E。本题考核的是按工程实施阶段编制施工成本计划。一般而言，所有工作都按最迟开始时间开始，对节约资金贷款利息是有利的，故选项 C 表述错误。

80. A、B、D、E。本题考核的是横道图进度计划存在的问题。横道图计划表中的进度线（横道）与时间坐标相对应，这种表达方式较直观，易看懂计划编制的意图。但是，横道图进度计划法也存在一些问题，如：(1) 工序（工作）之间的逻辑关系可以设法表达，但不易表达清楚；(2) 适用于手工编制计划；(3) 没有通过严谨的进度计划时间参数计算，不能确定计划的关键工作、关键路线与时差；(4) 计划调整只能用手工方式进行，其工作量较大；(5) 难以适应较大的进度计划系统。

81. B、C、E。本题考核的是单代号网络计划时间参数的计算。工作的最早完成时间等于本工作的最早开始时间与其持续时间之和。起点节点的最早开始时间在未规定时取值为零，其他的最早开始时间等于其紧前工作最早完成时间的最大值。工作的最迟完成时间等于本工作的最早完成时间预期总时差之和；工作的最迟开始时间等于本工作的最早开始时间预期总时差之和。其他工作的总时差等于本工作与其各紧后工作之间的时间间隔加紧后工作的总时差所得之和的最小值。本题中各工作的最早开始时间、最早完成时间、最迟开始时间、最迟完成时间如下图所示。

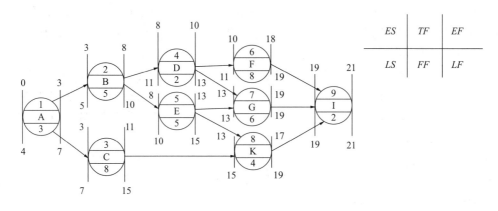

本题的关键线路为 A→B→E→G→I。

工作 G 的紧前工作有工作 D、E，工作 G 的最早开始时间 = max{(3+5+2),(3+5+5)} = 13，所以选项 A 错误。

工作 G 的最迟开始时间 = 13+0 = 13，所以选项 B 正确。

工作 E 只有一项紧前工作，所以其最早开始时间 = 3+5 = 8，最早完成时间 = 8+5 = 13，所以选项 C 正确。

工作 E 的最迟完成时间 = 13+0 = 13，所以选项 D 错误。

工作 D 的总时差 = min{(10-10)+1,(11-10)+0} = 1，所以选项 E 正确。

82. A、D、E。本题考核的是施工方进度控制的措施。建设工程项目进度控制的技术措施涉及对实现进度目标有利的设计技术和施工技术的选用。不同的设计理念、设计技术路线、设计方案会对工程进度产生不同的影响，在设计工作的前期，特别是在设计方案评审和选用时，应对设计技术与工程进度的关系作分析比较。在工程进度受阻时，应分析是否存在设计技术的影响因素，为实现进度目标有无设计变更的可能性。在工程进度受阻时，应分析是否存在施工技术的影响因素,为实现进度目标有无改变施工技术、施工方法和施工机械的可能性。选项 B、C 属于管理措施。

83. A、C、E。本题考核的是现场质量检查的内容。现场质量检查的内容包括:(1) 开工前的检查:主要检查是否具备开工条件,开工后是否能够保持连续正常施工,能否保证工程质量;(2) 工序交接检查:对于重要的工序或对工程质量有重大影响的工序,应严格执行"三检"制度,即自检、互检、专检。未经监理工程师(或建设单位技术负责人)检查认可,不得进行下道工序施工;(3) 隐蔽工程的检查:施工中凡是隐蔽工程必须检查认证后方可进行隐蔽掩盖;(4) 停工后复工的检查:因客观因素停工或处理质量事故等停工复工时,经检查认可后方能复工;(5) 分项、分部工程完工后的检查:分项、分部工程完工后应经检查认可,并签署验收记录后,才能进行下一工程项目的施工;(6) 成品保护的检查:检查成品有无保护措施以及保护措施是否有效、可靠。

84. A、D、E。本题考核的是现场质量检查的方法。现场质量检查的方法主要有目测法、实测法和试验法等。试验法包括理化试验和无损检测。实测法是通过实测,将实测数据与施工规范、质量标准的要求及允许偏差值进行对照,以此判断质量是否符合要求。其手段可概括为"靠、量、吊、套"四个字。所谓靠,就是用直尺、塞尺检查诸如墙面、地面、路面等的平整度;量,就是指用测量工具和计量仪表等检查断面尺寸、轴线、标高、湿度、温度等的偏差,例如,大理石板拼缝尺寸与超差数量、摊铺沥青拌合料的温度、混凝土坍落度的检测等;吊,就是利用托线板以及线坠吊线检查垂直度,例如,砌体、门窗安装的垂直度检查等;套,是以方尺套方,辅以塞尺检查。例如,对阴阳角的方正、踢脚线的垂直度、预制构件的方正、门窗口及构件的对角线检查等。选项 B、C 运用目测法。

85. A、B、D、E。本题考核的是分部工程质量验收合格的规定。分部工程质量验收合格应符合下列规定:(1) 所含分项工程的质量均应验收合格;(2) 质量控制资料应完整;(3) 有关安全、节能、环境保护和主要使用功能的检验结果应符合相应规定;(4) 观感质量验收应符合要求。

86. A、C、E。本题考核的是政府对施工质量监督的实施。选项 B 错误,开工前的质量监督检查的主要内容之一是审查参与建设各方的工程经营资质证书和相关人员的执业资格证书。选项 D 错误,应由监督机构负责人签字后归档。

87. A、B、E。本题考核的是事故报告和调查处理中的法律责任。事故报告和调查处理中的违法行为包括:(1) 不立即组织事故抢救;(2) 在事故调查处理期间擅离职守;(3) 迟报或者漏报事故;(4) 谎报或者瞒报事故;(5) 伪造或者故意破坏事故现场;(6) 转移、隐匿资金、财产,或者销毁有关证据、资料;(7) 拒绝接受调查或者拒绝提供有关情况和资料;(8) 在事故调查中作伪证或者指使他人作伪证;(9) 事故发生后逃匿;(10) 阻碍、干涉事故调查工作;(11) 对事故调查工作不负责任,致使事故调查工作有重大疏漏;(12) 包庇、袒护负有事故责任的人员或者借机打击报复;(13) 故意拖延或者拒绝落实经批复的对事故责任人的处理意见。事故发生单位及其有关人员有上述 (4)~(9) 条违法行为之一的,对事故发生单位处 100 万元以上 500 万元以下的罚款;对主要负责人、直接负责的主管人员和其他直接责任人员处上一年年收入 60%~100% 的罚款。

88. A、C、D、E。本题考核的是建设工程生产安全事故应急预案的管理内容。建设工程生产安全事故应急预案的管理包括应急预案的评审、公布、备案、实施及监督管理。

89. A、C。本题考核的是施工现场噪声控制措施。施工现场噪声控制措施包括声源控制、传播途径控制、接收者防护、严格控制人为噪声等。控制传播途径包括吸声、隔声、消声和减振降噪。选项 A 属于吸声，选项 C 属于减振降噪，选项 B 属于接收者防护。选项 D、E 严格控制人为噪声。

90．B、C、D、E。本题考核的是施工总承包模式的特点。"建设工程项目质量的好坏在很大程度上取决于施工总承包单位的管理水平和技术水平"属于施工总承包模式进度质量方面的特点，故选项 B 正确。"由于一般要等施工图设计全部结束后，业主才进行施工总承包的招标，因此，开工日期不可能太早，建设周期会较长"属于施工总承包模式进度控制方面的特点，故选项 C 正确。"在开工前就有较明确的合同价，有利于业主的总投资控制"是施工总承包模式投资控制方面的特点，故选项 D 正确。"由于业主只负责对施工总承包单位的管理及组织协调，其组织与协调的工作量比平行发包会大大减少，这对业主有利"是施工总承包模式进度质量方面的特点，故选项 E 正确。

91．D、E。本题考核的是正式投标及投标文件的规定。选项 A 错误，如果不密封或密封不满足要求，投标是无效的。选项 B 错误，如果项目所在地与企业距离较远，由当地项目经理部组织投标，需要提交企业法定代表人对于投标项目经理的授权委托书。选项 C 错误，通常投标需要提交投标担保。

92．A、C、D、E。本题考核的是工程承包人的工作。劳务分包人施工前期，工程承包人应完成下列工作：（1）向劳务分包人交付具备本合同项下劳务作业开工条件的施工场地；（2）满足劳务作业所需的能源供应、通信及施工道路畅通；（3）向劳务分包人提供相应的工程资料；（4）向劳务分包人提供生产、生活临时设施。

93．A、C、D、E。本题考核的是索赔程序。根据合同约定，承包人认为有权得到追加付款和（或）延长工期的，应按以下程序向发包人提出索赔：（1）承包人应在知道或应当知道索赔事件发生后 28 天内，向监理人递交索赔意向通知书，并说明发生索赔事件的事由。承包人未在前述 28 天内发出索赔意向通知书的，丧失要求追加付款和（或）延长工期的权利。（2）承包人应在发出索赔意向通知书后 28 天内，向监理人正式递交索赔通知书。索赔通知书应详细说明索赔理由以及要求追加的付款金额和（或）延长的工期，并附必要的记录和证明材料。（3）索赔事件具有连续影响的，承包人应按合理时间间隔继续递交延续索赔通知，说明连续影响的实际情况和记录。列出累计的追加付款金额和（或）工期延长天数。（4）在索赔事件影响结束后的 28 天内，承包人应向监理人递交最终索赔通知书，说明最终要求索赔的追加付款金额和延长的工期，并附必要的记录和证明材料。

94．A、C、E。本题考核的是工程质量控制资料的内容。工程质量控制资料包括原材料、构配件、器具及设备等的质量证明、合格证明、进场材料试验报告、施工试验记录、隐蔽工程检查记录、交接检查记录。

95．B、C、D。本题考核的是施工文件立卷。选项 A 错误，保管期限分为永久、长期、短期三种期限。永久是指工程档案需永久保存。选项 E 错误，卷内备考表排列在卷内文件的尾页之后。

《建设工程施工管理》

考前冲刺试卷（三）及解析

《建设工程施工管理》考前冲刺试卷（三）

一、单项选择题（共70题，每题1分。每题的备选项中，只有1个最符合题意）

1. 关于项目管理职能分工表的说法，正确的是（ ）。
A. 业主方和项目各参与方应编制统一的项目管理职能分工表
B. 管理职能分工表不适用于企业管理
C. 可以用管理职能分工描述书代替管理职能分工表
D. 管理职能分工表可以表示项目各参与方的管理职能分工

2. 某住宅小区施工前，施工项目管理机构对项目分析后形成结果如下图所示，该图是（ ）。

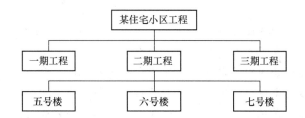

A. 组织结构图 B. 项目结构图
C. 工作流程图 D. 合同结构图

3. 施工项目管理机构编制项目管理任务分工表之前要完成的工作是（ ）。
A. 明确各项管理工作的工作流程 B. 落实各工作部门的具体人员
C. 对项目管理任务进行详细分解 D. 对各项管理工作的执行情况进行检查

4. 关于施工方项目管理的说法，正确的是（ ）。
A. 可以采用工程施工总承包管理模式
B. 项目的整体利益和施工方本身的利益是对立关系
C. 施工方项目管理工作涉及项目实施阶段的全过程
D. 施工方项目管理的目标包括项目的总投资目标

5. 项目目标动态控制的核心是（ ）。
A. 确定目标控制的计划值
B. 进行项目目标的调整
C. 针对影响目标的各种因素进行预控
D. 进行计划值与实际值比较并采取纠偏措施

6. 下列质量控制工作中，属于施工技术准备工作的是（ ）。
A. 做好施工现场的质量检查记录 B. 绘制测量放线图
C. 复核测量控制点 D. 按规定维修和校验计量器具

7. 某土方工程根据《建设工程工程量清单计价规范》GB 50500—2013 签订了单价合同，招标清单中土方开挖工程量为 8000m³。施工过程中承包人采用了放坡的开挖方式。完工计量时，承包人因放坡增加土方开挖量 1000m³，因工作面增加土方开挖量 1600m³，因施工操作不慎塌方增加土方开挖量 500m³，则应予结算的土方开挖工程量为（　　）m³。

A. 8000
B. 9000
C. 10600
D. 11100

8. 编制工程建设监理规划的依据不包括（　　）。

A. 监理大纲
B. 建设工程委托监理合同文件
C. 项目建议书
D. 与建设工程项目有关的技术资料

9. 施工成本控制的依据中，（　　）提供了每一时刻工程实际完成量，工程施工成本实际支付情况等重要信息。

A. 施工成本计划
B. 工程变更文件
C. 施工组织设计
D. 进度报告

10. 下列施工成本管理措施中，不需要增加额外费用的是（　　）。

A. 组织措施
B. 合同措施
C. 技术措施
D. 优化措施

11. 与施工总承包模式相比，施工总承包管理模式在合同价格方面的特点是（　　）。

A. 合同总价一次性确定，对业主投资控制有利
B. 施工总承包管理合同中确定总承包管理费和建安工程造价
C. 所有分包工程都需要再次进行发包，不利于业主节约投资
D. 施工总承包管理单位只收取总包管理费，不赚总包与分包之间的差价

12. 根据生产技术和施工组织条件，对施工过程中各工序采用测时法、写实记录法、工作日写实法，测出各工序的工时消耗等资料，再对所获得的资料进行科学的分析，制定出人工定额的方法是（　　）。

A. 技术测定法
B. 统计分析法
C. 比较类推法
D. 经验估计法

13. 根据我国现行建筑安装工程费用项目组成的规定，下列有关费用的表述中不正确的是（　　）。

A. 施工机具使用费包含仪器仪表使用费
B. 材料费包含构成或计划构成永久工程一部分的工程设备费
C. 材料费中的材料单价由材料原价、材料运杂费、材料损耗费、采购及保管费五项组成
D. 人工费是指支付给直接从事建筑安装工程施工的生产工人和附属生产单位工人的各项费用

14. 下列施工成本管理的措施中，属于技术措施的是（　　）。

A. 加强施工任务单的管理
B. 编制施工成本控制工作计划
C. 寻求施工过程中的索赔机会
D. 确定最合适的施工机械方案

15. 按施工进度编制施工成本计划时，若所有工作均按照最早开始时间安排，则对项目目标控制的影响是（　　）。

A. 工程质量会更好
B. 有利于降低投资

C. 工程按期竣工的保证率较高　　　D. 不能保证工程质量

16. 根据《标准施工招标文件》通用条款，下列引起承包人索赔的事件中，只能获得费用补偿的是（　　）。
   A. 发包人提前向承包人提供材料、工程设备
   B. 因发包人提供资料错误导致承包人返工
   C. 发包人在工程竣工前提前占用工程
   D. 异常恶劣的气候条件，导致工期延误

17. 施工企业根据监理企业制定的旁站监理方案，在需要实施旁站监理的关键部位、关键工序进行施工前（　　）h，应当书面通知监理企业派驻工地的项目监理机构。
   A. 12　　　　　　　　　　　　B. 24
   C. 36　　　　　　　　　　　　D. 48

18. 确定施工机械台班定额消耗量前需计算机械时间利用系数，其计算公式正确的是（　　）。
   A. 机械利用系数=机械纯工作1h正常生产率×工作班纯工作时间
   B. 机械利用系数=$\dfrac{1}{机械台班产量定额}$
   C. 机械利用系数=$\dfrac{工作班净工作时间}{机械工作班时间}$
   D. 机械利用系数=$\dfrac{工作班延续时间}{机械在一个工作班内纯工作时间}$

19. 根据《建设工程安全生产管理条例》规定，（　　）应当在施工组织设计中编制安全技术措施和施工现场临时用电方案。
   A. 监理单位　　　　　　　　　B. 施工单位
   C. 设计单位　　　　　　　　　D. 建设单位

20. 工程监理机构应以事实为依据，以法律和有关合同为准绳，在维护业主的合法权益时不损害承包商的合法权益，这体现了建设工程监理的（　　）。
   A. 服务性　　　　　　　　　　B. 公正性
   C. 独立性　　　　　　　　　　D. 科学性

21. 工程量清单中，钻孔桩的桩长一般采用的计量方法是（　　）。
   A. 均摊法　　　　　　　　　　B. 估价法
   C. 断面法　　　　　　　　　　D. 图纸法

22. 某项目专业性强且技术复杂，开工后，由于专业原因该项目的项目经理不能胜任该项目，为了保证项目目标的实现，企业更换了项目经理。企业的此项行为属于项目目标动态控制的（　　）。
   A. 管理措施　　　　　　　　　B. 经济措施
   C. 技术措施　　　　　　　　　D. 组织措施

23. 根据《建设工程施工合同（示范文本）》GF—2017—0201，发包人应当开始支付不低于当年施工进度计划的安全文明施工费总额50%的期限是工程开工后的（　　）天内。
   A. 7　　　　　　　　　　　　 B. 14
   C. 21　　　　　　　　　　　　D. 28

24. 某混凝土工程，招标文件中估计工程量为4000m³合同约定的综合单价为600元/m³，当实际工程量超过清单工程量15%时可调整单价，调整系数为0.8。工程结束时实际工程量为4800m³，则该混凝土工程的结算价款是（ ）万元。
   A. 240.0 B. 270.0
   C. 285.6 D. 192.0

25. 根据现行《建筑安装工程费用项目组成》，职工的劳动保险费应计入（ ）。
   A. 规费 B. 措施项目费
   C. 人工费 D. 企业管理费

26. 关于建设工程项目施工成本控制的说法，正确的是（ ）。
   A. 管理行为控制程序和指标控制程序是相互独立的
   B. 施工成本控制可分为事先控制、过程控制和事后控制
   C. 管理行为控制程序是进行成本过程控制的重点
   D. 成本管理体系由社会有关组织进行评审和认证

27. 项目成本核算应坚持（ ）的取值范围应当一致。
   A. 形象进度、产值统计、成本 B. 成本预测、成本计划、成本分析
   C. 目标成本、预算成本、实际成本 D. 人工成本、材料成本、机械成本

28. 某企业1月份人工成本计划值为21.6万元，实际值为24.2万元。构成该成本的三个因素的重要性排序和基本参数见下表，则"单位产品人工消耗量"变动对人工成本的影响为（ ）元。

项目	单位	计划值	实际值
产品产量	件	180	200
单位产品人工消耗量	工日/件	12	11
人工单价	元/工日	100	110

   A. -26000 B. -22000
   C. -20000 D. -18000

29. 某项目在进行资金成本分析时，其计算期实际工程款收入为300万元，计算期实际成本支出为180万元，计划工期成本为200万元，则该项目成本支出率为（ ）。
   A. 26.67% B. 40.00%
   C. 60.00% D. 66.67%

30. 施工期间，对质量问题严重的单位，政府质量监督机构可根据问题的性质签发（ ）。
   A. 质量问题整改通知单 B. 局部暂停施工指令单
   C. 临时收缴资质证书通知书 D. 全面停工通知书

31. 2020年11月实际完成的某土方工程，按基准日期价格计算的已完成工程的金额为1000万元，该工程定值权重为0.25。各可调因子的价格指数除人工费增长20%外，其他均增长了10%，人工费占可调值部分的50%。按价格调整公式计算，该土方工程需调整的价款为（ ）万元。

A. 80 B. 112.5
C. 125 D. 150

32. 在应急预案体系的构成中，针对具体设施所制定的应急处置措施属于（　　）。
A. 综合应急预案 B. 专项应急预案
C. 现场处置方案 D. 应急行动指南

33. 某工程单代号网络计划如下图所示，节点中下方数字为该工作的持续时间，其关键工作为（　　）。

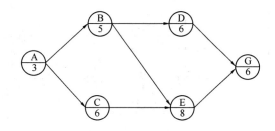

A. 工作C和工作E B. 工作B和工作E
C. 工作B和工作D D. 工作A和工作B

34. 某工程双代号网络计划中，工作H的紧后工作有Q、S，工作Q的最迟开始时间为12，最早开始时间为8；工作S的最迟完成时间为14，最早完成时间为10；工作H的自由时差为4天。则工作H的总时差为（　　）天。
A. 2 B. 4
C. 5 D. 8

35. 为了实现项目的进度目标，应选择合理的合同结构，以避免过多的合同交界面而影响工程的进展。这属于进度控制的（　　）。
A. 组织措施 B. 经济措施
C. 技术措施 D. 管理措施

36. 按项目结构编制施工成本计划，首先要把项目总施工成本分解到（　　）中。
A. 单体工程和单项工程 B. 分部工程和分项工程
C. 单项工程和单位工程 D. 单项工程和分部分项工程

37. 对达到一定规模的危险性较大的分部分项工程应编制专项施工方案，并附具安全验算结果，经（　　）签字后实施。
A. 施工单位技术负责人和总监理工程师
B. 专职安全生产管理人员和专业监理工程师
C. 建设单位负责人和总监理工程师
D. 施工企业项目经理和现场监理工程师

38. 某双代号网络计划中，工作A有两项紧后工作B和C，工作B和工作C的最早开始时间分别为第13天和第15天，最迟开始时间分别为第19天和第21天；工作A与工作B和工作C的间隔时间分别为0天和2天。如果工作A实际进度拖延7天，则（　　）。
A. 对工期没有影响 B. 总工期延长2天
C. 总工期延长3天 D. 总工期延长1天

39. 关于计日工计价方式的说法，正确的是（　　）。
A. 按签约合同价执行
B. 由建设单位根据工程特点，按有关计价规定估算
C. 由建设单位和施工企业按施工过程中的签证计价
D. 由建设单位在招标控制价中根据总包的服务范围和有关计价规定编制

40. 某工程双代号网络计划如下图所示，其计算工期是（　　）天。

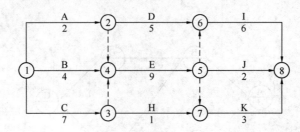

A. 11　　　　　　　　　　　　B. 13
C. 15　　　　　　　　　　　　D. 22

41. 在人口密集区进行较强噪声施工时，须严格控制作业时间，一般避开（　　）的作业。
A. 晚10时到次日早7时　　　　B. 晚11时到次日早7时
C. 晚10时到次日早6时　　　　D. 晚11时到次日早6时

42. 某工程施工中，由于施工方在低价中标后偷工减料，导致出现重大工程质量事故，该质量事故发生的原因属于（　　）。
A. 管理原因　　　　　　　　　B. 社会、经济原因
C. 技术原因　　　　　　　　　D. 人为事故原因

43. 工程索赔时最常用的一种方法是（　　）。
A. 计划费用法　　　　　　　　B. 实际费用法
C. 修正总费用法　　　　　　　D. 总费用法

44. 某土方开挖工程，2月份计划完成工程量为2500m³，预算单价为450元/m³。工程进行到第2个月末时，实际完成工程量为2000m³，实际单价为480元/m³，则该项目控制的效果是（　　）。
A. 费用偏差为-6万元，项目运行超出预算
B. 进度偏差为6万元，项目运行节支
C. 费用偏差为22.5万元，实际进度落后于计划进度
D. 进度偏差为-22.5万元，实际进度快于计划进度

45. 某工地商品混凝土的采购有关费用见下表，该商品混凝土的材料单价为（　　）元/m³。

材料原价（元/m³）	运杂费（元/m³）	运输损耗率（%）	采购及保管费率（%）
400	25	1.5	4

A. 422.00　　　　　　　　　　B. 422.24
C. 425.00　　　　　　　　　　D. 448.63

46. 我国实行的执业资格注册制度及作业人员持证上岗等制度，都是对施工质量影响因素中（　　）的控制。
   A. 人的因素   B. 管理因素
   C. 环境因素   D. 方法因素

47. 施工企业质量管理体系文件中，质量手册的支持性文件是（　　）。
   A. 质量方针   B. 程序文件
   C. 质量计划   D. 质量记录

48. 根据施工质量控制点的要求，混凝土冬期施工应重点控制的技术参数是（　　）。
   A. 温度系数   B. 养护标准
   C. 实体检测结果   D. 受冻临界强度

49. 施工单位必须对建设单位提供的原始坐标点、基准线和标高等测量控制点复核，并将复测结果上报（　　）审核。
   A. 项目经理   B. 业主
   C. 监理工程师   D. 建设单位技术负责人

50. 用于保证承包人能够按合同规定进行施工，合理使用发包人已支付的全部预付金额的工程担保是（　　）。
   A. 支付担保   B. 预付款担保
   C. 投标担保   D. 履约担保

51. 某施工项目因 80 年一遇的特大暴雨停工 10 天，承包人在停工期间按照发包人要求照管工程发生费用 2 万元，承包人施工机具损坏损失 10 万元，已经建成的永久工程损坏损失 20 万元，之后应发包人要求修复被暴雨冲毁的道路花费 2.5 万元，修复道路时因施工质量问题发生返工费用 1 万元。根据《建设工程施工合同（示范文本）》GF—2017—0201，以上事件产生的费用和损失中，承包人应承担（　　）万元。
   A. 21.0   B. 13.5
   C. 11.0   D. 10.0

52. 建设工程项目质量管理的 PDCA 循环中，质量实施（D）阶段的主要任务是（　　）。
   A. 明确质量目标并制定实现目标的行动方案
   B. 将质量计划落实到工程项目的施工作业技术活动中
   C. 对计划实施过程进行科学管理
   D. 对质量问题进行原因分析，采取措施予以纠正

53. 施工单位应定期组织事故发生时疏散及抢救方法的训练和演习，这体现了安全隐患治理原则中的（　　）原则。
   A. 冗余安全度处理   B. 单项隐患综合处理
   C. 直接与间接隐患并治   D. 预防与减灾并重处理

54. 关于生产安全事故应急预案的编制，下列说法正确的是（　　）。
   A. 确保按照合理的响应流程采取适当的救援措施
   B. 为了满足职业健康安全管理体系论证的要求
   C. 确保建设主管部门尽快开展调查处理
   D. 生产规模小、危险因素少的施工单位，只需编制专项应急预案

55. 根据《建设工程施工合同（示范文本）》GF—2017—0201，关于工程保修期的说法，正确的有（   ）。

   A. 发包人未经竣工验收擅自使用工程的保修期，自转移占有之日起算
   B. 各分部工程的保修期应该是相同的
   C. 工程保修期从工程完工之日起起算
   D. 工程保修期可以根据具体情况适当低于法定最低保修年限

56. 下列施工合同风险中，属于管理风险的是（   ）。

   A. 自然环境的变化   B. 项目周边居民的干预
   C. 合同所依据环境的变化   D. 工程范围和标准存在不确定性

57. 关于施工总承包模式特点的说法，正确的是（   ）。

   A. 招标和合同管理工作量大   B. 业主组织与协调的工作量大
   C. 对项目总进度控制有利   D. 开工前就有较明确的合同价

58. 施工安全生产管理制度体系中，最基本的安全管理制度，是所有安全生产管理制度核心的是（   ）。

   A. 安全生产教育培训制度   B. 安全生产许可证制度
   C. 政府安全生产监督检查制度 D. 安全生产责任制度

59. 根据《标准施工招标文件》，承包人必须在发出索赔意向通知后的（   ）天内或经过工程师（监理人）同意的其他合理时间内向工程师（监理人）提交一份详细的索赔文件和有关资料。

   A. 7   B. 14
   C. 28   D. 56

60. 根据《生产安全事故报告和调查处理条例》，下列安全事故中，属于一般事故的是（   ）。

   A. 2 人死亡，5 人重伤，直接经济损失 500 万元
   B. 3 人死亡，10 人重伤，直接经济损失 2000 万元
   C. 12 人死亡，直接经济损失 960 万元
   D. 36 人死亡，50 人重伤，直接经济损失 6000 万元

61. 某土石方工程实行混合计价，其中土方工程实行总价包干，包干价 18 万元；石方工程实行单价合同。该工程有关工程量和价格资料见下表，则该工程结算价款为（   ）万元。

项目	估计工程量（m³）	实际工程量（m³）	合同单价（元/m³）
土方工程	3000	3200	—
石方工程	2500	2800	260

   A. 156   B. 78
   C. 83   D. 90.8

62. 在一份保险合同中，保险人承担或给付保险金责任的最高额度是该份保险合同的（   ）。

   A. 保险金额   B. 保险费

C. 实际赔付额　　　　　　　　　　D. 实际价值

63. 关于"一揽子保险"（CIP）的说法，正确的是（　　）。
A. 内容不包括一般责任险　　　　　B. 不能实施有效的风险管理
C. 保障范围覆盖业主、承包商及分包商　D. 不便于索赔

64. 下列合同实施偏差处理措施中，属于合同措施的是（　　）。
A. 变更技术方案　　　　　　　　　B. 采取索赔手段
C. 调整工作流程　　　　　　　　　D. 增加经济投入

65. 下列工程管理信息资源中，属于工程组织类信息资源的是（　　）。
A. 质量控制信息　　　　　　　　　B. 物资有关的技术信息
C. 项目融资的信息　　　　　　　　D. 专家信息

66. 工程结构和技术简单、风险小的工程，一般适用的合同形式是（　　）。
A. 固定总价合同　　　　　　　　　B. 固定单价合同
C. 成本加酬金合同　　　　　　　　D. 变动总价合同

67. 采用施工总承包管理模式时，对各分包单位的质量控制由（　　）进行。
A. 业主方　　　　　　　　　　　　B. 监理方
C. 施工总承包单位　　　　　　　　D. 施工总承包管理单位

68. 根据不同风险水平的风险控制措施计划表，对于"可容许的"风险，宜采取的措施是（　　）。
A. 直至风险降低后才能开始工作，当风险涉及正在进行中的工作时，应采取应急计划
B. 应努力降低风险，并在规定的时间期限内实施降低风险的措施
C. 考虑投资效果更佳的解决方案或不增加额外成本的改进措施
D. 不采取措施且不必保留文件记录

69. 在建筑材料采购合同中，委托运输部门运输、送货或代运的产品，其交货期限一般以（　　）的日期为准。
A. 需方收货戳记　　　　　　　　　B. 承运单位签发
C. 供方向承运单位提出申请　　　　D. 货物送达交货地点

70. 当在总包管理范围内的分包单位之间移交时，《交接检查记录》中的见证单位应为（　　）。
A. 建设单位　　　　　　　　　　　B. 监理单位
C. 总包单位　　　　　　　　　　　D. 该专业分包单位

二、**多项选择题**（共25题，每题2分。每题的备选项中，有2个或2个以上符合题意，至少有1个错项。错选，本题不得分；少选，所选的每个选项得0.5分）

71. 根据《建设工程监理规范》GB/T 50319—2013，工程建设监理规划应在（　　）后开始编制。
A. 第一次工地会议　　　　　　　　B. 建设单位指定日期
C. 签订委托监理合同　　　　　　　D. 施工单位进场
E. 收到设计文件

72. 施工风险管理过程包括施工全过程的（　　）。
A. 风险识别　　　　　　　　　　　B. 风险跟踪
C. 风险评估　　　　　　　　　　　D. 风险应对

E. 风险监控

73. 施工项目竣工质量验收的条件包括（　　）。
A. 施工单位在工程完工后对工程质量进行了检查，确认工程质量符合有关法律、法规和工程建设强制性标准
B. 对于委托监理的工程项目，监理单位对工程进行了成本评估
C. 勘察、设计单位对勘察、设计文件及施工过程中由建设单位签署的设计变更通知书进行了检查
D. 有完整的施工管理资料和备案资料
E. 建设单位已按合同约定支付工程款

74. 下列成本项目的分析中，属于材料费分析的有（　　）。
A. 分析材料节约将对劳务分包合同的影响
B. 分析材料储备天数对材料储备金的影响
C. 分析周转材料使用费的节约或超支
D. 根据实际采购的材料数量和实际发生的材料保管费，分析保管费率的变化
E. 分析主要材料和结构件费用

75. 关于施工成本计划的说法中，正确的有（　　）。
A. 施工成本计划包括竞争性成本计划、指导性成本计划、实施性计划成本
B. 实施性成本计划是选派项目经理阶段的预算成本计划
C. 竞争性成本计划是工程项目投标及签订合同阶段的估算成本计划
D. 实施性计划成本采用预算定额编制形成
E. 在投标报价过程中，竞争性成本计划总体上较为粗略

76. 施工组织总设计的主要内容包括（　　）。
A. 各项资源需求量计划　　　B. 工程概况及施工特点分析
C. 施工总进度计划　　　　　D. 施工部署及其核心工程的施工方案
E. 施工方法和施工机械的选择

77. 某工程双代号网络计划如下图所示，存在的错误有（　　）。

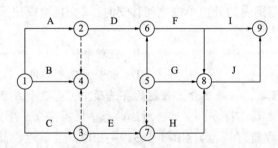

A. 多个起点节点　　　　　　B. 多个终点节点
C. 存在循环回路　　　　　　D. 箭线上引出箭线
E. 存在无箭头的工作

78. 某混凝土工程的清单综合单价1000元/m³，按月结算，其工程量和施工进度数据见下表。按赢得值法计算，该工程3月末参数或指标正确的有（　　）。

工作名称	计划工程量 (m³/月)	实际工程量 (m³/月)	工程进度（月）			
			1	2	3	4
工作 A	5000	5000				
工作 B	2800	2600				
工作 C	1400	1500				

图例：
实际进度：
计划进度：

A. 已完工作预算费用（BCWP）是 1020 万元
B. 计划工作预算费用（BCWS）是 1200 万元
C. 已完工作实际费用（ACWP）是 1170 万元
D. 费用偏差（CV）是 -180 万元
E. 进度偏差（SV）是 -150 万元

79. 根据《建设工程施工合同（示范文本）》GF—2017—0201，对已缴纳履约保证金的承包人，其提交的竣工结算申请单的内容应包括（　　）。
A. 竣工结算合同价格　　　　B. 已经处理完的索赔资料
C. 发包人已支付承包人的款项　D. 应扣留的质量保证金
E. 发包人应支付承包人的合同价款

80. 关于安全生产事故应急预案管理的说法中，正确的有（　　）。
A. 生产工艺和技术发生变化的，应急预案应当及时修订
B. 生产经营单位应每半年至少组织一次现场处置方案演练
C. 应急预案应报同级人民政府备案，同时抄送上一级人民政府应急管理部门
D. 非参建单位的安全生产及应急管理方面的专家，均可受邀参加应急方案评审
E. 生产经营单位应每年至少组织两次综合应急预案演练或者专项应急预案演练

81. 在双代号网络计划中，当计划工期等于计算工期时，关键工作的特点有（　　）。
A. 关键工作两端的节点必为关键节点
B. 关键工作的总时差和自由时差均等于零
C. 关键工作紧前工作必然也是关键工作
D. 关键工作只有一个紧后工作时，该紧后工作也是关键工作
E. 关键工作只能在关键线路上

82. 工程成本中的其他直接费包括施工过程中发生的（　　）。
A. 材料搬运费　　　　　　　B. 临时设施摊销费
C. 周转材料的租赁费　　　　D. 工程定位复测费
E. 场地清理费

83. 建设工程项目总进度目标论证时,在进行项目的工作编码前应完成的工作有( )。

A. 编制各层进度计划
B. 协调各层进度计划的关系
C. 调查研究和收集资料
D. 进度计划系统的结构分析
E. 项目结构分析

84. 某双代号网络计划如下图所示,关于工作时间参数的说法,正确的有( )。

A. 工作B的最迟完成时间是第8天
B. 工作C的最迟开始时间是第7天
C. 工作F的自由时差是1天
D. 工作G的总时差是2天
E. 工作H的最早开始时间是第13天

85. 调整工程进度计划时,调整内容一般包括( )。

A. 工程量的调整
B. 工作工艺过程的调整
C. 工程计价造价的调整
D. 工作关系的调整
E. 工序起止时间的调整

86. 根据《标准施工招标文件》,发包人的责任包括( )。

A. 根据合同工程的施工需要,负责办理取得出入施工场地的专用和临时道路的通行权
B. 向承包人提供测量基准点、基准线和水准点及其书面资料
C. 发包人应将其持有的现场地质勘探资料、水文气象资料提供给承包人
D. 编制施工组织设计和施工措施计划
E. 发包人应对其现场机构雇佣的全部人员的工伤事故承担责任,包括承包人原因造成发包人人员工伤的

87. 施工成本控制的主要依据包括( )。

A. 工程承包合同
B. 施工成本计划
C. 施工图预算
D. 进度报告
E. 工程变更

88. 下列成本分析工作中,属于综合成本分析的有( )。

A. 年度成本分析
B. 工期成本分析
C. 资金成本分析
D. 月度成本分析
E. 分部分项工程成本分析

89. 履约担保是招标人在招标文件中规定的要求中标的投标人提交的保证履行合同义务和责任的担保,可以采取的形式有( )。

A. 投标保证金
B. 银行保函
C. 同业担保
D. 履约保证金
E. 抵押担保

90. 根据《企业职工伤亡事故分类》GB 6441—1986，下列事故中属于按照安全事故类别分类的职业伤害事故有（   ）。
   A. 辐射伤害   B. 起重伤害
   C. 触电   D. 机械伤害
   E. 物体打击

91. 目测法用于施工现场的质量检查，其手段可概括为"看、摸、敲、照"。下列检查项目中采用"看"手段检查的有（   ）。
   A. 油漆的光滑度   B. 清水墙面是否洁净
   C. 浆活是否牢固   D. 喷涂的密实度是否良好
   E. 混凝土外观是否符合要求

92. 施工生产安全事故报告的内容包括（   ）。
   A. 事故的初步原因
   B. 事故的简要经过
   C. 事故救援情况
   D. 事故已经造成或者可能造成的伤亡人数
   E. 事故防范和整改措施

93. 信息管理手册的主要内容包括（   ）。
   A. 确定信息管理的任务   B. 绘制信息处理的流程图
   C. 信息处理平台的建立与运行维护   D. 确定工程档案管理制度
   E. 确定信息的编码体系和编码

94. 关于施工现场大气污染的处理方法，说法正确的是（   ）。
   A. 施工现场外围围挡不得低于1.5m
   B. 施工现场垃圾杂物要及时清理
   C. 施工现场易飞扬材料应入库密闭存放或覆盖存放
   D. 施工现场易扬尘处应使用半密目式安全网封闭
   E. 在施工现场不宜焚烧有毒、有害烟尘和恶臭气体的物资

95. 根据《建设工程施工合同（示范文本）》GF—2017—0201中"通用合同条款"的规定，属于发包人违约的情形有（   ）。
   A. 发包人未能按合同约定支付预付款或合同价款
   B. 由于工程施工，给项目周边环境与生态造成破坏
   C. 监理人无正当理由没有在约定期限内发出复工指示
   D. 发包人原因造成停工的
   E. 发包人无法继续履行或明确表示不履行或实质上已停止履行合同的

考前冲刺试卷（三）参考答案及解析

一、单项选择题

1. D;	2. B;	3. C;	4. A;	5. D;
6. B;	7. A;	8. C;	9. D;	10. A;
11. D;	12. A;	13. C;	14. D;	15. C;
16. A;	17. B;	18. C;	19. B;	20. B;
21. D;	22. D;	23. D;	24. C;	25. D;
26. B;	27. A;	28. C;	29. C;	30. C;
31. B;	32. C;	33. A;	34. C;	35. D;
36. C;	37. A;	38. D;	39. C;	40. D;
41. C;	42. A;	43. B;	44. A;	45. D;
46. A;	47. B;	48. D;	49. C;	50. B;
51. C;	52. A;	53. D;	54. A;	55. A;
56. D;	57. D;	58. D;	59. C;	60. A;
61. D;	62. D;	63. C;	64. B;	65. D;
66. A;	67. D;	68. C;	69. B;	70. C。

【解析】

1. D。本题考核的是项目管理职能分工表的规定。选项 A 错误，各方应编制各自的项目管理职能分工表。选项 B 错误，可以用于企业管理。选项 C 错误，管理职能分工描述书与管理职能分工表不同，如果使用管理职能分工表不足以明确每个工作部门的管理职能，则可辅以使用管理职能分工描述书。

2. B。本题考核的是项目结构图。项目结构图是一个组织工具，它通过树状图的方式对一个项目的结构进行逐层分解，以反映组成该项目的所有工作任务。

3. C。本题考核的是管理任务分工表的编制。为了编制项目管理任务分工表，首先应对项目实施的各阶段的费用（投资或成本）控制、进度控制、质量控制、合同管理、信息管理和组织与协调等管理任务进行详细分解，在项目管理任务分解的基础上确定项目经理和费用（投资或成本）控制、进度控制、质量控制、合同管理、信息管理及组织与协调等主管工作部门或主管人员的工作任务。

4. A。本题考核的是施工方项目管理。施工方是承担施工任务的单位的总称谓，它可能是施工总承包方、施工总承包管理方、分包施工方、建设项目总承包的施工任务执行方或仅仅提供施工劳务的参与方，故选项 A 正确。选项 B 错误，施工方的项目管理主要服务于项目的整体利益和施工方本身的利益。选项 C 错误，施工方的项目管理工作主要在施工阶段进行，但它也涉及设计准备阶段、设计阶段、动用前准备阶段和保修期。选项 D 错误，项目管理的目标包括施工的成本目标、施工的进度目标和施工的质量目标。

5. D。本题考核的是项目目标动态控制的核心。项目目标动态控制的核心是，在项目实施的过程中定期地进行项目目标的计划值和实际值的比较，当发现项目目标偏离时采取纠偏措施。为避免项目目标偏离的发生，还应重视事前的主动控制，即事前分析可能导致项目目标偏离的各种影响因素，并针对这些影响因素采取有效的预防措施。

6. B。本题考核的是施工技术准备工作。技术准备是指在正式开展施工作业活动前进行的技术准备工作。这类工作内容繁多，主要在室内进行，例如：熟悉施工图纸，进行详细的设计交底和图纸审查；细化施工技术方案和施工人员、机具的配置方案，编制施工作业技术指导书，绘制各种施工详图（如测量放线图、大样图及配筋、配板、配线图表等），进行必要的技术交底和技术培训。

7. A。本题考核的是工程计量的原则。工程量计量按照合同约定的工程量计算规则、图纸及变更指示等进行计量。本题工程量计量应以招标清单中的土方开挖工程量为准。对于不符合合同文件要求的工程，承包人超出施工图纸范围或因承包人原因造成返工的工程量，不予计量。

8. C。本题考核的是编制工程建设监理规划的依据。编制工程建设监理规划的依据：（1）建设工程的相关法律、法规及项目审批文件；（2）与建设工程项目有关的标准、设计文件和技术资料；（3）监理大纲、委托监理合同文件以及建设项目相关的合同文件。

9. D。本题考核的是施工成本控制的依据。施工成本控制的依据之一是进度报告。进度报告提供了每一时刻工程实际完成量，工程施工成本实际支付情况等重要信息。

10. A。本题考核的是施工成本管理的措施。组织措施是其他各类措施的前提和保障，而且一般不需要增加额外的费用，运用得当可以取得良好的效果。

11. D。本题考核的是施工总承包管理模式的特点。施工总承包管理合同中一般只确定施工总承包管理费，而不需要确定建筑安装工程造价。施工总承包管理模式与施工总承包模式相比在合同价格方面有以下优点：（1）合同总价不是一次确定，某一部分施工图设计完成以后，再进行该部分施工招标，确定该部分合同价，因此整个建设项目的合同总额的确定较有依据；（2）所有分包都通过招标获得有竞争力的投标报价，对业主方节约投资有利；（3）施工总承包管理单位只收取总包管理费，不总包与分包之间的差价。

12. A。本题考核的是人工定额的制定方法。技术测定法是根据生产技术和施工组织条件，对施工过程中各工序采用测时法、写实记录法、工作日写实法，测出各工序的工时消耗等资料，再对所获得的资料进行科学的分析，制定出人工定额的方法。

13. C。本题考核的是建筑安装工程费用项目组成。施工机具使用费是指施工作业所发生的施工机械、仪器仪表使用费或其租赁费。材料费中包括材料原价、运杂费、运输损耗费、采购及保管费四项费用；工程设备是构成或计划构成永久工程一部分的机电设备、金属结构设备、仪器装置及其他类似的设备和装置费。人工费是指按工资总额构成规定，支付给从事建筑安装工程施工的生产工人和附属生产单位工人的各项费用。

14. D。本题考核的是施工成本管理的技术措施。施工过程中降低成本的技术措施，包括进行技术经济分析，确定最佳的施工方案。结合施工方法，进行材料使用的比选，在满足功能要求的前提下，通过代用、改变配合比、使用外加剂等方法降低材料消耗的费用。确定最合适的施工机械、设备使用方案。结合项目的施工组织设计及自然地理条件，降低材料的库存成本和运输成本；应用先进的施工技术，运用新材料，使用先进的机械设备等。

15. C。本题考核的是按施工进度编制施工成本计划。一般而言，所有工作都按最迟开始时间开始，对节约资金贷款利息是有利的，但同时，也降低了项目按期竣工的保证率，因此项目经理必须合理地确定成本支出计划，达到既节约成本支出，又能控制项目工期的目的。

16. A。本题考核的是标准施工招标文件中可以合理补偿承包人索赔的条款。选项B、C可以索赔工期、费用和利润，选项D可以索赔工期。

17. B。本题考核的是旁站监理。施工企业根据监理企业制定的旁站监理方案，在需要实施旁站监理的关键部位、关键工序进行施工前24h，应当书面通知监理企业派驻工地的项目监理机构。

18. C。本题考核的是机械利用系数的计算公式。机械的正常利用系数指机械在施工作业班内对作业时间的利用率。机械利用系数 = $\dfrac{工作班净工作时间}{机械工作班时间}$。

19. B。本题考核的是专项施工方案专家论证制度。依据《建设工程安全生产管理条例》第26条的规定，施工单位应当在施工组织设计中编制安全技术措施和施工现场临时用电方案。

20. B。本题考核的是建设工程监理的性质。当业主方和承包商发生利益冲突或矛盾时，工程监理机构应以事实为依据，以法律和有关合同为准绳，在维护业主的合法权益时，不损害承包商的合法权益，这体现了建设工程监理的公正性。

21. D。本题考核的是单价合同的计量。图纸法：在工程量清单中，许多项目都采取按照设计图纸所示的尺寸进行计量，如混凝土构筑物的体积、钻孔桩的桩长等。

22. D。本题考核的是项目目标动态控制的纠偏措施。项目目标动态控制的纠偏措施包括组织措施、管理措施、经济措施、技术措施。组织措施包括调整项目组织结构、任务分工、管理职能分工、工作流程组织和项目管理班子人员等。

23. D。本题考核的是安全文明施工费的支付。安全文明施工费的支付记忆两个采分点：总额的50%；开工后28天内。

24. C。本题考核的是合同价款结算。合同约定范围内的工程款为：4000×（1+15%）×600=4600×600=2760000元，超过15%后部分工程量的工程款为：（4800-4600）×600×0.8=96000元，则土方工程款合计=2760000+96000=2856000元=285.6万元。

25. D。本题考核的是企业管理费的组成。根据现行《建筑安装工程费用项目组成》的规定，企业管理费是指建筑安装企业组织施工生产和经营管理所需的费用。内容包括：管理人员工资、办公费、差旅交通费、固定资产使用费、工具用具使用费、劳动保险和职工福利费、劳动保护费、检验试验费、工会经费、职工教育经费、财产保险费、财务费、税金、城市维护建设税、教育费附加、地方教育附加。

26. B。本题考核的是施工成本控制的程序。选项A错误，管理行为控制程序和指标控制程序既相对独立又相互联系，既相互补充又相互制约。选项C错误，指标控制程序是成本进行过程控制的重点，管理行为控制程序是对成本全过程控制的基础。选项D错误，质量管理体系反映的是企业的质量保证能力，由社会有关组织进行评审和认证；成本管理体系的建立是企业自身生存发展的需要，没有社会组织来评审和认证。

27. A。本题考核的是成本核算的原则。项目成本核算应坚持形象进度、产值统计、成本归集同步的原则，即三者的取值范围应是一致的。

28. C。本题考核的是因素分析法的运用。因素分析法又称为连环置换法，运用连环置换法计算各因素变动对材料费用总额的影响程度，具体如下：

(1) 成本计划值 21.6 万元。
(2) 第一次替代：200×12×100＝240000 元。
(3) 第二次替代：200×11×100＝220000 元。
(4) 实际值 24.2 万元。

因素分析：

产量增加的影响：（2）－（1）＝240000－216000＝24000 元。

单位产品人工消耗量减少的影响：（3）－（2）＝220000－240000＝－20000 元。

人工单价提高的影响：（4）－（3）＝242000－220000＝22000 元。

29. C。本题考核的是资金成本支出率的计算。进行资金成本分析通常应用"成本支出率"指标，即成本支出占工程款收入的比例，计算公式如下：成本支出率＝（计算期实际成本支出/计算期实际工程款收入）×100%＝（180/300）×100%＝60%。

30. C。本题考核的是施工过程的质量监督。监督机构对在施工过程中发生的质量问题、质量事故进行查处。根据质量监督检查的状况，对查实的问题可签发"质量问题整改通知单"或"局部暂停施工指令单"，对问题严重的单位也可根据问题的性质签发"临时收缴资质证书通知书"等处理措施。

31. B。本题考核的是工程价款的计算。土方工程需调整的价款＝1000×｛0.25＋［（1－0.25）×0.5×1.2＋（1－0.25）×0.5×1.1］－1｝＝112.5 万元。

32. C。本题考核的是应急预案体系的构成。现场处置方案是针对具体的装置、场所或设施、岗位所制定的应急处置措施。综合应急预案是从总体上阐述事故的应急方针、政策，应急组织结构及相关应急职责，应急行动、措施和保障等基本要求和程序，是应对各类事故的综合性文件。专项应急预案是针对具体的事故类别（如基坑开挖、脚手架拆除等事故）、危险源和应急保障而制定的计划或方案。

33. A。本题考核的是单代号网络计划中关键工作的确定。本题中的关键线路为 A→C→E→G。关键工作为工作 A、工作 C、工作 E、工作 G。

34. D。本题考核的是双代号网络计划时间参数计算。工作 H 的总时差＝min｛12－8，14－10｝＋4＝8 天。

35. D。本题考核的是进度控制的管理措施。施工进度控制的管理措施涉及管理的思想、管理的方法、管理的手段、承发包模式、合同管理和风险管理等。承发包模式的选择直接关系到工程实施的组织和协调。为实现进度目标，应选择合理的合同结构，以避免过多的合同交界面而影响工程的进展。工程物资的采购模式对进度也有直接的影响，对此应作比较分析。

36. C。本题考核的是施工成本计划的编制方法。按项目结构编制施工成本计划，首先要把项目总施工成本分解到单项工程和单位工程中，再进一步分解为分部工程和分项工程。

37. A。本题考核的是专项施工方案专家论证制度。依据《建设工程安全生产管理条例》的规定，施工单位应当在施工组织设计中编制安全技术措施和施工现场临时用电方案，对下列达到一定规模的危险性较大的分部分项工程编制专项施工方案，并附具安全验算结果，经施工单位技术负责人、总监理工程师签字后实施，由专职安全生产管理人员现场监督，包括基坑支护与降水工程；土方开挖工程；模板工程；起重吊装工程；脚手架工程；拆除、爆破工程；国务院建设行政主管部门或者其他有关部门规定的其他危险性较大的工程。

38. D。本题考核的是双代号网络计划时间参数的计算。工作的总时差等于该工作最迟完成时间与最早完成时间之差,或该工作最迟开始时间与最早开始时间之差。即工作 B 的总时差＝19－13＝6 天。工作 C 的总时差＝21－15＝6 天。除以终点节点为完成节点的工作外,其他工作的总时差等于其紧后工作的总时差加本工作与该紧后工作之间的时间间隔所得之和的最小值,即工作 A 的总时差＝min{6＋0,6＋2}＝6 天。若工作 A 实际进度拖延 7 天,则超过总时差 1 天将使总工期延长 1 天。

39. C。本题考核的是其他项目费的计价原则。暂列金额由建设单位根据工程特点,按有关计价规定估算,施工过程中由建设单位掌握使用、扣除合同价款调整后如有余额,归建设单位。计日工由建设单位和施工企业按施工过程中的签证计价。总承包服务费由建设单位在招标控制价中根据总包的服务范围和有关计价规定编制,施工企业投标时自主报价,施工过程中按签约合同价执行。

40. D。本题考核的是双代号网络计划计算工期的计算。计算工期等于以网络计划的终点节点为箭头节点的各个工作的最早完成时间的最大值。$T_c = \max\{EF_{6-8}, EF_{5-8}, EF_{7-8}\} = \max\{22, 18, 19\} = 22$ 天。

41. C。本题考核的是噪声污染的处理。噪声污染的处理措施包括:(1) 合理布局施工场地,优化作业方案和运输方案,尽量降低施工现场附近敏感点的噪声强度,避免噪声扰民;(2) 在人口密集区进行较强噪声施工时,须严格控制作业时间,一般避开晚 10 时到次日早 6 时的作业;(3) 夜间运输材料的车辆进入施工现场,严禁鸣笛、乱轰油门,装卸材料要做到轻拿轻放等。

42. B。本题考核的是社会、经济原因引发的质量事故。社会、经济原因引发的质量事故是指由于经济因素及社会上存在的弊端和不正之风导致建设中的错误行为,而发生质量事故。例如,某些施工企业盲目追求利润而不顾工程质量;在投标报价中恶意压低标价,中标后则采用随意修改方案或偷工减料等违法手段而导致发生的质量事故。

43. B。本题考核的是索赔费用的计算方法。实际费用法是工程索赔时最常用的一种方法。

44. A。本题考核的是施工偏差分析。费用偏差(CV)＝已完工作预算费用($BCWP$)－已完工作实际费用($ACWP$)＝已完成工作量×预算单价－已完成工作量×实际单价＝2000×450－2000×480＝－6 万元,当费用偏差 CV 为负值时,即表示项目运行超出预算费用;当费用偏差 CV 为正值时,表示项目运行节支,实际费用没有超出预算费用。进度偏差(SV)＝已完工作预算费用($BCWP$)－计划工作预算费用($BCWS$)＝已完成工作量×预算单价－计划工作量×预算单价＝2000×450－2500×450＝－22.5 万元,当进度偏差 SV 为负值时,表示进度延误,即实际进度落后于计划进度;当进度偏差 SV 为正值时,表示进度提前,即实际进度快于计划进度。

45. D。本题考核的是材料单价的计算。材料单价＝{(材料原价＋运杂费)×[1＋运输损耗率(％)]}×[1＋采购及保管费率(％)];该商品混凝土的材料单价＝[(400＋25)×(1＋1.5％)]×(1＋4％)＝448.63 元/m^3。

46. A。本题考核的是影响施工质量的主要因素。影响施工质量的主要因素有"人(M)、材料(M)、机械(M)、方法(M)及环境(E)"等五大方面,即 4M1E。人的因素影响主要是指人员个人的质量意识及质量活动能力对施工质量的形成造成的影响。我国实行的执业资格注册制度和管理及作业人员持证上岗制度等,从本质上说,就是对从事施工活动的人的素质和能力进行必要的控制。

47. B。本题考核的是施工企业质量管理体系文件。程序文件是质量手册的支持性文件，是企业落实质量管理工作而建立的各项管理标准、规章制度，是企业各职能部门为贯彻落实质量手册要求而规定的实施细则。

48. D。本题考核的是质量控制点中重点控制的对象。质量控制点中重点控制的对象之一是施工技术参数。混凝土的外加剂掺量、水胶比，回填土的含水量，砌体的砂浆饱满度，防水混凝土的抗渗等级、钢筋混凝土结构的实体检测结果及混凝土冬期施工受冻临界强度等技术参数都是应重点控制的质量参数与指标。

49. C。本题考核的是工程定位和标高基准的控制。施工单位必须对建设单位提供的原始坐标点、基准线和水准点等测量控制点进行复核，并将复测结果上报监理工程师审核。

50. B。本题考核的是预付款担保的含义。预付款担保是指承包人与发包人签订合同后领取预付款之前，为保证正确、合理使用发包人支付的预付款而提供的担保。

51. C。本题考核的是不可抗力后果的承担。永久工程、已运至施工现场的材料和工程设备的损坏，以及因工程损坏造成的第三人人员伤亡和财产损失由发包人承担承包人在停工期间按照发包人要求照管、清理和修复工程的费用由发包人承担。发包人和承包人承担各自人员伤亡和财产的损失。修复道路时因施工质量问题发生返工费用1万元应由承包人承担，故承包人应承担10+1=11万元。

52. B。本题考核的是施工质量保证体系的运行。实施包含两个环节，即计划行动方案的交底和按计划规定的方法及要求展开的施工作业技术活动。首先，要做好计划的交底和落实。落实包括组织落实、技术落实和物资材料的落实。其次，在按计划进行的施工作业技术活动中，依靠质量保证工作体系，保证质量计划的执行。

53. D。本题考核的是施工安全隐患处理原则。预防与减灾并重处理原则是指治理安全事故隐患时，需尽可能减少肇发事故的可能性，如果不能控制事故的发生，也要设法将事故等级降低。但是不论预防措施如何完善，都不能保证事故绝对不会发生，还必须对事故减灾做充分准备，研究应急技术操作规范。

54. A。本题考核的是生产安全事故应急预案的编制。选项B、C错误，编制应急预案的目的，是避免紧急情况发生时出现混乱，确保按照合理的响应流程采取适当的救援措施，预防和减少可能随之引发的职业健康安全和环境影响。选项D错误，生产规模小、危险因素少的施工单位，综合应急预案和专项应急预案可以合并编写。

55. A。本题考核的是工程保修期的规定。工程保修期从工程竣工验收合格之日起算，具体分部分项工程的保修期由合同当事人在专用合同条款中约定，但不得低于法定最低保修年限。所以选项B、C、D错误。

56. D。本题考核的是施工合同风险的类型。选项A、C属于项目外界环境风险，选项B属于项目组织成员资信和能力风险。

57. D。本题考核的是施工总承包模式的特点。选项A错误，招标及合同管理工作量大大减小。选项B错误，业主只负责对施工总承包单位的管理及组织协调，工作量大大减小。选项C错误，开工日期较迟，建设周期势必较长，对项目总进度控制不利。

58. D。本题考核的是施工安全生产管理制度体系的主要内容。安全生产责任制是最基本的安全管理制度，是所有安全生产管理制度的核心。

59. C。本题考核的是索赔文件的提交。承包人必须在发出索赔意向通知后的28天内或经过工程师（监理人）同意的其他合理时间内向工程师（监理人）提交一份详细的索赔文件和有关资料。

60. A。本题考核的是生产安全事故分类。根据《生产安全事故报告和调查处理条例》规定，按生产安全事故造成的人员伤亡或者直接经济损失，事故一般分为以下等级：（1）特别重大事故，是指造成30人以上死亡，或者100人以上重伤（包括急性工业中毒，下同），或者1亿元以上直接经济损失的事故；（2）重大事故，是指造成10人以上30人以下死亡，或者50人以上100人以下重伤，或者5000万元以上1亿元以下直接经济损失的事故；（3）较大事故，是指造成3人以上10人以下死亡，或者10人以上50人以下重伤，或者1000万元以上5000万元以下直接经济损失的事故；（4）一般事故，是指造成3人以下死亡，或者10人以下重伤，或者100万元以上1000万元以下直接经济损失的事故。选项B属于较大事故，选项C属于重大事故，选项D属于特别重大事故。

61. D。本题考核的是单价合同的运用。本题中土方工程实行总价包干，该部分的工程计算价款即为合同包干价，为18万元；石方工程实行单价合同，工程的结算价款＝实际工程量×合同单价＝2800×260＝72.8万元；该工程的结算价款＝18+72.8＝90.8万元。

62. A。本题考核的是保险金额的概念。保险金额是保险利益的货币价值表现，简称保额，是保险人承担赔偿或给付保险金责任的最高限额。保险费简称保费，是投保人为转嫁风险支付给保险人的与保险责任相应的价金。

63. C。本题考核的是一揽子保险（CIP）的相关内容。选项A错误、选项C正确，CIP意思是"一揽子保险"。保障范围覆盖业主、承包商及所有分包商，内容包括劳工赔偿、雇主责任险、一般责任险、建筑工程一切险、安装工程一切险。选项B错误，能实施有效的风险管理。选项D错误，避免诉讼，便于索赔。

64. B。本题考核的是合同实施偏差处理措施。合同措施包括进行合同变更，签订附加协议，采取索赔手段等。选项A属于技术措施，选项C属于组织措施，选项D属于经济措施。

65. D。本题考核的是工程管理的信息资源。工程管理的信息资源包括：组织类工程信息，如建筑业的组织信息、项目参与方的组织信息、与建筑业有关的组织信息和专家信息等；管理类工程信息，如与投资控制、进度控制、质量控制、合同管理和信息管理有关的信息等；经济类工程信息，如建设物资的市场信息、项目融资的信息等；技术类工程信息，如与设计、施工和物资有关的技术信息等；法规类信息等。

66. A。本题考核的是固定总价合同的适用情况。固定总价合同适用于以下情况：（1）工程量小、工期短，估计在施工过程中环境因素变化小，工程条件稳定并合理；（2）工程设计详细，图纸完整、清楚，工程任务和范围明确；（3）工程结构和技术简单，风险小；（4）投标期相对宽裕，承包商可以有充足的时间详细考察现场，复核工程量，分析招标文件，拟订施工计划；（5）合同条件中双方的权利和义务十分清楚，合同条件完备。

67. D。本题考核的是施工总承包管理模式的特点。采用施工总承包管理模式在质量控制方面的特点包括：（1）对分包单位的质量控制主要由施工总承包管理单位进行；（2）对分包单位来说，也有来自其他分包单位的横向控制，符合质量控制上的"他人控制"原则，对质量控制有利；（3）各分包合同交界面的定义由施工总承包管理单位负责，减轻了业主方的工作量。

68. C。本题考核的是基于不同风险水平的风险控制措施计划。对于"可容许的"风险，不需要另外的控制措施，应考虑投资效果更佳的解决方案或不增加额外成本的改进措施，需要监视来确保控制措施得以维持。选项 A 属于"重大的"风险采取的措施，选项 B 属于"中度的"风险采取的措施，选项 D 属于"不容许的"风险采取的措施。

69. B。本题考核的是交货日期的确定。交货日期的确定可以按照下列方式：(1) 供货方负责送货的，以采购方收货戳记的日期为准；(2) 采购方提货的，以供货方按合同规定通知的提货日期为准；(3) 凡委托运输部门或单位运输、送货或代运的产品，一般以供货方发运产品时承运单位签发的日期为准，不是以向承运单位提出申请的日期为准。

70. C。本题考核的是《交接检查记录》中"见证单位"的规定。《交接检查记录》中"见证单位"的规定：当在总包的管理范围内的分包单位之间移交时，见证单位为"总包单位"；当在总包单位和其他专业分包单位之间移交时，见证单位应为"建设（监理）单位"。

二、多项选择题

71. C、E；　　　　　72. A、C、D、E；　　　　73. A、E；
74. B、C、D、E；　　75. A、C、E；　　　　　76. A、C、D；
77. A、B、D；　　　78. A、B、C；　　　　　79. A、C、E；
80. A、B；　　　　　81. A、B、D；　　　　　82. A、B、D、E；
83. C、D、E；　　　84. A、C、E；　　　　　85. A、D、E；
86. A、B、C；　　　87. A、C、E；　　　　　88. A、D、E；
89. B、C、D；　　　90. B、C、D；　　　　　91. B、D、E；
92. A、B、D；　　　93. A、B、D；　　　　　94. B、C；
95. A、C、D、E。

【解析】

71. C、E。本题考核的是工程建设监理规划的编制。工程建设监理规划应在签订委托监理合同及收到设计文件后开始编制，在召开第一次工地会议前报送建设单位。

72. A、C、D、E。本题考核的是施工风险管理过程。施工风险管理过程包括施工全过程的风险识别、风险评估、风险应对和风险监控。

73. A、E。本题考核的是施工项目竣工质量验收的条件。对于委托监理的工程项目，监理单位对工程进行了质量评估，具有完整的监理资料，并提出工程质量评估报告。工程质量评估报告应经总监理工程师和监理单位有关负责人审核签字，故选项 B 错误。勘察、设计单位对勘察、设计文件及施工过程中由设计单位签署的设计变更通知书进行了检查，并提出质量检查报告。质量检查报告应经该项目勘察、设计负责人和勘察、设计单位有关负责人审核签字，故选项 C 错误。有完整的技术档案和施工管理资料，故选项 D 错误。

74. B、C、D、E。本题考核的是材料费分析。材料费分析包括主要材料、结构件和周转材料使用费的分析以及材料储备的分析。选项 B，材料的储备金是根据日平均用量、材料单价和储备天数计算，这三个因素的变动会影响储备金的占用量。

75. A、C、E。本题考核的是施工成本计划的类型。竞争性成本计划即工程项目投标及签订合同阶段的估算成本计划。在投标报价过程中，虽也着力考虑降低成本的途径和措施，但总体上较为粗略。指导性成本计划即选派项目经理阶段的预算成本计划，是项目经理的责任成本目标。实施性计划成本即项目施工准备阶段的施工预算成本计划，它以项目实施方案为依据，落实项目经理责任目标为出发点，采用企业的施工定额，通过施工预算编制而形成的实施性施工成本计划。

76. A、C、D。本题考核的是施工组织总设计的主要内容。施工组织总设计的主要内容包括：(1) 建设项目的工程概况；(2) 施工部署及其核心工程的施工方案；(3) 全场性施工准备工作计划；(4) 施工总进度计划；(5) 各项资源需求量计划；(6) 全场性施工总平面图设计；(7) 主要技术经济指标（项目施工工期、劳动生产率、项目施工质量、项目施工成本、项目施工安全、机械化程度、预制化程度、暂设工程等）。

77. A、B、D。本题考核的是双代号网络图的绘制。节点①、⑤都是起点节点；节点④、⑨都是终点节点；箭线⑥—⑨引出了指向节点⑧的箭头。

78. A、B、C。本题考核的是赢得值（挣值）法。本题的计算过程如下：
(1) 已完工作预算费用（BCWP）= 已完成工作量×预算单价
$$= (5000+2600×2)×1000 = 1020 \text{ 万元}。$$
故选项 A 正确。
(2) 计划工作预算费用（BCWS）= 计划工作量×预算单价
$$= (5000+2800×2+1400)×1000 = 1200 \text{ 万元}。$$
故选项 B 正确。
(3) 已完工作实际费用（ACWP）= 已完成工作量×实际单价
$$= (5000+2600×2+1500)×1000 = 1170 \text{ 万元}。$$
故选项 C 正确。
(4) 费用偏差（CV）= 已完工作预算费用（BCWP）−已完工作实际费用（ACWP）
$$= 1020−1170 = −150 \text{ 万元}。$$
故选项 D 错误。
(5) 进度偏差（SV）= 已完工作预算费用（BCWP）−计划工作预算费用（BCWS）
$$= 1020−1200 = −180 \text{ 万元}。$$
故选项 E 错误。

79. A、C、E。本题考核的是竣工结算申请单的内容。除专用合同条款另有约定外，竣工结算申请单应包括以下内容：(1) 竣工结算合同价格。(2) 发包人已支付承包人的款项。(3) 应扣留的质量保证金。已缴纳履约保证金的或提供其他工程质量担保方式的除外。(4) 发包人应支付承包人的合同价款。

80. A、B。本题考核的是安全生产事故应急预案管理。参加应急预案评审的人员应当包括应急预案涉及的政府部门工作人员和有关安全生产及应急管理方面的专家。地方各级人民政府应急管理部门的应急预案，应当报同级人民政府备案，同时抄送上一级人民政府应急管理部门。施工单位应当制定本单位的应急预案演练计划，根据本单位的事故预防重点，每年至少组织一次综合应急预案演练或者专项应急预案演练，每半年至少组织一次现场处置方案演练。生产工艺和技术发生变化的，应急预案应当及时修订。

81. A、B、D。本题考核的是关键工作的特点。当计划工期等于计算工期时，关键工作的总时差和自由时差均等于零。关键工作可能有多条紧前工作，不一定每一条紧前工作都是关键工作。故选项 C 错误。关键工作不一定只在关键线路上，也可能是非关键线路上的工作。故选项 E 错误。

82. A、B、D、E。本题考核的是成本核算的范围。其他直接费用包括施工过程中发生的材料搬运费、材料装卸保管费、燃料动力费、临时设施摊销费、生产工具用具使用费、检验试验费、工程定位复测费、工程点交费、场地清理费，以及能够单独区分和可靠计量的为订立建造承包合同而发生的差旅费、投标费等。选项 C 是直接材料费。

83. C、D、E。本题考查的是建设工程项目总进度目标论证的工作步骤。建设工程项目总进度目标论证的工作步骤如下：（1）调查研究和收集资料；（2）进行项目结构分析；（3）进行进度计划系统的结构分析；（4）确定项目的工作编码；（5）编制各层（各级）进度计划；（6）协调各层进度计划的关系和编制总进度计划；（7）若所编制的总进度计划不符合项目的进度目标，则设法调整；（8）若经过多次调整，进度目标无法实现，则报告项目决策者。

84. A、B、D、E。本题考核的是双代号网络计划时间参数的计算。最迟开始时间等于最迟完成时间减去其持续时间。最迟完成时间等于各紧后工作的最迟开始时间的最小值。最早开始时间等于各紧前工作的最早完成时间的最大值。总时差等于其最迟开始时间减去最早开始时间，或等于最迟完成时间减去最早完成时间。以网络计划终点节点为箭头节点的工作，其自由时差等于计算工期减去该工作的最早完成时间；其他工作的自由时差等于紧后工作的最早开始时间减去本工作的最早开始时间。在计算工作最早时间参数时，应从起点节点起，顺着箭线方向依次逐项计算。在计算工作最迟时间参数时，应从终点节点起，逆着箭线方向依次逐项计算。

本题中关键线路为：A→D→E→I，计算工期为 2+4+6+3=15 天。

工作 B 的紧后工作只有工作 G，工作 B 的最迟完成时间 = 工作 G 的最迟开始时间 = 15-7=8，故选项 A 正确。

工作 C 的最迟完成时间 = 工作 F 的最迟开始时间 = 15-2-4=9，所以工作 C 的最迟开始时间 = 9-3=6，即第 6 天下班，第 7 天上班，故选项 B 正确。

工作 F 的自由时差 = 工作 H 的最早开始时间 - 工作 F 的最早完成时间 = (2+4+6)-(2+4+4)=2。工作 H 的最早开始时间 = 2+4+6=12，即第 12 天下班，第 13 天上班，故选项 C 错误、选项 E 正确。

工作 G 的总时差 = 工作 G 的最迟开始时间 - 工作 G 的最早开始时间 = (15-7)-(2+4)=2 天，故选项 D 正确。

85. A、D、E。本题考核的是施工进度计划的调整。施工进度计划的调整应包括下列内容：（1）工程量的调整；（2）工作（工序）起止时间的调整；（3）工作关系的调整；（4）资源提供条件的调整；（5）必要目标的调整。

86. A、B、C。本题考核的是发包人的责任。发包人的责任包括：（1）除专用合同条款另有约定外，发包人应根据合同工程的施工需要，负责办理取得出入施工场地的专用和临时道路的通行权，以及取得为工程建设所需修建场外设施的权利，并承担有关费用。承包人应协助发包人办理上述手续；（2）发包人应在专用合同条款约定的期限内，通过监理人向承包人提供测量基准点、基准线和水准点及其书面资料；发包人应对其现场机构雇佣的全部人员的工伤事故承担责任，但由于承包人原因造成发包人人员工伤的，应由承包人承担责任；（4）发包人应将其持有的现场地质勘探资料、水文气象资料提供给承包人，并对其准确性负责。

87. A、B、D、E。本题考核的是施工成本控制的依据。施工成本控制的依据包括：合同文件；施工成本计划；进度报告；工程变更与索赔资料；各种资源的市场信息。

88. A、D、E。本题考核的是综合成本的分析方法。综合成本的分析方法包括：分部分项工程成本分析，月（季）度成本分析，年度成本分析，竣工成本的综合分析。选项B、C属于专项成本分析方法。

89. B、C、D。本题考核的是履约担保的形式。履约担保可以采用银行保函、履约担保书和履约保证金的形式，也可以采用同业担保的方式。选项A为投标担保的形式，选项E属于预付款担保的形式。

90. B、C、D、E。本题考核的是职业健康安全事故的分类。根据《企业职工伤亡事故分类》GB 6441—1986中，将事故类别划分为20类，即物体打击、车辆伤害、机械伤害、起重伤害、触电、淹溺、灼烫、火灾、高处坠落、坍塌、冒顶片帮、透水、放炮、瓦斯爆炸、火药爆炸、锅炉爆炸、容器爆炸、其他爆炸、中毒和窒息、其他伤害。

91. B、D、E。本题考核的是现场质量检查的方法。目测法：即凭借感官进行检查，也称观感质量检验。其手段可概括为"看、摸、敲、照"四个字。所谓看，就是根据质量标准要求进行外观检查。例如，清水墙面是否洁净，喷涂的密实度和颜色是否良好、均匀，工人的操作是否正常，内墙抹灰的大面及口角是否平直，混凝土外观是否符合要求等。选项A、C采用的是"摸"的手段。

92. A、B、D。本题考核的是生产安全事故报告的内容。生产安全事故报告的内容包括：（1）事故发生的时间、地点和工程项目、有关单位名称；（2）事故的简要经过；（3）事故已经造成或者可能造成的伤亡人数（包括下落不明的人数）和初步估计的直接经济损失；（4）事故的初步原因；（5）事故发生后采取的措施及事故控制情况；（6）事故报告单位或报告人员；（7）其他应当报告的情况。选项C、E属于事故调查报告的内容。

93. A、B、E。本题考核的是信息管理手册的主要内容。信息管理手册的主要内容：（1）确定信息管理的任务（信息管理任务目录）；（2）确定信息管理的任务分工表和管理职能分工表；（3）确定信息的分类；（4）确定信息的编码体系和编码；（5）绘制信息输入输出模型；（6）绘制各项信息管理工作的工作流程图；（7）绘制信息处理的流程图；（8）确定信息处理的工作平台；（9）确定各种报表和报告的格式，以及报告周期；（10）确定项目进展的月度报告、季度报告、年度报告和工程总报告的内容及其编制原则和方法；（11）确定工程档案管理制度；（12）确定信息管理的保密制度，以及与信息管理有关的制度。

94. B、C。本题考核的是大气污染的处理。大气污染的处理措施包括：（1）施工现场外围围挡不得低于1.8m，以避免或减少污染物向外扩散，故选项A错误。（2）施工现场垃圾杂物要及时清理。（3）施工现场道路应硬化。（4）易飞扬材料入库密闭存放或覆盖存放。（5）施工现场易扬尘处使用密目式安全网封闭，故选项D错误。（6）尾气排放超标的车辆，应安装净化消声器，防止噪声和冒黑烟。（7）拆除旧有建筑物时，应适当洒水等。（8）禁止施工现场焚烧有毒、有害烟尘和恶臭气体的物资，故选项E错误。

95. A、C、D、E。本题考核的是在合同履行过程中发生的下列情形，属于发包人违约：（1）因发包人原因未能在计划开工日期前7天内下达开工通知的；（2）因发包人原因未能按合同约定支付合同价款的；（3）发包人违反《建设工程施工合同（示范文本）》GF—2017—0201"变更的范围"条款第（2）项约定，自行实施被取消的工作或转由他人实施的；（4）发包人提供的材料、工程设备的规格、数量或质量不符合合同约定，或因发包人原因导致交货日期延误或交货地点变更等情况的；（5）因发包人违反合同约定造成暂停施工的；（6）发包人无正当理由没有在约定期限内发出复工指示，导致承包人无法复工的；（7）发包人明确表示或者以其行为表明不履行合同主要义务的；（8）发包人未能按照合同约定履行其他义务的。